粮经作物
绿色高质高效生产技术

• 刘秀菊　韩加坤　主编 •

中国农业科学技术出版社

图书在版编目（CIP）数据

粮经作物绿色高质高效生产技术 / 刘秀菊，韩加坤主编. --北京：中国农业科学技术出版社，2023.9

ISBN 978-7-5116-6449-5

Ⅰ.①粮…　Ⅱ.①刘…　②韩…　Ⅲ.①粮食作物–栽培技术　Ⅳ.①S51

中国国家版本馆CIP数据核字（2023）第186814号

责任编辑　周丽丽
责任校对　李向荣
责任印制　姜义伟　王思文

出 版 者　中国农业科学技术出版社
北京市中关村南大街12号　邮编：100081
电　　话　（010）82109194（编辑室）　（010）82109702（发行部）
（010）82109709（读者服务部）
网　　址　https://castp.caas.cn
经 销 者　各地新华书店
印 刷 者　北京建宏印刷有限公司
开　　本　170 mm × 240 mm　1/16
印　　张　16.5
字　　数　310千字
版　　次　2023年9月第1版　2023年9月第1次印刷
定　　价　80.00元

《粮经作物绿色高质高效生产技术》

编委会

主　编　刘秀菊　韩加坤

副主编　申海防　齐向阳　费素娥　孙金霞　徐　鑫
张　欣　刘振富　张树勇　蔡文秀　李雯露
申春芳　马梦晴　高珊珊　田雨超　程嫚嫚
苑　芳　姜　振　亓瑞彤　孙明海　邵士峰
姚艳美　刘小平　张为勇　薛爱国　宋传雪
李秋利　侯桂云　李庆坤　张广东　牛国峰
张　鲁　杨保安　刘建国　牛小娟　孙华之
王　锋　孙玉强　陈宪信　曾海明

编　者　鞠正春　刘光亚　岳海昌　薛法新　郝福庭
李秀伟　蒋建龙　王绍冉　高秋美　王西芝
刘昭刚　张　娟　李　雪　李瑞峰　张姝燕
薛瑞娟　程相峰　宋春林　韩成卫　吴秋平
张　岩　付贵林　曾苏明　蒋　飞　王　凯
李春丽　王英超　苏福振

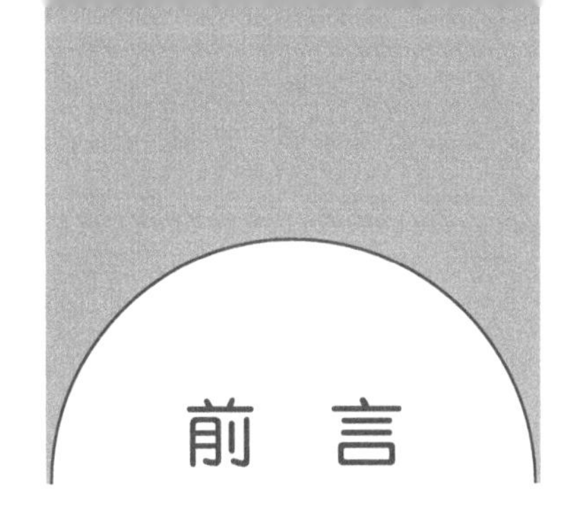

前 言

“农，天下之本，务莫大焉。”党的二十大报告提出“树立大食物观，发展设施农业，构建多元化食物供给体系。发展乡村特色产业，拓宽农民致富渠道”。习近平总书记指出，实施乡村振兴战略必须把确保重要农产品特别是粮食供给作为首要任务。稳定粮食生产是关系国计民生的头等大事，优质的农产品供给是人民群众健康生活最基本的物质保障。

为推动农业产业提质增效、农民增收，编者系统整理了近年来山东省全国粮棉油绿色高质高效创建项目区推广应用的主要粮棉油绿色高质高效生产技术和具有地方特色的经济作物绿色优质高效种植技术，主要包含小麦、玉米、水稻、甘薯、大豆、花生等主要粮油作物和蔬菜、中草药、棉花等特色经济作物，以及粮粮、粮油、粮蔬、粮棉间（轮）作等多种种植模式，重点突出节肥、节水、节药、绿色，以期为区域现代农业高效种植提供技术指南。全书分为上、中、下三篇，上篇侧重于小麦、玉米、大豆等主要粮油作物高质高效生产技术；中篇侧重于蔬菜、棉花、中草药等经济作物特色种植技术；下篇侧重于作物间（套）种、连（轮）作模式介绍。本书内容较为全面，实用性和可操作性强，语言简洁、通俗易懂，可作为技术读本供种植户、新型经营主体和农业技术人员参考。

本书编写过程中，得到了许多同行专家的大力支持和热心指导，在此一并表示感谢！

由于编者水平有限，不足之处在所难免，敬请读者批评指正。

编 者

2023 年 6 月

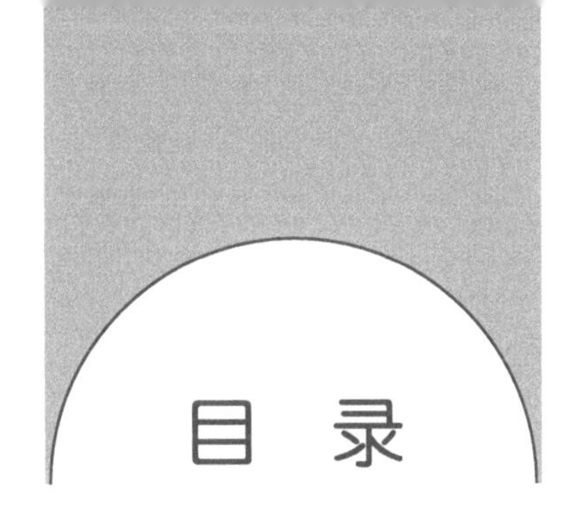

上篇 粮油作物

中篇　经济作物

下篇　间（套）作连（轮）作模式

上篇

粮油作物

第一章　小　麦

小麦是一种分布广泛的世界性粮食作物，因其具备独特的面筋特性，可制作多种食品，是世界重要的口粮作物，为人类提供约21%食物热量和20%蛋白质。我国是全球最大的小麦生产国和消费国，常年种植面积2 400万hm^2，总产约1.35亿t，约占全球总产的17%。黄淮海地区是我国小麦生产的优势区域，主要分布在河北、山东、江苏、安徽、河南5省，其种植面积占全国的66%，产量占全国总产的76%。

小麦是山东省第一大粮食作物，常年播种面积6 000万亩[①]左右，种植面积和产量分别占全国总数的15%左右和18%以上。种植模式主要为冬小麦与夏玉米、水稻、大豆等秋粮作物轮作，一般10月上中旬种植，翌年6月上中旬收获，生长期间易遭受冻害、干旱、干热风、烂场雨等自然灾害。

第一节　小麦绿色高质高效生产技术

“十四五”以来，山东省重点围绕小麦绿色高质高效创建攻关区、示范区、辐射区“三区”建设，示范应用优良品种，开展瓶颈技术攻关，集成推广绿色高质高效标准化生产技术模式，试验示范推广水肥一体化等先进节水灌溉技术，推广应用耕种管收新机具、新装备，实现节种、节水、节肥、节药等小麦生产节本增效、提质增效。

一、选择优良品种，提高小麦品质

品种是小麦增产的内因，是决定小麦加工品质的主要因素。目前，山东省有统计面积的小麦品种100多个，品种数量较多、异质性广，给种植户科学选

① 1亩≈667m^2，15亩=1hm^2，全书同。

种、用种造成一定困难。小麦生产中应按照“品种类型与生态区域相匹配，地力与品种产量水平相匹配，早中晚熟品种与适宜播期相匹配，水浇条件与品种抗旱性能相匹配，高产与优质相配套”原则，科学选择优良品种。

随着优质专用小麦需求量的不断增加和种植效益的提高，2020 年，山东省政府办公厅出台印发了《关于加快优质专用小麦产业创新发展若干措施》，规划到 2025 年全省优质专用小麦种植面积达到 3 000 万亩，其中强筋小麦 1 200 万亩，建成全国最大的优质专用小麦优势产区。因此，在进行品种布局时，应对接加工企业与农户，加大订单生产力度，适当扩大优质专用小麦的种植面积。小麦绿色高质高效项目区应重点示范推广强筋小麦和糯小麦、紫小麦、富硒小麦等特色专用小麦新品种。集成配套品种区域化布局、适度规模化种植、氮肥后移、节本控水、叶面喷肥、病虫害综合防治、风险防控、适期收获、农机减损、单收单储等各环节关键技术措施，有效解决优质小麦生产中良种良法不配套，技术集成度、融合度不够，产量品质效益不同步等问题，促进优质小麦产业高质量发展。

为预防小麦冬春旺长、冻害和后期倒伏、早衰，应尽量选择偏冬性、抗病抗倒伏能力强的品种。

强筋小麦品种可选择：济麦 44、淄麦 28、泰科麦 33、徐麦 36、科农 2009、济麦 229、红地 95、山农 111、藁优 5766、济南 17、洲元 9369、师栾 02-1、泰山 27、烟农 19 等。

特色小麦品种可选择：济紫麦 1 号、山农紫麦 1 号、山农糯麦 1 号、济糯麦 1 号、济糯 116、山农紫糯 2 号等。

二、采用绿色生产技术，提高种植效益

按照新形势下小麦产业供给侧结构性改革要求，在选择高产稳产、绿色优质、广适多抗小麦品种的基础上，迫切需要试验示范推广一批技术简约、资源高效、环境友好的小麦绿色增产高效新技术，促进小麦生产与区域生态环境协调发展，走小麦绿色可持续发展之路，实现“一控两减三提高”的目标。即控制灌溉用水总量；减少化肥和农药使用量；提高土地产出率，提高劳动生产率，提高投入品利用率。因此，在小麦绿色高质高效项目区，应因地制宜地推广以下绿色节本高效新技术。

（一）小麦减垄增地宽幅精播绿色生产技术

该种植技术要点：一是改小畦为大畦，改大垄为小垄，可使土地利用率提

高 5% ～ 15%。统筹安排小麦—玉米周年茬口种植模式，采用小麦、玉米双季规范化种植，利于机械化作业，提高生产效率。二是改旋耕整地为深耕整地。既能打破犁底层，促进根系下扎；又能较好掩埋秸秆、杂草、有机肥，减轻病虫草害发生程度。三是改窄苗带大播量播种为宽苗带精量播种。既可提高出苗均匀度和整齐度，协调个体群体矛盾，又可节省小麦用种量，实现节本增产增效。四是改小麦常规生产少镇压为多次机械镇压，沉实土壤，保墒提墒。具有提高小麦出苗率，提高苗期、越冬期、春季抗旱抗逆能力等效果，可以减少 1 ～ 2 遍浇水次数。尤其是春季镇压，可以代替化控剂，达到绿色生产目的。五是改小麦常规生产化学用药为绿色防控，通过综合运用耕作、健身栽培、选用高效低毒农药精准用药、物理化学诱杀等手段，减少农药用量，提高防治效果，确保产品安全。

1. 深翻整地

采用带副犁的大型翻转犁深耕 25cm 以上，将秸秆、杂草、肥料等翻到地下；旋耕 1 遍，耙耢 1 遍，提高整地质量。

2. 减垄扩幅

将小畦改为大畦，大垄改为小垄，扩大畦面播幅。因地制宜地采用以下两种种植规格：一种是畦宽 2.4m，其中，畦面宽 2m，畦埂 0.3 ～ 0.4m，畦内播种 8 ～ 9 行小麦，下茬在畦内种 4 行玉米。另一种是畦宽 3m，其中，畦面宽 2.6m，畦埂 0.3 ～ 0.4m，畦内播种 10 ～ 12 行小麦，下茬在畦内种 5 行玉米，玉米行距 0.6m 左右。种植规格的选择应充分考虑水浇条件、农机配套、作业效率等因素。有水浇条件的地块宜采用大畦，在地面平整、水量丰沛的区域适当扩大畦面宽度，最大畦面可扩大到 8m；水浇条件差的宜采用小畦，在水源紧张的情况下可适当减少畦面宽度。畦面宽度按照适宜玉米行距整数倍进行调整。

3. 宽苗带适期精量播种

适期适量足墒播种，应用宽幅精量播种机播种，苗带宽度 8 ～ 10cm，亩播种量一般为 6 ～ 8kg。适期播种期后，一般每晚播 1d 增加 0.5kg 播种量。

4. 冬春机械镇压

采用专用机械镇压器，在小麦越冬前、返青期等关键时期镇压 1 ～ 2 次，密封裂缝、沉实土壤、耐旱耐寒。春季壮苗和旺长麦田在小麦起身前再镇压 1 ～ 2 遍，控旺促壮，防止倒伏。

5. 精准肥水管理

越冬前墒情较好麦田，镇压后不需浇越冬水；墒情较差麦田，要适时浇灌越冬水。春季视苗情状况在起身拔节期进行肥水管理，一般亩追尿素 15kg。

（二）小麦水肥一体化技术

小麦水肥一体化技术是借助压力灌溉系统，将可溶性固体或液体肥料溶解在灌溉水中，按小麦的水肥需求规律，通过可控管道系统直接输送到小麦根部附近的土壤供给小麦吸收。其特点是能够精确地控制灌水量和施肥量，显著提高水肥利用率。水肥一体化常用形式有微喷、滴灌、渗灌、小管出流等，山东省以微喷灌、滴灌为主，具有节水、节肥、增产、增效等优势。要注重土壤墒情监测，掌握土壤水分供应和作物需水状况，科学制定灌溉计划，提高管道铺设和回收的机械化水平，减少成本投入。

（三）小麦高低畦种植技术

该技术将传统的作畦起埂，畦面播种小麦，变畦埂为高畦，形成高低两个畦面，高畦与低畦均种植小麦，实现了全田无埂种植，显著提高了土地和光能利用率，具有增产、节水、控草的优势。

1. 秸秆还田，土地整理

使用秸秆粉碎还田机将玉米秸秆粉碎，均匀铺撒于地面。秸秆粉碎长度应小于5cm，同时避免局部堆积影响播种质量。之后，利用深耕机械将粉碎后的秸秆翻耕，混入耕作层中，旋耕1～2遍。

2. 小麦高低畦播种

使用专用成畦、施肥、播种、镇压一体机，进行高低畦播种，目前推广的有“两高四低”播种机、“四高两低”播种机两种机型。一个播种带宽1.5m，播种6行小麦，中间两行在高畦，两侧各有两行在低畦，相邻两个播种带的低畦连接起来，形成低畦四行小麦，田间呈现两行高畦四行低畦的“两高四低”形式。

低畦畦面宽0.8m，高畦畦面宽0.5m，高畦下部宽0.7m。两个播种带相连接的两行小麦行间控制在20cm。高畦与低畦高度差在12cm左右。

3. 肥水管理

低畦浇水，高畦渗灌，高畦不过水，不板结；水道变窄，利于输水；追肥时在低畦串施或撒施。

4. 麦田镇压

冬前或春季麦田镇压，使用专用镇压器进行镇压，可以沉实土壤、破除板结，增温保墒。

5. 下茬玉米播种

经过一个小麦生育期的沉实，小麦收获后高畦与低畦高度差约8cm，用当地常用两行玉米播种机进行直播。在高畦的两个坡面播种两行玉米，采用

60～90cm宽窄行播种。

（四）小麦“耙压一体”精量匀播栽培技术

小麦“耙压一体”精量匀播栽培技术，实行农田翻耕后，直接耙、压、播种一体化作业。一次完成动力耙碎土、驱动辊镇压、仿地形播种、施种肥和播后镇压5道工序，提高农机作业效率和种植比较效益。

1. 上季作物秸秆还田

上季作物收获后用秸秆还田机进行秸秆粉碎，粉碎长度小于5cm，秸秆切碎率大于90%，抛撒均匀度大于90%。建议粉碎后每亩用3～4kg秸秆腐熟剂，兑水30kg喷施，加快秸秆腐熟。

2. 深耕打破犁底层

用深耕犁深翻农田，深翻大于25cm。既能打破犁底层，促进小麦根系下扎，又能提高耕层土壤田间含水量，实现足墒播种，确保一播苗齐、苗匀、苗壮。

3. 耙压一体精量播种

用耙压一体精量播种机播种，一次性完成耙、压、播种、施种肥和播后镇压多项工序。

（1）立旋耙地。依靠前置驱动耙，立旋作业将耕层明暗坷垃进行碎土整平，为籽粒创造良好种床。

（2）驱动辊镇压沉实土壤。驱动辊镇压，沉实耕层利于土壤保墒，确保播种深度一致。

（3）精量网格化播种。通过无级变速排种器播种，小麦下种量可根据播种时间和品种特性进行调整，实现下种精量控制，籽粒网格化均匀分布，避免出现缺苗断垄和疙瘩苗等现象。

（4）精准施用种肥。通过精量排肥器，进行肥料深施作业，施肥深度6～8cm，施肥位置为两行种子中间。施肥量应按照目标产量和土壤生产力进行科学计算。

（5）播后镇压。通过播后镇压器进行镇压，沉实播种器和施肥器扰动的土壤，确保小麦根系与土壤充分结合，提高越冬综合抗性。

（五）小麦秸秆还田“两旋一深”技术

小麦秸秆还田“两旋一深”增产增效技术核心是：通过秸秆还田“两旋一深”结合减氮这一简化轮耕模式，在维持产量潜力不降低的前提下，降低整个生产系统的氮肥需求，实现系统固碳减排增产增效。对于土壤—大气—小麦3

个子系统，一是改常年旋耕模式为“两旋一深”，即每旋耕两年，深耕或深松一年，利用耕作技术环节，加快秸秆腐解，改善土壤物理性状、养分分布和有机质含量，实现固碳减氮。二是在土体适当深层扰动前提下，建立小麦生产系统合理菌群结构，促进养分循环转化，降低土壤温室气体排放，实现减排。三是通过改善作物根系物理生存空间和养分空间分布来调优小麦根系构型，实现增产增效。

小麦播种前，土壤含水量适宜时，用大马力玉米联合收割机将玉米秸秆切碎至 5cm 左右小段均匀抛撒，用大型旋耕机整地 1 遍，将秸秆均匀覆盖于土壤中，将土壤浅旋耕 10 ～ 15cm 后，用宽幅精量播种机播种并镇压，播深 3 ～ 5cm；第二年小麦播种与第一年相同；在第三年小麦播种前，用大马力玉米联合收割机将玉米秸秆切碎至 5cm 左右小段均匀抛撒，用大型旋耕机旋耕 1 遍，用带有机械翻转高柱犁的大型拖拉机，将土壤深耕或深松 35cm，用宽幅精量播种机播种并镇压，播深 3 ～ 5cm。在小麦收获后，用秸秆粉碎机将前茬作物秸秆和根茬切碎至 5cm 左右小段，并均匀抛撒，玉米免耕等行距播种。采用带有联动轴勺轮式单粒播种机播种，播深 3 ～ 5cm。

（六）小麦“一喷三防”技术

小麦“一喷三防”技术是指在小麦生长中后期，叶面喷施杀菌剂、杀虫剂、植物生长调节剂、叶面肥等混配液，达到防病虫、防早衰、防干热风的效果，确保小麦丰产增收。小麦中后期病虫害主要有赤霉病、条锈病、白粉病、麦蚜、麦蜘蛛、吸浆虫等，有针对性喷施杀菌剂、杀虫剂，可有效抑制病害的发展蔓延，减少病虫对小麦生产造成的损失。喷施植物生长调节剂和叶面肥，可延长小麦叶片功能期，促进叶片光合作用，增加麦田空气湿度，改善田间小气候，增加植株组织含水率，降低叶片蒸腾，有效抵御干热风危害，防止植株青枯早衰，促进籽粒灌浆，提高粒重，增加产量。

三、应用绿色防控技术，降低病虫草害为害程度

针对当地小麦病虫草害发生种类及为害状况，坚持“预防为主，综合防治”的植保方针，树立科学植保、公共植保、绿色植保理念，采取绿色防控与统防统治相融合的防控策略，运用农业、生物、物理、化学等综合措施，将种植抗病品种与化学防治相结合，大力推广适度深耕深翻、种子包衣（药剂拌种）、清除田间自生杂草和地边路旁杂草等配套措施，有效控制小麦病虫草害，确保小麦生产安全。

（一）农业、生态及物理防控

1. 选用良种

选用优质、专用、高产、抗耐病虫品种。更好地保持生态多样化，控制病虫害的发生。

2. 土壤深耕翻

小麦—玉米连作秸秆还田地块，玉米收获时，秸秆尽量打碎还田或机械化收集打捆离田处理，播前土壤深翻，深度25cm以上，将表层秸秆或残留物翻至土层下，压低病原基数，降低病害发生为害。每隔3年深翻1次。

3. 清除杂草

播种前及时清除田边地头自生杂草，做好麦田杂草的防除工作，有效改善植株通风透光条件，铲除病虫栖息场所和寄主植物。

4. 适期适量播种

选用合适的播种机械，综合考虑品种特性、天气等因素，适时、适量、适深、适墒播种，做到播种行直、无漏播、无重播、下种均匀。

5. 加强小麦田间管理

合理施肥促使小麦健壮生长，增强其抗病虫害能力。应用测土配方施肥技术，增施有机肥，补充微肥和生物肥料，无病田秸秆粉碎直接还田，并增施尿素调节土壤碳氮比。部分病害秸秆需要移出田间集中处理，隔年进行土壤深翻，提高整地质量，调节土壤酸碱，改善理化性状。根据小麦生育特点合理管理水肥，创造有利于小麦生长的环境条件，实行小麦健身栽培。

6. 生态防控

常年发病较重的小麦—玉米连作区，根据当地实际，每隔2～3年，玉米与大豆、棉花、花生、蔬菜等作物进行轮作，切断菌源连续积累的途径，降低小麦茎基腐病等发生为害。保护和利用麦田害虫的各种天敌，发挥天敌自然控害作用。

7. 生物防治

在小麦生长后期可利用七星瓢虫、食蚜蝇等天敌，防治蚜虫及螨类，达到生物防虫目的。

8. 物理防治

利用大多数害虫成虫具有趋光性、趋化性的特点，在麦田中安装黑光灯或频振式杀虫灯、糖醋液，或使用生物信息素诱杀害虫，减少种群数量，使病虫害发生得到有效防控。

（二）科学合理地使用农药

根据病虫发生情况，采取专业化统防统治，对病虫发生田块，力争做到“发现一点，控制一片，发现一片，控制全田”，将病情控制在初发阶段。当田间普遍率达 1% 时，及时组织专业队开展统防统治，遏制病虫扩散流行。选用生物农药或高效、低毒、低残留农药开展统防统治，遏制病虫扩散流行；针对病虫施药，交替轮换使用有效、低量、代谢周期短的农药，严格按照安全间隔期施用农药；提高药剂混配和施药质量，特别是要进行二次稀释、用足水量，施药要均匀，避免重喷、漏喷。

1. 选用新型高效植保器械

推广使用静电喷雾器、大中型自走式喷雾机、农用植保无人机等器械，淘汰“跑、冒、滴、漏”的劣质植保器械，实现精准靶标喷防，充分发挥药效。

2. 种子包衣处理

小麦种子用药剂进行包衣或进行拌种处理，可起到小麦初期抵抗病虫害的作用，这种方法对防治土传病虫害效果非常明显，并可有效降低防控成本。

3. 抓好几种关键病虫害的防治

对小麦白粉病、锈病，可选用苯醚甲环唑、戊唑醇、三唑酮、烯唑醇、丙环唑等药剂喷雾防治；对小麦赤霉病，防治的关键是抓好小麦抽穗扬花期的喷药防治，可选用甲基硫菌灵、氰烯菌酯、氰烯菌酯 · 戊唑醇、苯甲 · 多抗、苯甲 · 丙环唑、井冈 · 蜡芽菌等药剂喷雾防治；对小麦茎基腐病，返青早期施药，或翌年一开春，尽可能在春分前喷药防治，可选用含有戊唑醇、氰烯菌酯、氟唑菌酰羟胺、丙环唑、嘧菌酯等成分的药剂喷施小麦茎基部；对小麦蚜虫，可以选用高效氯氰菊酯、啶虫脒、氟啶虫胺腈、噻虫嗪、高氯氟 · 噻虫、高氯 · 啶虫脒、氯氟 · 吡虫啉等其中之一进行喷雾防治。

四、推广减损技术，做到颗粒归仓

（一）确定适宜收获时间

小麦机收宜在蜡熟末期至完熟初期进行，此时产量最高，品质最好。小麦成熟期主要特征：蜡熟中期下部叶片干黄，茎秆有弹性，籽粒转黄色，饱满而湿润，籽粒含水率 25% ～ 30%。蜡熟末期植株变黄，仅叶鞘茎部略带绿色，茎秆仍有弹性，籽粒黄色稍硬，内含物呈蜡状，含水率 20%～ 25%。完熟初期叶片枯黄，籽粒变硬，呈品种本色，含水率在 20%以下。

确定收获时间，还要根据当时的天气情况、品种特性和栽培条件，合理安排收割顺序，做到因地制宜、适时抢收，确保颗粒归仓。小面积收获宜在蜡熟末期，大面积收获宜在蜡熟中期，以使大部分小麦在适收期内收获。留种用的麦田宜在完熟期收获。如遇阴雨天气或急需抢种后茬作物，或品种易落粒、折秆、折穗、穗上发芽等情况，应适当提前收获时间。

（二）减少机收环节损失的关键措施

作业过程中，应选择适当的作业参数，并根据自然条件和作物条件的不同及时对机具进行调整，使联合收割机保持良好的工作状态，提高作业质量，减少机收损失。

1. 选择作业行走路线

联合收割机作业一般可采取顺时针向心回转、逆时针向心回转、梭形收割 3 种行走方法。在具体作业时，机手应根据地块实际情况灵活选用。转弯时应停止收割，将割台升起，采用倒车法转弯或兜圈法直角转弯，不要边割边转弯，以防因分禾器、行走轮或履带压倒未割麦子，造成漏割损失。

2. 选择作业速度

根据联合收割机自身喂入量、小麦产量、自然高度、干湿程度等因素选择合理的作业速度。作业过程中应尽量保持发动机在额定转速下运转。通常情况下，采用正常作业速度进行收割，尽量避免急加速或急减速。当小麦稠密、植株大、产量高、早晚及雨后作物湿度大时，应适当降低作业速度。

3. 调整作业幅宽

在负荷允许的情况下，控制好作业速度，尽量满幅或接近满幅工作，保证作物喂入均匀，防止喂入量过大，影响脱粒质量。当小麦产量高、湿度大或者留茬高度过低时，以低速作业仍超载时，适当减小割幅，一般减少到 80%，以保证小麦的收割质量。

4. 保持合适的留茬高度

割茬高度应根据小麦的高度和地块的平整情况而定，一般以 5 ～ 15cm 为宜。割茬过高，由于小麦高低不一或机车过田埂时割台上下波动，易造成部分小麦漏割，同时，拨禾轮的拨禾推禾作用减弱，易造成落地损失。在保证正常收割的情况下，割茬尽量低些，但最低不得小于 5cm，以免切割泥土，加快切割器磨损。

5. 调整拨禾轮速度和位置

调整拨禾轮的转速，使拨禾轮线速度为联合收割机前进速度的 1.1 ～ 1.2 倍，不宜过高。拨禾轮高低位置应使拨禾板作用在被切割作物 2/3 处为宜，其前后位置应视作物密度和倒伏程度而定，当作物植株密度大并且倒伏时，适当前移，以增强扶禾能力。拨禾轮转速过高、位置偏高或偏前，都易增加穗头籽粒脱落，使作业损失增加。

6. 调整脱粒、清选等工作部件

脱粒滚筒的转速、脱粒间隙和导流板角度的大小，是影响小麦脱净率、破碎率的重要因素。在保证破碎率不超标的前提下，可通过适当提高脱粒滚筒的转速，减小滚筒与凹板之间的间隙，正确调整入口与出口间隙之比（应为 4∶1）等措施，提高脱净率，减少脱粒损失。清选损失率和含杂率是矛盾的，在保证含杂率不超标的前提下，可通过适当减小风扇风量、调大筛子的开度及提高尾筛位置等，减少清选损失。作业中要经常检查逐稿器机箱内秸秆堵塞情况，及时清理，轴流滚筒可适当减小喂入量和提高滚筒转速，以减少分离损失。对于清选结构上有排草挡板的，在含杂、损失较高时，可通过调整排草板上下高度减少损失。

7. 灵活收割倒伏、过熟麦田

适当降低割茬，以减少漏割；拨禾轮适当前移，拨禾弹齿后倾 15° ～ 30°，或者安装专用的扶禾器，以增强扶禾作用。倒伏较严重的地块，采取逆倒伏方向收获、降低作业速度或减少喂入量等措施。小麦过度成熟时，茎秆过干易折断、麦粒易脱落，脱粒后碎茎秆增加易引起清选困难，收割时应适当调低拨禾轮转速，防止拨禾轮板击打麦穗造成掉粒损失，同时降低作业速度，适当调整清选筛开度，也可安排在早晨或傍晚茎秆韧性较大时收割。

8. 规范作业操作

作业时应根据作物品种、高度、产量、成熟程度及秸秆含水率等情况来选择作业挡位，用作业速度、割茬高度及工作幅宽来调整喂入量，使机器在额定负荷下工作，尽量降低夹带损失，避免发生堵塞故障。要经常检查凹板筛和清选筛的筛面，防止被泥土或潮湿物堵死造成粮食损失，如有堵塞要及时清理。

第二节　小麦良种繁育绿色高质高效生产技术

一、播前准备

（一）基地选择

小麦良种繁育基地应选择交通便利、自然生态环境满足种子生产实际需求的地块，要求集中连片，地形平坦、排灌方便，避免选择种植过大麦和病虫草害为害严重的区域。

（二）地块要求

小麦良种繁育田要求：土壤肥沃，前茬一致，地力平衡，产量不低于400kg/亩的高标准农田；为避免生物混杂，不同品种繁种田应间隔25m以上距离。

（三）整地施肥

1. 机械深耕

深耕通常保持在20～25cm，深耕后及时整平耙细，达到上松下实的效果，避免出现跑墒。

2. 基肥充足

结合整地基施有机肥以提高土壤耕层有机质含量，一般亩施腐熟农家肥1 000～3 000kg或商品有机肥300～500kg。根据不同地力和小麦产量目标因地制宜施用化肥：产量水平为600kg/亩以上的超高产田，每亩施用纯氮（N）16～18kg、磷（P_2O_5）7～9kg、钾（K_2O）6～10kg，磷肥全部底施，氮、钾肥40%～50%底施；产量水平为450～600kg/亩的高产田，每亩施用纯氮（N）12～16kg、磷（P_2O_5）6～7kg、钾（K_2O）5～8kg，磷、钾肥全部底施，氮肥40%～50%底施，50%～60%起身期或拔节期追肥。缺少微量元素的地块，要注意补施锌、硼肥等。推广种肥同播技术。

（四）品种选择

为提高种植效益，应繁育广适、高产、优质、抗逆性强的小麦品种。近年来，山东省主推优质小麦品种有济麦22、济麦44、鲁原502、烟农1212等；强筋类型品种有济麦44、中麦578、济麦5022等；中强筋类型品种有泰科麦33、山农47、徐麦36、岱麦366、泰田麦118、山农1695等品种。应从正规种子企业购买小麦原种进行良种繁育，从而获得产量高、纯度高的大田良种。

（五）种子处理

播种前晒种1～2d以提高发芽势，使用种子包衣或药剂拌种以控制苗期地下害虫为害和预防前期根部病害。预防地下害虫，可选用吡虫啉、噻虫嗪、辛硫磷等药剂，兼治苗期蚜虫、红蜘蛛等；预防根茎部病害，可选用含有戊唑醇、苯醚甲环唑、咯菌腈、氟唑菌酰羟胺、丙环唑等成分的单剂或复配制剂；

多种病虫害混合重发生地区，可使用多种杀菌剂和杀虫剂复配的药剂。

二、播种技术

确保小麦足墒适期播种，适宜墒情为土壤相对含水量75%左右；适播期应满足冬前0℃以上积温550～600℃，即平均气温13～15℃时播种为宜。山东省小麦最佳播期为10月上中旬，其中，鲁东、鲁中、鲁北适宜播期一般为10月5—15日，鲁南、鲁西南适宜播期为10月8—20日。适期播种时，播量一般要求7.5～9kg/亩，播种深度为3～5cm。播种方式为宽幅精播，小麦带宽7～10cm，带间距22～26cm，确保小麦种子田间均匀分布，避免出现缺苗断垄现象。播种机行进速度以每小时5km为宜，宽幅精量播种机配置镇压轮，压实土壤以防止透风漏墒，培育冬前壮苗。

三、田间管理技术

（一）科学肥水管理

结合小麦生长情况，充分考虑土壤地力、气候因素等，科学进行肥水管理。地力较好且适期播种的地块，在拔节期后期进行追肥。产量水平在450～600kg/亩的高产田，氮肥总量的50%～60%在小麦起身期或拔节期追肥。产量水平在600kg/亩以上的超高产田，氮、钾肥总量的50%～60%在小麦拔节期后期追肥。小雪到大雪节气应浇越冬水。在开花期至灌浆中期的过程中应当确保田间含水量处于70%左右，特别是开花期，若土壤含水量低于70%，需浇扬花水，或在灌浆初期浇水。注意有风天不浇水，避免倒伏。

（二）杂草绿色防治技术

1. 防治时间及药剂

麦田杂草主要有播娘蒿、荠菜、猪殃殃、麦瓶草、婆婆纳等阔叶杂草及雀麦、野燕麦、节节麦等禾本科杂草。杂草防治可在冬前或早春防治。

冬前化学除草时间一般为小麦适播期内播后40～45d，小麦幼苗3叶1心后，杂草2～3叶期，及时选用含唑草酮、氯氟吡氧乙酸、双氟磺草胺与甲基二磺隆、氟唑磺隆、唑啉草酯等成分等药剂混配或混剂，开展冬前化学除草，除早除小，减少用药。注意温度低于5℃时，不要喷雾。防治麦田禾本科恶性杂草时，三类弱苗不可以用药，以免发生药害。田间过于干旱时，要适当增加用水量以达到最佳防治效果。

早春除草在2月下旬至3月中旬小麦返青期。冬前未进行化学除草的麦田，杂草密度达到8～15株/m^2时应及时防控。根据麦田墒情，可采取“顶凌期”划锄除草的农业防治措施，在表层土化冻2cm时进行。其次是化学除草，根据田间不同种类分类防除。对以播娘蒿、荠菜、麦瓶草、婆婆纳等阔叶类杂草为主的麦田，可选用5%双氟磺草胺悬浮剂5～6g/亩，或10%唑草酮水分散粒剂15～20g/亩；以雀麦、野燕麦、硬草、看麦娘、多花黑麦草等禾本科杂草为主的麦田，可选用70%氟唑磺隆水分散粒剂2～4g/亩，或5%唑啉草酯乳油60～80mL；以猪殃殃为主的麦田可选用200g/L氯氟吡氧乙酸乳油60～65mL/亩；以节节麦为主的麦田，一定要选用含甲基二磺隆成分的除草剂，比如3%甲基二磺隆悬浮剂25～30mL/亩或者复配制剂3.6%二磺·甲碘隆水分散粒剂15～25g/亩。以上农药均兑水30kg后均匀喷雾。

2. 施药方式

大面积地块应选择自走式喷杆喷雾机、植保无人机等新型施药机械，发挥种粮大户、家庭农场、专业合作社等新型经营主体的专业化统防统治，达到农药减量控害、提高农药利用率和工作效率的目的。

3. 注意事项

春季麦田化学除草应在拔节期完成，避免拔节后喷施除草剂。早春气温波动较大，低温易造成药害，早春化学除草应避开“倒春寒”天气，喷药时间选择9:00—16:00、晴天无风且气温不低于4℃时用药，喷药前后2d最低气温不能低于0℃，阴雨天、大风天禁止用药。严格按照农药标签上的推荐用量、适宜浓度、施药方法、操作规程，不漏喷，更不能重喷，避免药害事件和漂移事件发生。

（三）病虫害防治

选择3月下旬至4月上旬对小麦条锈病、赤霉病、白粉病等进行防治。

1. 小麦条锈病

采取“发现一点、防治一片”的预防措施，及时控制发病中心。当田间平均病叶率达到0.5%～1.0%时，开展大面积应急防控，做到同类区域防治全覆盖。可用15%三唑酮可湿性粉剂60～80g/亩，或12.5%烯唑醇可湿性粉剂30～50g/亩，或30%吡唑醚菌酯悬浮剂25～30mL/亩，兑水均匀喷雾防治。

2. 小麦赤霉病

坚持“立足预防，适时用药”不放松，小麦抽穗扬花期一旦遇到连续阴雨天气，立即喷杀菌剂预防。可用430g/L戊唑醇悬浮剂15～25mL/亩，或25%

氰烯菌酯悬浮剂 100 ～ 200mL/ 亩，或 25% 咪鲜胺乳油 60 ～ 100mL/ 亩兑水均匀喷雾防治。

3. 小麦蚜虫、白粉病、叶锈病

小麦抽穗扬花期应用“一喷三防”统防统治技术，一次施药防治麦蚜、白粉病、锈病、赤霉病等多种病虫害。于 4 月下旬，每亩用 4.5% 高效氯氰菊酯乳油 70mL+80% 戊唑醇可湿性粉剂 8 ～ 10g 或 22% 噻虫 · 高效氯氟氰菊酯微囊悬浮剂每亩 6mL+40% 戊唑 · 咪鲜胺水乳剂 25 ～ 30mL，再加入 500 倍腐殖酸水溶肥料，兑水 30 ～ 40kg 均匀喷雾。

四、田间去杂

良种繁育田去杂对制种纯度至关重要。小麦繁种田一般需进行 3 次人工去杂：第 1 次在小麦拔节期后，此时大麦和野燕麦的颜色特别容易辨认，也最易连根拔起，是彻底除杂的最佳时期；第 2 次在小麦抽穗期，拔除抽穗、开花特别早的植株或穗色、穗形、叶色、叶形不一致的植株以及一些残有的杂草；第 3 次在蜡熟期，把超出本品种高度、特早熟和特晚熟的杂株拔除。

为确保供种质量，要彻底清除田间节节麦、野燕麦等恶性禾本科杂草，带离田间并深埋，防止杂草种子遗留田间，增加下一季防除难度。因病虫为害诱变矮化、发育不良、严重倒伏及杂草丛生的麦田不能作为种子田收获。

五、适时收获

收获前应对小麦收割机主要部位如粮仓、割台、籽粒传送管道等进行清理，尤其是粮仓一定要清理干净。清理完毕后，收割机空载运行 1min 后进行收割。

小麦在蜡熟末期品质最好、产量最高，要适时抢收。“三夏”期间天气多变，要严防“烂场雨”。小麦繁种田应做到单收、单打，提高良种纯度。

六、良种精选

收获结束后第一时间进行精选，确保能够符合国家一级种子质量规定，要求种子净度不低于 99.8%、纯度不低于 99%、发芽率 85% 以上、水分不高于 13%，不存在霉烂种子和其他杂质，破损率控制在 2% 之内。

七、发放“二证”

收获前应由专业技术人员做好田间检验，待验收通过后发放田间检验合格证，并登记良种产地、数量与质量，最终发放种子检验证。

第三节　小麦持续增产的限制因素与新技术集成

2022年，山东省小麦平均亩产达到439.8kg，比全国小麦平均亩产高49.4kg，大面积亩产超过550kg，高产创建亩产实现800kg以上。但生产中还有很多地块亩产在400kg以下，优良品种产量潜力尚未得到充分发挥，小麦生产增产增效面临新的挑战。结合粮食绿色高质高效创建技术研究推广和指导群众生产的实践，分析限制小麦产量的品种、整地、播种、肥水管理、病虫防控五大技术因素对高产的影响，提出通过充分利用当地光温水土资源禀赋，选用优良品种，采取深耕深松、规范化播种，强化播前播后镇压、三水三肥、节水灌溉、氮肥后移，开展病虫害绿色防控等新技术，集成了立足抗灾夺丰收，轻简化管理，农机农艺融合，节肥节水节药节地，增产提质增效的小麦绿色高质量生产技术模式，创新完善小麦栽培技术体系。

一、小麦持续增产技术限制因素

（一）品种选择不当

随着小麦品种审定方式改变，市场小麦品种数量越来越多，虽然连续开展小麦统一供种，仍有部分新型经营主体和农户求新求异，随意购买种子，统一供种的覆盖面不高。另外，种子经营模式多样化，种子经营者专业水平良莠不齐，以利益为中心盲目推广，跨生态区引种较为普遍，大量生态适应性差的品种在生产上应用，品种推广多乱杂，小麦抗病性、抗倒性、抗冻性差的矛盾突出，稳产丰产性不足导致小麦减产，限制了小麦生产整体水平提高。

（二）整地质量差

由于旋耕面积大，深耕、深松面积小，耕层浅，易形成坚硬的犁底层，肥水容量小；以旋代耙，缺少耙耱镇压，造成表土疏松透气，容易失墒散墒，小麦根系发育受阻，水分、养分吸收运输，小麦抗逆性降低易导致病害、旱灾、冻害和倒伏等灾害发生。连年小麦玉米一年两作全量秸秆还田，玉米秸秆量大，秸秆还田质量差，旋耕秸秆不能深翻入土，麦田缺乏播前播后耙捞镇压，耕作层土壤松暄，透风跑墒，导致麦田缺苗断垄、出苗不齐，出苗后根系发育不良和“吊根苗”等。

（三）播种质量不高

1. 播种量偏大

播种时考虑品种特性不充分，加上种子经营单位宣传“有钱买种，无钱买苗”，播种量偏大，导致目前推广的半冬性、多穗型品种基本苗大、分蘖延迟、次生根发育不良，冬前发育快、分蘖过多，形成冬前旺苗，群体大，遭遇冬季冻害、后期病害和倒伏风险高。

2. 播种质量差

有些农户播种仍然采用传统播种方式，小麦幼苗田间拥挤，争肥、争水、争营养，影响分蘖发根；播种期田间墒情差，捞墒播种导致播种过深，出苗质量差，缺苗断垄或延迟分蘖，根系发育不同步，抗旱抗冻性降低。

3. 播种技术粗放

受不同机械性能限制和机手操作技能水平影响，播种时不能因地、因品种调整播种量、播种深度，机械行进速度快，一般在 8km/h 以上，播种不匀，播后镇压不实，造成田间缺苗断垄和“疙瘩苗”。

（四）肥水运筹不合理

1. 盲目施肥

有机肥施用量减少，施肥依赖大量化肥特别是偏施氮肥，土壤团粒结构破坏，土地盐渍化，耕地综合肥力下降。科学配方施肥应用少，仍然采用的传统施肥“一炮轰”方式，全部肥料一次作底肥施用，不进行生长期追肥，苗期肥效供应集中，造成前期消耗大量养分旺长，后期脱肥早衰，茎秆细弱，穗粒数减少，穗粒重降低而减产。施肥重氮肥轻磷钾肥，总体施肥量不足，地上、地下生长不协调，小麦无效分蘖增加，两极分化延迟，茎基腐病、纹枯病、白粉病等病害加重，抗倒性降低。

2. 水分利用效率低

传统浇水以大水漫灌为主，喷灌、微灌等高效节水灌溉技术应用不足，不仅浪费水资源，加速土壤板结，还造成小麦植株根系发育不良，抗逆性降低。浇水关键期掌握不当，疏于浇灌出苗水，越冬水浇灌面积小，春季第一水浇水早，拔节期至扬花期需水高峰期和临界期关键水欠缺，小麦出苗质量差，造成冬季冻害，春季浇水后无效分蘖增多，两极分化延迟，后期影响籽粒形成与灌浆，对产量三要素影响大。

（五）病虫草害防治不规范

病虫草害是影响小麦稳产的关键因素。在目前小麦—玉米一年两季复种指数高、两季全量秸秆还田种植模式下，小麦茎基腐病、纹枯病等病原菌积累危害发生逐渐加重，给病虫害防治带来很大挑战。传统防治重虫轻病、重治轻防，小麦病虫草三大防控环节把握不当。种子包衣杀菌剂用量不足，春季补防纹枯病、茎基腐病应用面积小，穗期防治只防治蚜虫，不加入杀菌剂防治白粉病、锈病等，加大了病虫为害损失。小麦恶性杂草节节麦、雀麦等禾本科杂草发生重，杂草化学防除冬前防治面积小，春季防治效果差。

二、小麦持续增产的技术集成

充分挖掘发挥光、温、水、土资源潜力，提高机械装备技术水平，做到“藏粮于地、藏粮于技”，选用增产潜力大、分蘖成穗率高的多穗型品种，因变创新，集成应用减垄增地、深耕深松、宽幅播种、播前播后双镇压、氮肥后移、喷灌微灌、水肥耦合和病虫草绿色防控新技术，轻简化管理，立足抗灾夺丰收，实现资源高效利用、农机农艺融合、节肥节水节药节地，增产提质增效，为小麦绿色高质量发展提供可复制可推广的生产技术模式。

（一）优化品种选用

依据土壤水肥、栽培技术水平、播种时间等，在试验示范的基础上，推广生态适应性强、综合抗性好（抗旱、抗寒、抗病、抗倒等）、丰产稳产的中多穗型、偏冬性强筋、中强筋小麦品种，确立当地主导品种，如济麦 22、山农 28、山农 29、山农 38、鑫麦 296、济麦 44 等。避免盲目跨区域、不经示范引种，遴选、发布本地主导品种，将良种补贴与主导品种挂钩，提高主导品种推广度和覆盖率。

（二）提高整地质量

1. 实行减垄增地

结合本地水、土、地质资源优势和技术优势，实行无垄栽培、小畦改大畦、小畦双宽等方式，大力示范推广小麦减垄增地技术，提高土地利用率，实现小麦单产、总产双提升。

2. 提高秸秆还田质量

在玉米联合收获的基础上，实行二次秸秆还田，秸秆长度不大于5cm，连年秸秆还田地块，可以实行部分秸秆离田处理，适量增加氮肥用量，调节碳氮比，促进秸秆腐化。玉米秸秆还田地块要做好小麦播前播后双镇压，并在播种后浇灌“蒙头水”，压实土壤，促进种子与土壤紧密结合。

3. 提高耕地整地质量

以深耕深松、旋耕为基础，使用复式或联合作业机械，做好耕、旋、耙、压相结合，实行“2+1”两旋一深整地模式，即2年旋耕1年深耕，深耕年份大功率机械深耕25～30cm，逐年增加耕深，打破犁底层，增加活土层，提高蓄水保墒能力，促进根系发育和养分吸收。

4. 实行播前播后双镇压

小麦播前播后镇压有利于踏实土壤，增强土壤与种子的密接程度，增温保墒，提高出苗率和整齐度，促进分蘖和次生根增长，同时降低基部节间长度，增强抗倒伏能力。

（三）规范化宽幅播种

农艺与农机相结合，使用专用宽幅播种机械，做到“四适”（适墒、适期、适量、适深）播种，改传统小行距（15～20cm）为等行距（22～26cm）播种，将种子幅宽由3～5cm提高至8～10cm，浅播、匀播，播种深度3～5cm，提高种子田间分布均匀度，减少缺苗断垄和疙瘩苗，减少植株间争肥、争水、争营养矛盾，苗蘖健壮，个体群体质量好，抗逆性强。鲁西南小麦适播期一般在10月中旬，冬前生长达到4叶1心至5叶1心，单株分蘖2～3个，单株次生根4～6条，亩茎蘖数60万～70万个。

（四）合理运筹肥水

1.“三肥三水”管理

根据土壤养分调查和测定，实行科学施肥。“三肥”即大力推广应用氮肥后移技术，将40%～50%氮肥、50%钾肥和全部磷肥作为底肥，结合深耕深松一次施入，其余氮肥、钾肥在起身期—拔节期追肥，扬花期结合病虫防治叶面喷施磷酸二氢钾等叶面肥料，延缓植株衰老，调节个体群体矛盾，协调穗、粒、总产量三因素关系。掌握“底足、前控、中促、后保”供水原则，浇好“三水”即浇好出苗、越冬水，促进苗全、苗齐、苗匀、苗壮，培育冬前壮苗；推迟浇灌春季第一水，浇足拔节水，减少春季无效分蘖，促进粒数发育，减少小穗小花退化，培育大穗；浇好扬花灌浆水，不浇麦黄水，促进灌浆成熟，提高千粒重，减少籽粒败育所造成的损失。

2. 实施节水灌溉

改变传统大水漫灌习惯，优化灌溉制度，在小麦需水关键期，采取测墒灌溉和因墒施肥，实行地埋管道喷灌、立杆式喷灌和“小白龙”喷灌，适期限额灌水，保证小麦生育用水，保护土壤结构，优化根际环境，减少水肥流失。小麦拔节期关键时期水肥耦合使用，以肥调水，以水促肥，全面提升水肥利用效率。

（五）绿色防控病虫害

抓住本地常发重发病虫草害，抓好 4 个环节，开展“一拌两喷”，做好种子包衣提前预防，苗期和穗期进行叶面喷雾重点防治，实行冬前化学除草，有效控制小麦病虫草害的发生流行。

1. 种子包衣

播种前种子包衣（拌种）是压低病虫基数、前移防治关口、减轻病虫发生为害的关键性措施。用戊唑醇、咯菌腈等成分杀菌剂与吡虫啉、噻虫嗪等成分杀虫剂种子包衣，延迟或减轻小麦条锈病、纹枯病、茎基腐、黑穗病等病害的发生为害，控制苗期地下害虫为害，实现减药增效。

2. 冬前化学除草

小麦 3 叶 1 心后，杂草 2 ～ 3 叶期，及时选用含唑草酮、氯氟吡氧乙酸、双氟磺草胺与甲基二磺隆、氟唑磺隆、唑啉草酯等成分等药剂混配或混剂，开展冬前化学除草，除早除小，减少用药。

3. 拔节期“一喷早三防”

拔节期以防治小麦纹枯病、茎基腐病和预防条锈病为主攻目标，一次性喷施杀菌剂、杀虫剂、生长调节剂和叶面肥，开展实施防病防虫防弱苗“一喷早三防”。

4. 穗期病虫“一喷三防”

小麦抽穗扬花期选用适宜的杀菌剂、杀虫剂、植物生长调节剂（叶面肥），一次施药防病治虫、防干热风、防早衰，增粒增重，提高小麦产量品质。

第四节　稻茬麦不同栽培模式生产技术

济宁市位于山东省西南部，所辖的鱼台县、任城区、嘉祥县、微山县等常年种植水稻面积 65 万亩，特别是鱼台县素有江北“鱼米之乡”的美誉。种植水稻的田块绝大多数与小麦进行轮作，极少部分实行稻—蒜轮作。2013 年以前，济宁地区的稻茬麦主要以稻套播小麦为主，但由于气候原因（如长期干旱、天气寒冷时间较长）加上灰飞虱越冬基数大等，导致稻套播小麦易遭遇干旱、冻害、病虫等灾害。为消除灾害隐患，克服稻套播小麦带来的弊端，济宁地区稻茬麦旋耕灭茬播种技术逐步发展起来。目前生产上稻茬麦稻套播和旋耕灭茬播种两种栽培模式并存，各有优缺点。

一、稻套播栽培模式

（一）方法

在水稻收获前 10 ～ 15d，一般在 10 月 5 日前后，人工或者使用小麦撒播机亩均匀撒播优良麦种 17.5 ～ 20kg，既可以使用干种，也可以浸泡 24h 后进行催芽撒播。

（二）优点

1. 充分利用资源优势，掌握季节主动优势

在实际生产中既可以选择晚熟、高产、优质的水稻品种，又可以因地制宜选择适合当地小麦适宜的播种时间，促进小麦生育进程与季节保持优化同步而获得高产。这就保证了稻套麦不受茬口播期、土壤水分等播种条件的限制，晚茬不晚种，确保小麦适期早播，有利于苗全苗足。

2. 轻简化栽培，节本增效

与常规小麦种植相比，减少了机械耕地等投入成本，大幅度轻简轻化麦作农艺流程与作业，并减轻了劳动强度，同时种麦与收稻分开，有利于合理安排劳力。

3. 有利于冬前形成壮苗

通过稻田后期的合理灌溉，解决了常规播种出苗期因天气干旱造成土壤墒情不足而出苗难的问题，同时又可以通过稻田原有的沟系，解决秋播连阴雨导致播种困难、烂种、烂芽、僵苗等问题，从而克服了部分不利天气带来的恶劣影响，提高出苗质量，冬前容易形成“一类苗”。根据多年冬前田间小麦苗情调查，亩茎蘖数在 100 万个左右，容易形成 2 ～ 3 个分蘖。

（三）缺点

1. 对气候因素引起的长期干旱、剧烈降温抵抗能力差，抗倒伏性较差

由于带稻撒播小麦根系裸露在土壤表面，如果秋季和冬天出现长期干旱或者强降温天气，较常规播种的小麦更容易受害，常出现土壤干裂，小麦叶片卷缩、无光泽，甚至出现叶片干枯的现象，严重的出现死亡；而在正常年份由于其群体密度大，根系较浅，在灌浆期遇到大风阴雨天气容易出现倒伏，从而影响了小麦的高产、稳产。

2. 免耕为部分害虫提供了越冬场所，加重了某些害虫的发生程度

例如，二化螟和灰飞虱可以在稻茬内进行越冬，由于带稻撒播，在水稻收割时，为了减轻对小麦造成损伤，必须使稻茬保留一定的高度，这样就为二化螟、稻飞虱等提供了有利的越冬场所，从而为翌年的农业生产带来了一定的隐患。如在 2013 年以前，济宁地区普遍进行稻套播小麦的生产，灰飞虱连续多年大发生，二化螟的越冬基数也较高。

3. 稻田内表层覆盖物影响麦苗的均匀度

在部分水稻田，后期土壤表层可能覆盖有浮萍、水绵等，麦种落在上面，影响根系生长，甚至出现根系悬空而死亡的现象，造成苗不匀的现象。

（四）技术要点

1. 精选品种

由于带稻撒播小麦对干旱和低温抵抗力较差，因此一定要选用耐旱、抗冻性好、抗倒伏能力强的冬性或半冬性品种，如济麦 22 等。

2. 适期适量均匀撒播

适期、适量均匀撒播是稻套播小麦高产的关键措施之一。过早套播共生期长，易导致麦苗细长不壮；过迟套播在水稻收获前难以齐苗。一般根据水稻的成熟期和稻田最后一次浇水情况选择撒播日期，在水稻收获前 10 ～ 15d 最佳，此时麦苗基本处于 1 叶 1 心期。由于在撒播时水稻处于成熟期，目测种子均匀度比较困难，因此要比常规种植小麦适当增加播种量。撒播完成后，最好用竹竿划拨水稻植株，能够使落在其上的小麦种子落到地表，播种时一定要保证匀度，保证田边、畦边等边角地带足苗。另外，撒播后水稻田一般不再进行浇水。浮萍或者水绵覆盖物较多没有进行处理的稻田，不提倡稻套播。

3. 水分管理

在小麦撒播前 3 ～ 5d 稻田灌溉收获前的最后一次水，一般地块待水自然下渗后、高亢地块也可以在有浅水层的情况下撒播小麦干种，在干旱年份也可以将小麦种子浸泡催芽至“露白”撒施，以促使其尽快生长。另外，要根据墒情和气候条件酌情浇灌越冬水和返青水，要求浇灌后 1 ～ 2d 田间无积水，以免发生渍害。在济宁地区稻茬麦起身后不提倡大水漫灌。

4. 肥料管理

由于稻套麦田免耕，不能和常规种植一样在耕地前施入基肥，因此按照“基肥不足苗肥补”的原则，在水稻收获前亩撒施三元复合肥 20kg+ 尿素 10kg，但是由于在稻田施肥不方便作业，也可以在水稻收获后有雨天气撒施。入冬前根据降雨情况再亩撒施三元复合肥［（N：P_2O_5：K_2O）=（15 ～ 18）：（12 ～ 15）：（8 ～ 10）］10kg+ 尿素 10kg，拔节期酌情亩撒施 10 ～ 15kg 尿素即可。有条件的可以在水稻收获后，亩施有机肥 1 500kg，更有利于小麦越冬和生长。结合防治病虫害进行叶面肥特别是磷酸二氢钾和芸苔素等的喷施，可以增强植株抵抗外界不良环境的能力。

5. 综合防治小麦病虫草害

一般来说，稻套麦田杂草发生早，发生程度较重，应合理选择药剂进行冬前或者春季除草。另外根据病虫情报适时防治小麦白粉病、赤霉病和蚜虫等病虫害。

二、小麦旋耕灭茬播种栽培模式

（一）方法

1. 旋耕施肥播种机条播

选用 2BFG-12（6）（230 型）或者 2BFG-16（8）（250 型）旋耕施肥播种机，将旋耕、施肥、播种、镇压一次性完成。除具有免耕机条播类似的优点外，还有利于打破土壤犁底层和促进土肥融合，对提高肥料利用率及土壤蓄水保墒更为有利，秸秆离田的地块更适合此方法。

2. 板茬人工撒播，旋耕盖种

分别将肥料和种子撒入田间，用旋耕机旋耕盖种。这是目前大面积生产应用最为广泛的播种方式，其优势是适应性广，操作简便，播种进程快，效率高，能耗低。

3. 旋耕整地 + 人工撒播 + 旋耕盖种

水稻收获后进行旋耕，适度晾墒后人工将肥料和种子分别撒入田间，然后用旋耕机或盖种机旋耕盖种，覆土深度 2 ～ 3cm。旋耕整地的目的是改善出苗条件，提高田间出苗率。这种种植方式的优势是整地质量较好、便于基肥投入和播种进程快。

（二）优点

1. 抵抗不良环境能力加强，确保苗匀苗齐

小麦旋耕灭茬播种栽培模式和常规种植相比差别不大，可以通过提高耕作和播种水平，播后镇压等技术达到苗齐、苗匀、苗壮的效果，同时提高了小麦的抗逆能力。

2. 便于机械化效率提高，适合规模化经营

水稻机械化收获后，可以大范围的使用耕地、播种、镇压、开沟等机械，更适合种粮大户等规模化经营。

3. 破坏了某些害虫的越冬场所，减轻了部分虫害发生的程度

通过旋耕、灭茬，破坏了二化螟、灰飞虱越冬场所，减轻了这些虫害发生的程度，减少了用药量，有利于环境质量的改善。

（三）缺点

1. 在土壤湿度大的条件下，耕地质量较差，影响播种质量

由于济宁地区水稻田 95% 以上的土壤为黏壤土，如果水稻收获前后有降雨天气，土壤湿度大，耕地质量往往较差，特别是秸秆还田的地块，不利于播种质量的提高。如果用大功率拖拉机耕地，虽然耕层较深，但是容易造成田间大泥块较多，田面不平整；如果连年旋耕或使用小功率拖拉机耕作，耕层变浅，土壤容重偏高，犁底层坚硬，影响根系下扎，不利于吸收深层养分和水分。特别是部分秸秆还田的麦田，如果耕翻后没耙细、旋耕后不压实，表层土壤过于暄松，透风跑墒，易旱易冻，且容易造成深播弱苗。

2. 播期偏晚，用种量偏大，越冬前难以形成壮苗

济宁地区小麦适宜播期在 10 月 15 日前后，近年由于追求高产高效，种植水稻大多数为中、晚熟品种，加上机械收获选择在水稻完熟期，因此一般都在 10 月 25 日以后开始收获，然后再进行整地、播种，特别是一些种地大户往往都在 11 月上旬才能播种，甚至更晚，一般亩播种量在 22.5 ～ 27.5kg，秸秆还田质量差的地块播种量更大。很多田块小麦冬前没有分蘖，甚至出现“一根针”“土里捂”的麦田，越冬前难以形成壮苗。

（四）技术要点

1. 深耕旋耕相结合，提高整地质量

对土壤实行深耕整地，可疏松耕层，降低土壤容重，增加孔隙度，改善通透性，促进好气性微生物活动和养分释放，提高土壤渗水、蓄水、保肥和供肥能力，特别是推进秸秆还田的地块和深耕相结合更有利于提高整地质量。耕层深度要达到 25cm 以上，3 年深耕 1 次，深耕旋耕相结合。对于旋耕秸秆还田的麦田，要把秸秆切细、铺匀，最好先旋耕 2 ～ 3 遍，再进行播种，以避免土壤表层秸秆过多和泥块大造成播种过深，影响成苗率和麦苗素质。

2. 规范化播种，适当浅播

用条播机进行精量播种，行距 20cm 以上，播种深度 2 ～ 3cm；旋耕整地质量和墒情较好的地块，播种深度可以调浅到 1 ～ 1.5cm。在足墒的前提下，适当浅播可以充分利用前期积温、减少种子养分消耗，达到早出苗、多发根、早生长、早分蘖。

3. 提倡播后科学镇压，提高小麦抗逆力

小麦田特别是秸秆还田的旋耕麦田，播后适时镇压可以压实土壤、压碎土块、平整地面，使耕层紧密，种子与土壤紧密接触，能够早出苗、苗壮、提高成苗率，增强小麦耐旱、耐寒能力。特别是在播后长时间干旱或者遇到冷冻的情况下，增产效果尤其显著。一般在小麦播种后 2 ～ 4d 利用自走式小麦镇压机进行镇压。需要注意的是，在播后土壤湿度特别大、7d 内有大雨、小麦已经生长出长芽的情况下不要镇压，以免土壤过于紧实或因土块挤压影响小麦正常生长发育。

4. “三沟”配套，有利于水分管理、减轻渍涝危害

渍涝害是稻茬麦生长发育过程中最主要的生理障碍，严重影响根系发育和小麦正常生长。搞好农田基本建设，实现沟渠相通，三沟（畦沟、腰沟、边沟）配套，降低麦田地下水位，是夺取稻茬麦高产的重要措施。水稻收获前要清好田外沟，秋种时，抓好田内沟的规格质量，一般畦沟要达犁底层以下 7 ～ 10cm，开成深沟高畦，田边沟和腰沟还要相应深于畦沟。要求田内“三沟”（畦沟、腰沟、田边沟）深度分别达到 20cm、25cm、35cm 左右；田外大沟深 60 ～ 80cm，“三沟”配套，沟沟相通，达到雨停田干，减轻渍涝危害。在长期干旱的情况下，也可以通过“三沟”进行洇灌，从而达到科学的水分管理。

5. 科学施肥，注意根外追肥

俗话说“麦收胎里富”，在小麦田整地播种前一定要施足基肥，做到有机肥与无机肥、氮肥和磷钾肥相配合，促苗早发，分蘖长根。根据测土配方结果，因地制宜选择配方肥，一般亩基施复合肥［（N : P_2O_5 : K_2O）=（15 ～ 18）:（12 ～ 15）:（8 ～ 10）］40kg，对于秸秆还田的需亩增施尿素 7.5 ～ 10kg。年前苗情较好的地块，冬季遇到雨雪天气可不追肥，要进行“氮肥后移”，次年 3 月下旬亩追施尿素 15kg 左右。苗情较差的在 2 月底或 3 月初亩施尿素 8 ～ 10kg，在 4 月上旬拔节期亩施尿素 10 ～ 12.5kg。在科学施肥的同时，还要注意根外追肥，结合防治病虫害喷施磷酸二氢钾和微量元素肥料，选择在小麦抽穗灌浆期喷施，能有效延缓叶片衰老，增强抵御干热风的能力，提高光和强度，促进灌浆，增加千粒重，提高产量。

总之，济宁地区两种稻茬麦不同的种植模式，各有优缺点，一定要根据农业生产的实际情况和气候因素进行合理选择，不要盲目跟从，同时进行科学管理，才能真正夺取稻茬小麦丰产丰收。

第五节　滨湖区稻茬麦无人机撒播高质高效栽培技术

鲁西南滨湖稻区地势低洼、地下水位浅，土壤含水量高，土壤质地黏重肥沃，春季地温回升慢。稻茬麦常年种植面积 58 万亩左右，主要播种方式为人工撒播，亩产 350 ～ 400kg。人工撒播小麦生长发育特点：出苗快，冬前发苗慢、个体生长量小，返青、起身晚，起身拔节期长势猛，灌浆后期易早衰。弊端：小麦用种量大，生产成本增加；基本苗多、个体分布不匀；群体过大，茎秆细弱，倒伏隐患大；冻害、病害严重，产量较低。为改变这一生产现状，山东省济宁市任城区农技专家一直探索创新稻茬麦播种方式，近几年，通过无人机撒播和人工撒播两种播种方式对比试验、济麦 22 无人机撒播密度试验等，形成了一整套适于滨湖区的稻茬麦无人机撒播绿色高质高效栽培技术，并在稻区大面积推广应用，亩产量达 432.6kg，比人工撒播麦田平均增产 48.3kg，增幅达 12.6%，每亩纯收入增加 163.59 元。

一、稻茬麦无人机撒播栽培技术

（一）选用良种

选择耐涝、耐寒、抗病、抗倒伏、品质好、产量高的国（省）审多穗型品种，如济麦 22、烟农 24、鲁原 502 等。

（二）无人机精控撒播

无人机撒播应掌握适时、适墒和适量原则。鲁西南滨湖区一般在 10 月 8—15 日播种，日平均气温以 14 ～ 18℃为宜。水稻收获前 7d 左右停水晾墒，播种时要求 0 ～ 20cm 土壤相对含水量在 90%左右，亩用种量 25kg 左右。生产上选用大疆 T30 无人机，精准遥控撒播小麦，使麦粒在地表分布均匀。生产上飞行速度 1 ～ 3m/s，飞行高度 2.0 ～ 2.5m，作业间距 5.0 ～ 7.0m。

（三）建立合理的群体结构

小麦合理的群体结构是稳产、高产的关键。根据试验和生产实践，无人机撒播小麦合理的群体结构为每亩基本苗 38 万～ 42 万株，冬前茎蘖数 90 万～ 110 万个，拔节期茎蘖数 110 万～ 130 万个，穗数 52 万～ 56 万个。

（四）测土配方减量施肥

施足底肥，撒种前用无人机撒施肥料。每亩施小麦配方肥（$N : P_2O_5 : K_2O$=25 : 15 : 5）30.0kg 或尿素 10.0 ～ 12.5kg、磷酸二铵 10.0 ～ 15.0kg、氯化钾 5.0 ～ 7.5kg。分次追肥冬前分蘖期结合浇水或降雨，每亩追施尿素 5.0 ～ 7.5kg；早春趁土壤返浆时追施尿素 5.0 ～ 7.5kg ；小麦拔节中后期追施尿素 10.0 ～ 12.5kg 和磷酸二铵 5.0 ～ 7.5kg ；扬花灌浆期叶面喷施 2.0% ～ 3.0% 尿素溶液和 0.3% ～ 0.4% 磷酸二氢钾溶液 2 次。

（五）科学合理浇水

冬前及春季浇水。当 0 ～ 20cm 土壤含水量低于 20%时，用“白龙带”浇水，浇水量以当天渗完为宜。后期不需浇水，滨湖稻茬麦扬花灌浆期地下水位较高，一般不需浇水。如遇大雨，应及时排水，以免小麦受渍早衰。

（六）绿色防控病虫草害

推广生态调控，培育壮苗增强植株抗逆性；物理防治为主，化学防治为辅，施用生物农药及低毒低残留化学农药；加强预测预报，关键时期一喷多防、专业化统防统治。

1. 化学除草

稻茬麦田杂草以早熟禾、节节麦、雀麦和野燕麦等禾本科杂草为主，阔叶杂草有猪殃殃、泥胡菜、节节菜和通泉草等。在杂草 2 ～ 5 叶期，防治禾本科杂草，每亩用 7.5% 啶磺草胺水分散粒剂 10g 或 50g/L 唑啉草酯 · 炔草酸乳油 75 ～ 100mL 或 70% 氟唑磺隆水分散粒剂 3 ～ 4g 喷雾；防治阔叶杂草用 10%唑草酮水分散粒剂 15 ～ 20g 或 5.8%双氟磺草胺 · 唑嘧磺草胺悬浮剂 10mL 或 20%氯氟吡氧乙酸乳油 50mL 喷雾；禾本科和阔叶杂草混生的麦田用以上药剂混合喷雾。

2. 防治病虫

防治小麦茎基腐病，在小麦返青起身期，病株率达到 3% 时，每亩用 24%

噻呋酰胺悬浮剂 20 ～ 25mL 或 10% 己唑醇悬浮剂 10 ～ 15mL 喷雾，7 ～ 10d 再喷 1 次；白粉病病叶率达到 10% 及时防治，用 40% 戊唑 · 咪鲜胺水乳剂 25 ～ 30mL 或 5% 己唑醇悬浮剂 30g 喷雾；纹枯病病株率达 15% 时，用 5% 井冈霉素水剂 200mL 或 12.5% 烯唑醇可湿性粉剂 20g 喷雾进行防治；当抽穗至扬花期遇到阴、雨、雾、露大气时就要及时防治小麦赤霉病，用 430g/L 戊唑醇悬浮剂 15 ～ 25mL 或 25% 氰烯菌酯悬浮剂 100 ～ 200mL 喷雾；防治小麦锈病，当条锈病病叶率 1%、叶锈病病叶率 10%、秆锈病病秆率 1% ～ 5% 时，每亩用 80% 戊唑醇可湿性粉剂 8 ～ 10g 或 40% 戊唑 · 咪鲜胺水乳剂 25 ～ 30mL 喷雾；单行红蜘蛛数量达 600 头 /m 或单株 6 头时，每亩用 1.8% 阿维菌素乳油 8 ～ 10mL 喷雾进行防治；蚜虫数量达到 500 头 / 百株时，用 24% 抗蚜 · 吡虫啉可湿性粉剂 20g 或 22% 噻虫 · 高效氯氟氰菊酯悬浮剂 6mL 喷雾进行防治。

（七）防灾减灾保丰收

1. 挖丰产沟防渍害

搞好农田基本建设，实现沟渠相通，三沟（畦沟、腰沟、边沟）配套，减轻渍涝灾害。三沟深度分别达到 0.2m、0.25m 和 0.35m，田外大沟深 0.6 ～ 0.8m。

2. 控制旺长防倒伏

对旺长麦田，冬前小麦分蘖盛期和起身期每亩喷施 20.8% 烯效 · 甲哌鎓 ME 30.0 ～ 40.0mL，可缩短基部 3 个节间长度，有效预防小麦中后期倒伏；小麦返青期使用自走式镇压机镇压小麦，可有效控制小麦旺长。

3. 预防早春冻害

在起身拔节阶段密切关注天气变化，倒春寒来临前抢时浇水，有效预防由倒春寒引发的冻害。一旦出现冻害，及早采取补救措施：一是追肥浇水，结合浇水每亩补施尿素 10.0 ～ 12.5kg，促受冻麦苗尽快恢复生长；二是叶面喷施植物细胞膜稳态剂、复硝酚钠等植物生长调节剂，促进中、小分蘖的迅速生长，力争多成穗。

二、稻茬麦无人机撒播技术优势

（一）节约种子

根据密度试验，利用无人机撒播济麦 22 麦种，每亩最适宜的用种量为 25.0kg，比人工撒播减少用种 5.0kg。

（二）提高产量

根据密度试验，无人机撒播亩用种量为25.0kg时产量最高，每亩产量495.6kg，比人工撒播麦增产123.3kg，增幅33.1%。

（三）增加效益

根据密度试验，无人机撒播麦亩用种量为25.0kg时，小麦种子按4.5元/kg计算，比人工撒播麦种子费用节省22.5元；籽粒按2.3元/kg计算，比人工撒播麦增收283.59元；人工撒麦费用50元/亩，无人机撒麦费用20元/亩。无人机撒播麦每亩纯收益比人工撒播麦多336.09元。

（四）个体健壮

根据试验调查和生产实践，无人机撒播麦苗田间分布均匀，疙瘩苗少，比人工撒播麦冬前和拔节期单株大蘖数分别多0.2个，次生根分别多0.2条和0.3条。

（五）群体合理

根据密度试验，无人机撒播麦比人工撒播麦出苗率高3.5%，每亩基本苗少5.6万株，冬前茎数少12.6万，3叶以上大蘖数多5.1万；拔节期每亩总茎数少16.2万，4叶以上大蘖数多4.3万，小麦穗数多4.7万，分蘖成穗率高1.7%。

（六）减少倒伏

根据2020年小麦灌浆后期生产调查，无人机撒播麦灌浆期倒伏率1.8%，人工撒播麦倒伏率8.1%。

（七）减轻病害

根据2020年小麦纹枯病、白粉病、茎基腐病和锈病4种主要病害调查，无人机撒播麦比人工撒播麦病情指数分别低2.5%、1.4%、0.9%和3.1%。

第六节　小麦晚霜冻害防御补救减损技术措施

2018年，山东省邹城市小麦遭遇严重的晚霜冻害，为摸清小麦晚霜冻害情况，农技人员深入田间全程跟踪调查，对晚霜冻害田间症状类型、冻害成因、对产量影响进行分析，总结出了防御补救减损的技术对策，为今后小麦生产积极应对补救晚霜冻害，保障小麦防灾减灾、保产增产、提质增效提供科学依据。

一、晚霜冻害表现症状

2018 年 4 月 7 日，晚霜冻害发生，此时小麦生长正处于拔节中后期至孕穗期。冻害发生初期调查发现，植株外部症状不明显，主要为植株主茎和大分蘖的幼穗受冻，等小麦抽穗后植株外部才表现出明显的症状。症状主要表现为 4 种：①无穗。小麦抽不出穗，上部叶片叶色变深，为浓绿色，剥开后发现幼穗死亡，轻者节间正常，重者穗下节间冻死。②空秆穗。小麦能抽出穗，但小穗全部冻死，仅存穗轴，无膨大的颖壳，穗轴枯白。③空壳穗。小麦能抽出穗，穗轴正常，颖壳发育正常，但是子房受冻死亡，仅剩颖壳，在阳光下观察整个麦穗呈透明状。④半截穗。穗部小穗发育不全，小穗败育或部分小穗小花败育不结实，造成半截穗或穗部不同程度缺粒。4 种冻害类型均有发生，不同土壤类型、品种、管理方式的麦田冻害类型有所差别，后期田间表现差异较大。

二、晚霜冻害成因

（一）4 月上旬极端低温是造成冻害的直接原因

4 月 3 日邹城市遭受较强的冷空气袭击，12h 内降温达 17℃以上，至 6 日一直遭受较强的冷高压控制，冷空气入侵使地面急剧降温，又有较强的地面有效辐射，7 日凌晨田间地面最低温度接近 –3℃，短时间降温幅度大，造成严重的晚霜冻害。

（二）早春高温导致小麦发育进程加快致使耐低温能力降低

早春气温于 2 月中旬后回升迅速，2 月中下旬气温较常年偏高 2℃，3 月较常年偏高 3.2℃。小麦春季没有明显的返青期即进入起身期，开始春季分蘖生长。持续的春季偏高气温，分蘖持续时间短，小穗分化进程加快，起身期和拔节期较常年提前 5 ～ 7d。4 月上旬全市大部分麦田的小麦已发育到雌雄蕊原基分化期，部分小麦进入四分体形成期，耐低温能力降低或已失去了对 6℃以下低温的防御能力，加重了晚霜冻害危害程度。

（三）小麦品种抗寒性差异大且半冬性品种面积较大

小麦品种之间抗寒性差异较大，冬性品种抗寒性优于半冬性品种，而当地生产上主栽品种泰农 18、良星 99、鲁原 502 等多为半冬性品种，起身拔节早、发育进程快，小麦拔节后，抗寒性迅速降低，发育到孕穗期，穗分化进入四分体形成期，正值雌雄蕊分化和花药形成，对低温反应最为敏感，发生严重冻害，而抗寒性较强的品种发育进度慢，冻害相对较轻。

（四）栽培因素影响

晚霜冻害与栽培条件关系密切。一是不同土壤类型的影响。沙壤土因空隙大、土壤容重低、持水力较差、热容量低、保热效果差，日间升温快，夜间降温快，昼夜温差大，冻害发生严重；褐土、砂姜黑土则由于保肥保水能力强，热容量高，冻害发生相对较轻。二是常年旋耕，深耕面积小。土壤耕作层浅，犁底层加厚，表层土壤松暄，深层土壤坚硬，导热性差，热容量低，水分消耗多、失墒快，根系发育不良，吸水能力差。春季小麦挑旗期调查，深耕 25cm 地块晚霜冻害受冻株率为 21.3%，而相邻旋耕 13cm 地块受冻株率则为 45.8%。三是播种基础差。播种期过早、播种量偏大，年前生长发育旺盛，群体大、个体弱，加上冬春干旱胁迫，发育时期提前，抗寒性降低；晚播小麦低温来临时尚处于起身期后期——拔节初期，还具有一定的抗寒能力，受冻较轻。四是播后镇压和越冬水浇水面积小。土壤松暄透风，春季快速生长期根系与土壤接触不紧密，易遭受冻害。2018 年收获期调查小麦播后镇压和越冬水效果表明，实行镇压、浇越冬水的麦田较不镇压、不浇越冬水麦田，基本苗、冬前群体、春季最大群体、亩穗数和产量不同幅度增加，亩产量提高 75.1kg，增产幅度达 17.98%，增产幅度明显。五是防灾救灾意识差，冻害发生前后管理不当。土壤水分是决定晚霜冻害轻重的关键因素。发生晚霜冻害前后浇水面积小，土壤热容量低，加重了冻害发生程度；降温造成冻害后，不注重浇水、追肥和喷施植物生长调节剂补救冻害损失，受损程度加重。据调查，冻害前浇水追肥地块冻害株率多在 10% 以下，平均为 5.6%，而未浇水追肥地块冻害株率多在 10% ～ 50%，平均为 28.3%，田间出现大量因冻不抽穗或畸形穗、小穗缺粒，冻害严重地块减产达 30% 以上，是小麦减产的首要因素。六是氮肥后移能减轻冻害发生程度。氮肥分施、氮肥后移可抑制小麦冬前旺长形成壮苗；拔节期追肥能促进根系发达，提高大蘖成穗率，减轻倒春寒晚霜冻害受害程度。

三、晚霜冻害的影响

（一）成穗数降低

跟踪调查不同冻害程度地块群体表明，晚霜冻害受冻以主茎和3叶以上大蘖的幼穗为主，大部分受冻幼穗直接死亡或仅剩穗轴。成穗主要依靠中小分蘖成穗，而中小分蘖往往因前期发育迟缓营养不足，成穗率较正常主茎或大蘖成穗明显降低。成穗数因受冻程度不同差异较大，2017年未发生晚霜冻害，全市水浇麦田平均亩穗数42.7万个，旱肥地麦田亩穗数35.8万个，2018年一般水浇麦田冻害地块亩穗数减少3万～5万个，降低5%～8%，旱地麦田冻害重发地块亩成穗仅有15万～18万个，较上年正常年份减少50%以上。

（二）穗粒数减少

冻害发生导致主茎和大蘖受冻死亡，中小分蘖成穗多，因营养不足，2018年全市麦田平均穗粒数较上年的34.2粒减少4.4粒，减少12.9%；冻害严重的，即以春生分蘖成穗为主的麦田穗粒数减少30%以上。

（三）千粒重略低

收获期千粒重测定发现，平均千粒重41.8g，较上年略有降低。分析原因为灌浆期降水充沛，田间湿度条件好，后期没有高温天气造成干热风，对灌浆和成熟有利；小麦受冻后穗粒数的减少对于粒重增加有利。

（四）株高降低

受冻麦田因主茎和大蘖冻死较多，田间春生分蘖居多，高度偏低，使田间整体株高有所降低。以泰农18为例，田间调查统计发现，上年正常年份小麦株高74.5cm，2018年受冻较重，相同田块株高为67.3cm。部分旱肥地小麦由于株高过低加之穗层不齐甚至影响了小麦机收。

四、晚霜冻害补救减损措施

（一）迅速查清灾情

晚霜冻害发生后，农技部门第一时间查实当天实时气象资料，确定冻害必然发生，抽调经验丰富的技术专家深入田间开展灾情跟踪调查，及时上报受灾情况，科学评估灾害最终影响。同时通过市广播电视台、微信、面对面指导群众识别冻害症状等多种途径宣传冻害危害，提高群众认识，指导群众迅速开展抗灾自救，尽最大可能减轻灾害损失。

（二）科学浇水追肥

受灾后立即追肥和浇水，恢复受冻小麦生长，增加每穗结实粒数；促进小分蘖或新生蘖芽发育成穗，提高分蘖成穗率，弥补主茎或大蘖冻死损失。追肥宜选用速效氮肥，一般亩追施尿素 7.5 ～ 10kg 。

（三）防治病虫害并喷施植物生长调节剂

小麦遭受晚霜冻害后，抗病虫能力降低，极易发生病虫害，应及时喷施杀菌杀虫剂，防治病虫害。同时叶面喷施 0.04% 芸苔素内酯 1 000 倍液或亩喷施 0.136% 赤・吲乙・芸可湿性粉剂 2 ～ 3g 等植物生长调节剂，促进中、小分蘖迅速生长和潜伏芽快发，以有效缓解冷害、修复损伤。开花灌浆期结合小麦“一喷三防”喷施磷酸二氢钾或芸苔素内酯，促进籽粒灌浆，补偿灾害造成的损失。

（四）协助做好冻害麦田保险理赔

引导群众搞好与承保保险公司对接，认真核查落实受冻面积、受冻程度，积极做好善后理赔工作，稳定群众情绪，确保农民利益和社会稳定。

五、防灾技术措施

小麦防灾减灾是绿色高质高效生产技术的重要组成部分，要坚持打好地力基础，培育壮苗，强化水肥管理，实现防灾减灾常态化，积极应对自然灾害，保证小麦安全生产、高质高效。

（一）精细整地及规范播种以培育壮苗

突出抓好全面高质量秸秆还田、深耕旋耕相结合、配方施肥与耙捞镇压为主的规范化整地技术，合理选用小麦品种，实施种子包衣、适墒适期宽幅精量播种、播后镇压，保证壮苗、壮根。

（二）科学管理达到群体适宜和个体健壮

适时浇好越冬水，高肥水麦田春季水肥后移，构建合理群体，弱苗麦田起身期肥水齐攻，促弱转壮。

（三）应对灾害性天气

密切关注天气变化，灾害性天气来临前后应及时浇水、追肥、喷施植物生长调节剂进行预防和补救，提高抗冻性，减轻灾害损失。

（四）开展病虫绿色防控

开展病虫监测预报，做好冬前杂草化除、起身拔节期病虫综防、化学控旺和穗期病虫“一喷三防”，保障灾前壮苗抗逆、灾后补救减损。

第二章 玉 米

第一节 玉米贴茬直播全程机械化绿色高质高效栽培技术

近年来，以玉米病虫害绿色防控、全程机械化为重点，实施双季秸秆还田，选用紧凑型耐密、适合籽粒直收玉米品种，实行麦收后贴茬直播、单粒精播、种肥同播，关键生育期浇水防旱，利用节水、节肥、节药、低能耗配套技术，实现夏玉米绿色高质高效生产，结果表明可减少化肥用量 13%、减少用药 15% 左右，减轻玉米种植劳动强度，解决中后期病虫防治难题，同时秸秆还田可有效提高土壤肥力，减轻环境污染，降低秸秆禁烧工作难度，取得了显著的经济、社会、生态效益。

一、提高小麦秸秆还田质量

小麦收获采用带有秸秆粉碎和抛撒装置的联合收割机，秸秆切碎后全量或半量还田，低留茬 15cm 以下，秸秆长度≤ 10cm，抛撒不均匀度≤ 20%，利于玉米播种、出苗，增加玉米苗期通风透光，培育壮苗。

二、选择优质适宜品种

针对本地实际，选用抗（耐）病品种，合理密植。抗大斑病、小斑病可选：金海 5 号、农星 207、邦玉 339、连胜 216、华盛 801、郑单 958、鑫瑞 76、农大 372、浚单 20 等籽粒玉米品种；抗茎基腐病、弯孢霉叶斑病、瘤黑粉病可选：登海 605、鲁单 981、天泰 33 号、鲁单 510、登海 W333、青科 8 号、鲁星 518、伟科 702 等籽粒玉米品种。抗锈病可选：立原 296、鲁单 258、登海 w365、青科 8 号、鲁星 518、先玉 335 等籽粒玉米品种。精选种子，剔除小粒、病粒、虫蛀粒、破碎粒，保证种子净度≥ 98%，发芽率≥ 95%，无杂质，为全程机械化生产提供技术与条件支撑。

三、玉米种衣剂种子包衣

全面推广种子包衣技术。可选 29% 噻虫嗪 · 咯菌腈 · 精甲霜灵悬浮种衣剂 468 ～ 561mL/100kg 种子，或 9% 吡唑醚 · 咯菌腈 · 噻虫嗪种子处理微囊悬浮 – 悬浮剂 2 ～ 3kg/100kg 种子，用种子包衣机械进行包衣，避光堆闷 3 ～ 4h 播种，预防蛴螬、金针虫、灰飞虱、蓟马等苗期害虫和茎基腐病、瘤黑粉病、纹枯病等种传、土传病害，减药控害，降低环境污染。

四、机械单粒精播，种肥同播

为满足中熟品种正常成熟所需有效积温 2 300 ～ 2 500℃的要求，于小麦收获后（6 月 1—15 日）播种玉米，避免套种玉米共生期间争肥、争水、争光，规避传毒媒介灰飞虱为害，控制玉米粗缩病发生。实行玉米免耕贴茬直播，使用农哈哈 2BCYF–4 型或 2BYSF–N 勺轮式玉米精量播种机播种，播种深度 3 ～ 5cm，小麦收获后贴茬开沟施肥、播种、覆土、镇压多道工序一次性完成，提高播种效率，防止漏风跑墒，实现一播全苗，确保幼苗质量和群体整齐度。依品种特性保证播种密度在 4 600 ～ 5 000 株 / 亩，行距 60cm，株距随播种密度调整，便于全程机械化作业。

播种时一次性施入玉米缓控释专用肥农大 26–9–9 包膜控释肥 40 ～ 50kg/ 亩，种肥左右间隔 10cm，上下间隔 10cm 以上。以实现节肥环保、省时省力。

6 月上、中旬易多干旱少雨，墒情不足可实行干种下地，播后 1 ～ 3d 及时浇水，避免烧种、烧苗，保证出苗整齐。

五、强化田间管理

（一）化学除草

播后苗前将 40% 乙 · 莠悬浮剂 200 ～ 250g/ 亩，兑水 30 ～ 40kg，使用永佳 3WSH–500 自走式喷杆喷雾机进行喷雾，除草时加入 25% 吡虫啉可湿性粉剂 20 ～ 30g/ 亩防治灰飞虱。未进行播后苗前除草的地块，在玉米 3 ～ 5 叶期，可选 40g/L 烟嘧磺隆可分散油悬浮剂 80 ～ 100mL/ 亩 +480g/L 灭草松水剂 150 ～ 208mL/ 亩，或 30% 苯唑草酮悬浮剂 6 ～ 8mL，任选一种每亩兑水 60kg 足量喷雾防除一年生杂草。

（二）合理灌溉排水

玉米生长期根据生育期所需土壤水分指标合理灌溉，提高水分利用率。除苗期外，各生育期田间相对持水量低于 60% 时要及时灌溉，特别是大喇叭口期到抽雄吐丝期是玉米需水临界期，对干旱胁迫反应敏感，并易遭遇极端高温胁迫，遇旱要及时灌溉，保证水分充足供应，防止“卡脖旱”，同时降低田间温度，增强植株蒸腾作用，降低高温胁迫危害程度，确保雌雄穗正常分化发育和开花授粉，提高结实率。鲁西南地区夏玉米生长期雨热同季，若遇降水较多导致田间积水时要及时排水防涝，预防玉米茎基腐病等为害加重和后期倒伏，影响机械收获。

（三）生长期科学追肥

玉米小喇叭口期到大喇叭口期根据植株生长状况、土壤肥力水平以及前期施肥情况使用专用追肥，机械追施尿素等速效氮肥 10 ～ 15kg/ 亩，施肥时在距玉米 15 ～ 20cm 的行间开沟，机械深施 15 ～ 20cm。籽粒灌浆期结合玉米病虫“一防双减”追施 1% ～ 2% 尿素或 0.2% ～ 0.3% 磷酸二氢钾溶液，提高叶片光合能力，促进玉米籽粒生长和灌浆，增加粒重。

（四）花期人工辅助授粉

玉米雄穗开花末期到雌穗吐丝期授粉期间如遇连续干旱、高温或阴雨天气，田间会出现雌雄花期不协调、雌穗苞叶过长吐丝困难、花粉量小、花粉活力低等现象，可采取植保无人机低飞人工辅助授粉补救，提高结实率，增加穗粒数。

（五）化学调控，防灾减灾

化学调控是玉米高效低耗栽培的重要技术措施之一。因玉米生育期短，生育期间雨热同季，遭遇大风、暴雨易造成大喇叭口期前、穗期根倒和灌浆期茎折等多种类型倒伏。小喇叭口期前倒伏可不采取措施，小喇叭口期后发生倒伏及时人工扶正，浅培土。

高肥水、密度较大、生长过旺、倒伏风险较大地块，玉米拔节后 7 ～ 11 片叶（展叶期）喷施 40% 乙烯利 20mL/ 亩或 30% 玉米壮丰灵水剂 25mL/ 亩，适度控制株高，促进植株叶片光合作用，增强植株抗逆、抗倒伏能力。密度合理、生长正常的中低产田和缺苗补种地块不宜化控。

（六）全生育期病虫害绿色防控

玉米病虫防治坚持首选生态防治、注重物理防治和生物防治、合理化学防治的原则，实施绿色防控。

1. 农业生态防治

通过选用优良抗病虫品种、适当调整播种期、合理安排种植密度、加强健身栽培，提高植株抗病虫性能。

2. 物理防治

杀虫灯、性诱剂适用于玉米整建制绿色高产创建示范区、种粮大户和合作社基地集中连片使用，有效诱杀各种害虫成虫，减少田间卵虫量，减少农药用量。可任选其中一种。

（1）安装杀虫灯

6—9 月，每 50 亩玉米田安装 1 盏太阳能频振式杀虫灯，有效诱杀草地贪夜蛾、蛴螬、棉铃虫、玉米螟、黏虫等成虫。

（2）悬挂性诱剂

性诱剂具有专一性。对棉铃虫、玉米螟等主要害虫成虫，每 30 亩分别悬挂棉铃虫性诱捕器 1 套、玉米螟性诱捕器 1 套，重点区域悬挂草地贪夜蛾性诱设备，还可监测草地贪夜蛾成虫迁入动态，以便及时预警。

3. 生物防治

防治地下害虫蛴螬，每亩可选 150 亿个孢子 /g 的球孢白僵菌可湿性粉剂 250 ～ 300g 拌成毒土顺行撒施，有效减少地下害虫数量。

4. 化学防治

在玉米大喇叭口期到灌浆期使用高效低毒杀虫剂、杀菌剂实施病虫“一防双减”，杀菌剂可选 18.7% 丙环 · 嘧菌酯悬浮剂 50 ～ 60mL/ 亩、17% 唑醚 · 氟环唑悬浮剂 50 ～ 60mL/ 亩、250g/L 吡唑醚菌酯乳油 30 ～ 40mL/ 亩及丙环唑等任一种；杀虫剂可选 40% 氯虫 · 噻虫嗪水分散粒剂 10 ～ 12g/ 亩、22% 噻虫 · 高氯氟微囊悬浮 – 悬浮剂 10 ～ 15g/ 亩、14% 氯虫 · 高氯氟微囊悬浮 – 悬浮剂 10 ～ 20mL/ 亩、3% 甲维盐水乳剂 5 ～ 8g/ 亩或 2.5% 高效氯氟氰菊酯水乳剂 16 ～ 20mL/ 亩喷雾，采用植保无人机飞防，解决玉米生长中后期叶斑病、锈病以及玉米穗虫、三代黏虫、蚜虫等病虫害发生重、防治难的问题。

六、适期收获，秸秆还田

当前大面积推广的玉米品种大多具有活秆成熟的特点，为发挥品种库大、源多的优势，充分利用9月下旬至10月初的有效光热资源，延后7～10d收获，延长灌浆时间，增加光合产物积累，提高籽粒千粒重，增加蛋白质、淀粉、氨基酸等营养物质积累，产量可增加50～80kg/亩。晚收标准为植株中下部叶片变黄、基部叶片干枯、果穗苞叶干枯松散、籽粒变硬发亮、籽粒乳线消失、着生节位处出现黑层、呈现品种固有颜色和光泽，此时籽粒水分在28%以下。使用雷沃谷神GK100玉米联合收获机直收玉米籽粒，可提高收获效率，减轻劳动强度，降低生产成本，防止下茬小麦过早播种造成旺长和发生冬季冻害。鲁西南地区玉米最佳收获时间为10月1—5日。适期收获应实行农机农艺结合，以镇村为单位整建制大面积连片实施，提高联合收割机工作效率，减少农耗时间，保证下季小麦适期播种。

玉米收获后秸秆还田，秸秆切碎长度≤5cm，抛撒均匀度≥80%，还田后及时深耕土壤25cm以上，耙耢、镇压、整平，为下茬小麦播种创造良好的种植基础。

第二节　玉米籽粒机械直收全程不落地配套技术

玉米籽粒机械直收全程不落地配套技术是指在田间收获作业时一次性完成机械化摘穗、扒皮、脱粒、清选、烘干、储存等工作，较机械收穗、人工收获具有省工、省时省力、节本增效等优点，是适应玉米全程机械化产业化发展需要的收获方式。研究表明，籽粒机械直收比机械摘穗收获每吨成本降低约100元，比人工收获每吨降低成本约200元。据统计，玉米收获、运输、晾晒、储存、加工等环节粮食损失率高达13%以上。籽粒直收全程不落地配套技术节本增效，是未来玉米生产的发展趋势。

为减少粮食损失，保障粮食生产安全，推广玉米籽粒直收全程不落地配套技术，实现玉米生产全程机械化，真正实现“玉米不落地”收储，机械烘干取代自然晾晒，既有利于经营主体扩大种植规模，实现玉米种植、收获、干燥及储藏全程机械化作业，又降低了玉米收获后霉变率，保证了品质，增加了农民收入，带动了当地玉米产业健康、快速、均衡发展，大幅提升了粮食种植的经济效益和社会效益。

一、优选品种

选用丰德存玉10号、渭玉1838号等玉米早熟品种，这些品种后期脱水快，适收期玉米籽粒水分可降到28%以下，符合国家对黄淮海夏播玉米区适宜收获玉米籽粒含水量要求（≤28%）。在不影响秋播小麦整地播种的情况下，适期晚收水分可降到17%左右，可减少机械收获时籽粒破损率。同时，大大降低了烘干塔的能源消耗，同时节约了运营成本，与传统种植模式相比亩节本增效150元左右。

二、适期早播

黄淮海地区种植模式通常是冬小麦—夏玉米一年两茬轮作。为达到夏玉米高产高效，建议冬小麦采用中早熟品种，适期晚播早收，在蜡熟期收获，在不影响小麦产量的前提下为夏玉米抢茬早播提供条件。夏玉米采用高密度种植技术，播种密度一般为每亩4 800～5 200株。

三、地块选择

为实现玉米规模化、集约化、标准化生产，建议选取集中连片、设施配套、高产稳产、生态良好、抗灾能力强的高标准农田，达到“田成方、林成网、沟相通、路相连、旱能浇、涝能排”。

四、田间管理

按照耕、种、管、收、销全程机械化服务模式，田间管理采用“种肥同播”和无人机病虫害统防统治技术，提高田间管理水平。播种机采用山东大华机械有限公司生产的2BMYFZQ-4B指夹式精量玉米播种机，收获机械为沃得锐龙4LZ-4.0E联合收割机。

（一）施肥

玉米施肥采用种肥同播，即玉米种子和化肥同时播入田间的机械化操作模式，后期不用追肥，省工、省时、节约成本，还能提高肥料利用率；同时苗齐、苗壮，实现合理密植。需要注意的是，“种肥同播”必须选用具有缓释作用的肥料，可保证中期营养足、后期不脱肥；根据地力状况，缓释肥亩使用量为40～60kg，注意普通复合肥和尿素不可以进行“种肥同播”，容易烧种、烧苗。

（二）病虫害防治

利用无人机飞防技术，在玉米小喇叭口期和抽穗扬花期进行“一防双减”，选用高效低毒杀虫剂、杀菌剂，如30%苯甲·丙环唑乳油20～30mL/亩或17%唑醚·氟环唑悬乳剂30～50mL/亩+20%氯虫苯甲酰胺悬浮剂8～10mL/亩或40%氯虫·噻虫嗪水分散粒剂5～6g/亩+0.2%～0.3%磷酸二氢钾，解决生长中后期玉米叶斑病、锈病以及玉米穗虫、三代黏虫、蚜虫等病虫害发生重、防治难的问题。

五、适期收获

为有效解决玉米种植大户收粮难、晒粮难的问题，根据玉米早播（抢茬播种）、晚收（充分灌浆）的种植特点，应在玉米完熟期及时进行机械化籽粒直收。

六、烘干

玉米收获后，及时运往烘干塔进行烘干作业。

（一）烘干时间

黄淮海地区9月20日左右开始烘干作业，外调玉米在9月10日左右开始，10月30日基本结束。

（二）烘干设备

采用日加工能力大、标准高、国内技术较为先进的玉米连续式顺逆流烘干塔，如山东天鹅棉业机械股份有限公司生产的顺逆流式环抱式烘干塔，执行标准《连续式粮食干燥机》（GB/T 6714—2007），日加工能力为200t。

（三）烘干流程

1. 清选

采用圆筒除清筛，对玉米碎粒、杂质等进行清除，保证干燥前玉米的清洁度。

2. 烘干

烘干塔干燥方式为连续烘干，烘干作业可根据实际玉米烘干量进行调整。合理利用热风循环，达到节约能效的目的。烘干机从上至下热风进风口的温度依次为 180℃、140℃和 120℃，粮温为 59℃左右，烘干塔每个塔节内角状盒分布均匀，使玉米籽粒在烘干塔内受热均匀。经过烘干，玉米籽粒的含水率由 17% ～ 27% 降为 14%。

3. 出料

烘干塔的排量结构控制排粮口排量，可直接与皮带输送机连接，将烘干后的玉米籽粒输送至粮食临储库。

七、储存和销售

由于收储量大而集中，除少量入库储存外，大量直接销售到粮库、饲料企业等。

第三节　玉米生产主要气象灾害及防御措施

种植业生产是一个开放的系统，受气候条件的变化影响较大。21 世纪以来，随着全球气候变暖，干旱、洪涝等极端天气频繁发生，对玉米生产造成了多种气象灾害威胁。以山东省兖州区 2003—2021 年连续 18 年玉米生产上发生的主要气象灾害资料为例，分析了气象灾害发生的原因、危害程度，并提出了详细的应对措施，以期为今后相关气象灾害的预防与应对提供参考依据。

一、风雨倒伏

兖州夏直播玉米 8 月开始吐丝授粉，灌浆期若遭遇狂风暴雨，发生倒伏、倒折，会造成不同程度的减产，尤其果穗以下节间折断，会造成严重减产（表 2–1）。预防玉米倒伏主要应对措施如下。

1. 精选品种

选用穗位较矮、株型紧凑、高抗青枯病的高产品种，目前生产上推广的郑单 958、登海 605 等抗倒性较好。

2. 合理密植

郑单958等中早熟品种，夏直播适宜种植密度为4 000～5 000株/亩，密度增加到5 500株/亩以上时，植株抗倒性降低，如果生育后期遭遇大风、大雨天气，易发生倒伏、倒折，造成减产。

3. 化控防倒伏

夏直播玉米可喷施“康普6”等化控剂防倒伏，适宜的化控时间掌握在8片展开叶期间（出苗后40d左右），喷施时应严格按照使用说明掌握喷药时间和浓度，切忌重喷、漏喷。

4. 人工绑扶

玉米大喇叭口后期出现的倒伏，应及时扶正，并浅培土。玉米灌浆期遭遇风雨倒伏，可将相邻植株慢慢扶起，用草绳绑在一起，帮助植株恢复直立状态，降低产量损失。

表2-1　2003—2021年兖州玉米生产风雨倒伏发生原因及危害

气象灾害	发生原因	年份	危害面积及减产情况
风雨倒伏	玉米大口期前遭遇风雨倒伏，一般不会造成减产。玉米抽雄后灌浆期遭遇风雨倒伏、倒折，会造成严重减产	2003	8月22日至9月7日连续强降雨，降水量达到447.8mm，并伴随短时大风，造成玉米大面积倒伏、倒折，平均减产15%左右
		2009	8月17日遭遇强降雨，平均降水量144.9mm，并伴随短时大风，造成全区玉米倒伏22万亩，积水面积6.58万亩，10.23万亩玉米折断，平均亩减产250kg左右
		2010	7月18—20日玉米大口期，连续降水量151.4mm，并伴随短时大风，造成玉米倒伏面积10万亩，通过加强管理，没有造成减产
		2011	7月25—27日玉米大口期，短时降水量52.4mm，并伴随大风，造成小孟镇玉米大面积倒伏，通过加强管理，上部节间自然直立、正常生长。8月2—29日和9月7—19日玉米吐丝授粉和灌浆期持续阴雨，伴随短时大风，累计降水量387mm，田间湿度大、气温低、光照不足、积水严重，造成玉米青枯病、根腐病发生，80%以上的地块玉米青枯、倒伏，籽粒灌浆差，平均减产30%
		2015	7月30日至8月6日玉米抽雄吐丝期连续阴雨天气，总降水量143.2mm，期间有两次大风大雨天气，造成约30%的地块平均倒折率15%，减产8%左右，多数倒伏玉米植株上部节间后期慢慢恢复直立生长，减产较轻
		2016	7月12—20日玉米小口至大口期连续阴雨天气，总降水量171.2mm，7月15日和20日2次大风大雨天气，造成70%地块玉米倒伏，但8月初玉米抽雄期多数倒伏，玉米植株重新恢复直立生长，未造成减产
		2020	7月30日至8月8日玉米抽雄吐丝期连续阴雨天气，总降水量229.6mm，期间有4次大风大雨天气，造成约30%的地块平均倒折率18%，减产12%左右，多数倒伏玉米植株上部节间后期慢慢恢复直立生长，减产较轻

二、后期阴雨寡照

8月中旬之后，特别是在9月玉米灌浆期，若遭遇持续10d以上的阴雨天气，田间湿度大、气温低、光照不足、积水严重，利于玉米青枯病、南方锈病大发生，严重影响玉米灌浆成熟，造成大面积减产（表2–2）。生产中应选用抗青枯病、南方锈病的品种。在2021年的玉米品比试验中，陕科6号和立原296较抗青枯病和锈病，植株保绿性较好，同样遭遇阴雨寡照的天气，比郑单958增产显著。另外，尽量缩短玉米淹水时间，喷施杀菌剂，降低产量损失。

表2–2　2003—2021年兖州玉米生产后期阴雨寡照发生原因及危害

气象灾害	发生原因	年份	危害面积及减产情况
后期阴雨寡照	玉米灌浆期持续阴雨，严重影响玉米光合作用，造成减产	2003	8月22日至9月7日连续强降雨，降水量达到447.8mm，并伴随短时大风，田间湿度大、积水严重，造成玉米青枯病大发生，加之倒伏、倒折，平均减产15%左右
		2011	8月2—29日和9月7—19日玉米吐丝授粉和灌浆期持续阴雨天气，伴随短时大风，累计降水量387mm，田间湿度大、气温低、光照不足、积水严重，造成玉米青枯病、根腐病大发生，80%以上的地块玉米青枯、倒伏，籽粒灌浆差，平均减产30%
		2014	9月2—28日持续阴雨天气，累计降水量106.4mm，田间积水严重，造成玉米植株大面积青枯死亡，千粒重下降
		2015	8月14日至9月12日持续阴雨天气，累计降水量188.8mm，直到9月30日以多云间阴天气为主，田间湿度大、气温低、光照不足、积水严重，造成玉米青枯病、南方锈病大发生，严重影响了玉米灌浆成熟，平均减产17%
		2021	8月17日至9月6日连续降水量227.7mm，紧接着9月18—28日连续阴雨降水量131.3mm，降雨期间没有大风，未造成大面积倒伏，但田间湿度大、气温低、光照不足、积水严重，造成玉米青枯病大发生、南方锈病中度发生，千粒重下降

三、玉米粗缩病

2008—2012年，当地玉米粗缩病连年发生，特别在2008年玉米粗缩病大发生，全区35万亩玉米平均粗缩病病株率30%以上，亩减产100kg左右，田间病株率达到70%以上，毁苗改种面积达3 000余亩（表2–3）。玉米粗缩病一旦发病，只有通过控制传毒介体来预防病害发生，采取推迟播种期、治虫防病、切断毒源的综合防控策略。主要防治措施是改玉米麦田套种为夏直播，避开灰飞虱传毒高峰期。另外，采用苯醚甲环唑、噻虫嗪等专用种衣剂进行种子包衣，可以防治玉米苗期的灰飞虱、蚜虫、蓟马等，对预防玉米粗缩病起到事半功倍的效果。玉米出苗后及时采用吡虫啉、高效氯氟氰菊酯等混合喷雾，每隔 7d 喷一次，连喷 3 ～ 5 遍，对灰飞虱实行统防统治，提高防治效率。

四、高温热害

2018 年 7 月 14—26 日玉米雌穗分化时期、8 月 1—12 日吐丝授粉期遭遇持续 34℃以上高温天气，而且昼夜温差小，严重影响雌穗正常分化发育、花粉活性、籽粒形成，造成畸形穗、穗粒数减少、千粒重下降，减产严重（表 2–3）。预防高温热害，最好选用郑单 958、立原 296 等雄穗分枝多、花粉量大的品种，合理密植，遇到高温干旱天气及时浇水，降低地温，调节田间小气候。

表 2–3　2003—2021 年兖州玉米生产粗缩病和高温热害发生原因及危害

气象灾害	发生原因	年份	危害面积及减产情况
玉米粗缩病	5—6 月温凉的气候条件，利于灰飞虱的发生、传毒	2008	玉米粗缩病大发生，兖州 35 万亩玉米平均粗缩病病株率 30% 以上，亩减产 100kg 左右，田间病株率达到 70% 以上、毁苗改种面积 3 000 多亩
		2009—2012	麦套玉米、播期较早的地块，玉米粗缩病仍然严重，推迟玉米播期和收获期，大田生产玉米粗缩病逐步得到控制
高温热害	玉米雌穗分化时期或吐丝授粉期遭遇持续 35 ℃以上高温天气，严重影响雌穗正常分化发育、花粉活性、籽粒形成，造成畸形穗、穗粒数减少、千粒重下降，严重减产	2018	7 月 14—26 日玉米大口期连续 13d 白天最高气温 35℃以上，玉米雌穗分化时期遇到持续高温、干旱天气，抑制后续叶原基的发育和伸长，造成苞叶短小、果穗籽粒外露、3 ~ 4 个雌穗并排着生的“香蕉穗”等畸形现象。8 月 1—12 日玉米吐丝授粉期连续 13d 白天最高气温 34℃以上，最高达到 40℃，持续高温天气导致玉米花丝和花粉活性下降，严重影响了玉米授粉和籽粒形成；30℃以上高温持续到 8 月 29 日，而且昼夜温差小，不利于籽粒正常灌浆。调查的 18 个地块平均秃顶率 8.4%、秃底率 8.1%、花粒率 4.4%、半边穗率 4.3%、空秆率 3.5%，穗粒数减少、千粒重下降，平均减产 5.4%

第四节　夏玉米倒伏成因分析及预防补救技术

黄淮海夏玉米区多采用冬小麦收获后夏玉米贴茬直播的种植方式，采取高产品种、高密度、高肥水管理模式，产量不断提升，但田间倒伏也同步加重。玉米倒伏造成人工成本增加，病虫防控、机械化收获难度加大，产品质量难以保证，成为玉米绿色高质高效生产的重要制约因素。为有效指导玉米绿色高质高效生产，从2016年开始，邹城市立足玉米“一增四改”关键核心技术，实施玉米高产创建项目，认真分析总结一年两作栽培条件下夏玉米倒伏发生原因，提出有效预防措施和补救对策。

一、倒伏类型

玉米倒伏类型包括根倒、茎倒和茎秆折倒。根倒和茎倒多发生在7月上中旬玉米拔节期至大喇叭口期，发生轻者表现为茎倒，倒伏严重时发生根倒；茎秆折倒多发生在8月中旬玉米抽雄后，发生越晚，倒伏茎折伤越重，对产量品质的危害程度越高。

二、倒伏发生影响因子

（一）气候条件不利

强降雨对流天气或狂风暴雨等恶劣气象条件是导致玉米倒伏的关键因素。夏玉米生长期间7—8月正处于营养生长与生殖生长并进时期，植株生长快，茎秆脆弱，遇强台风、大暴雨等极端天气，极易造成玉米大面积发生茎倒，严重者造成根倒。浇水时群众不注意收看天气预报，大风天气前盲目浇水也是造成倒伏的重要诱因。

（二）品种抗逆性差

据统计，2018年邹城市种植玉米品种有70余个，包括郑单958、浚单20、登海605、先玉335、伟科702等。每个品种种植面积几百亩到几万亩不等，田间表现不一。其中一些品种未经当地试验示范种植盲目引进推广，表现为植株高大，茎秆细弱，韧性不足，穗位系数高，易感茎基腐病等根茎病害，生态适应性较差，易发生倒伏。

（三）易倒伏生育期与气象灾害发生期吻合

玉米在7月上中旬进入拔节期，此时玉米气生根数量少，固持能力差，容易发生倒伏，而同期当地温度高、降水量大，大风暴雨发生可能性大。倒伏生育期与气象灾害发生期吻合度高，倒伏发生概率增加，倒伏程度加大。2018年7月14日伴随大风突降暴雨，致使全市玉米大面积发生茎倒，部分发生严重地块根倒，倒伏面积达5万亩以上。

（四）整地质量差，种植密度大

邹城市常年实行小麦玉米一年两作栽培模式，由于茬口紧张，玉米在小麦收获后贴茬直播，缺少整地环节，地表板结玉米根系入土浅，支持根平展暴露在外，气生根不发达，固地能力弱。此外，忽视了品种的生态适应性、抗病性、抗逆性、产量水平等生产试验，种植密度随意性大，生长期田间群体过大，根系发育受阻，茎秆细弱韧性差，穗位升高，茎基腐病等病害发生较重，个体抗倒性降低。

（五）肥水管理不合理

氮肥用量偏多，磷钾肥用量不足，次生根系不发达，茎秆柔韧性降低。施肥习惯一次性种肥同播，前期生长快，基部节间细长，机械组织不发达，植株根冠比较小，根系特别是气生根发生晚、生长慢，固持能力低，后期脱肥早衰，茎秆抗倒性降低。玉米生长期浇水不当，前期水分过多，造成水渍弱苗或植株旺长；穗期降雨后田间积水渍涝，不及时排水，根系呼吸受阻，引起植株青枯、萎蔫，降低玉米的抗倒能力。

（六）病虫害发生重

常年小麦—玉米连作，茎基腐病、纹枯病在小麦、玉米上互为寄主，田间菌源逐年积累，玉米茎秆硬度、韧皮组织成分改变，茎秆组织软弱甚至腐烂；苗期二点委夜蛾、小地老虎为害玉米茎基部，导致茎秆中空；后期病虫防治不及时，玉米钻蛀性三大穗虫（玉米螟、桃蛀螟、高粱条螟）为害茎秆，降低了茎秆抗折性。

（七）化控应用技术不当

适时化控是提高玉米抗倒性的重要技术措施，可调节玉米植株矮健、降低穗位、增加茎粗、减少空秆，化控剂在玉米 8 ～ 10 叶期喷施控制效果较好。早喷造成玉米拔节受阻、茎秆过低；控旺过迟，缩短了中部节间长度，对控制基部节间无效，同时影响雄穗分化，减少花粉量，后期造成玉米减产。拔节前喷施或大喇叭口期以后喷施化控剂效果较差，生产上喷施化控剂往往偏早或偏晚。

三、预防倒伏的措施

（一）选择抗倒能力强的品种

实行先试验示范再推广，杜绝乱引种，品种合理布局。选用株高较矮、穗位较低、根系发达、茎秆粗壮且坚韧等综合性状好、生态适应性强的品种。鲁西南夏直播适宜品种主要有郑单 958、登海 605、浚单 20、京农科 728、鑫瑞 25、登海 652 等。

（二）科学施肥

实行平衡施肥，氮磷钾合理配比，增施磷钾肥，补施锌铁等微肥，提高玉米根系生长能力和秸秆强度。实施种肥同播地块要选用缓控释复合肥，确保全生育期养分均衡供应，防止前期旺长和后期脱肥早衰。生长期追肥要把握好施肥时期和施肥量，追施氮肥时间不宜过早，尤其是拔节期不要追施氮肥，种肥同播前提下，氮肥追施可推迟到大喇叭口期，促进果穗发育，降低倒伏发生概率。

（三）合理密植

根据土壤肥力、品种特性，合理确定该品种的种植密度，特别是稀植品种避免密度过大。机播地块在玉米 3 ～ 5 叶期间苗定苗，避免植株间争光争肥争水，导致节间拉长、茎秆细弱、穗位提高，抗倒性降低。

（四）适度控制水分

玉米苗期生长缓慢，需水量少，控制土壤上干下湿，土壤水分占田间持水量的 55% ～ 60%，适度蹲苗，促进根系纵深发展，培育壮秆。不发生干旱危害的前提下，拔节期以前尽量不要浇水，避免基部节间过度伸长；大喇叭口期以后，茎基部节间已经停止伸长，进入玉米需水临界期，应保持土壤田间持水量 70% ～ 80%，遇旱及时浇水，促进玉米气生根发生，有效防止倒伏，同时有利于玉米小花退化和花粉粒发育，增加穗粒数。

（五）适时化控

进入拔节期要及时喷施化控剂，最佳化控时期为玉米生长到 8 ～ 10 展开叶（拔节期至小喇叭口期）。化控药剂可亩用 30% 胺鲜酯 · 乙烯利水剂 20 ～ 30mL 或 30% 芸苔素内酯 · 乙烯利水剂 20 ～ 30mL 兑水 30kg，均匀喷于玉米上部叶片，只喷 1 次，不可全株喷施，不可重喷。

（六）绿色防治病虫害

玉米苗期二点委夜蛾、地老虎为害较重，中后期穗虫为害易导致茎基部、茎秆中空，抗倒能力降低。

玉米播种期 100kg 种子使用 25g/L 咯菌腈悬浮种衣剂（60 ～ 80）mL+600g/L 吡虫啉悬浮种衣剂 300 ～ 400g 进行种子包衣，防治金针虫、小地老虎，预防苗期根腐病、茎基腐病等病害。苗期适时喷施 4.5% 高效氯氰菊酯乳油防治二点委夜蛾等虫害，大喇叭口期到抽雄吐丝期实行“一防双减”，防控茎腐病和玉米穗虫，提高玉米抗倒能力。

四、发生倒伏后的补救措施

（一）人工扶直

1. 大喇叭口前倒伏

发生茎倒倒伏程度较轻的玉米，不需采取人工辅助措施扶直，利用玉米植株自身能力恢复直立；发生根倒倒伏程度较重的玉米，植株上部重量较大，需要人工扶直，扶起时茎秆与地面呈 40° ～ 50° 夹角，避免完全扶直，造成根系伤害严重，发生二次倒伏。

2. 抽雄前后发生倒伏

倒伏后由于植株高大，导致植株间相互叠压，自主恢复直立能力差，应及时人工扶起，2 ～ 3 株绑成把，并适度培土。发生茎折的玉米，将茎折株清理到田外。

（二）加强田间管理

倒伏后叶片受损，光合性能降低，对籽粒灌浆影响较大，要及时做好田间肥水管理。遇涝及时排出田间积水，改善根际环境，防止根系吸收能力降低或窒息死亡，灌浆期亩追施尿素 10 ～ 15kg。同时结合防治病虫害，叶面喷施 0.2% ～ 0.3% 磷酸二氢钾溶液，补充磷素营养，防止后期植株早衰，发生茎折倒伏。

（三）及时防治病虫害

玉米发生倒伏，抗病虫能力降低，因植株叶片叠加严重，易导致叶斑病、玉米螟等多种病虫害发生，可亩用 20% 氯虫苯甲酰胺悬浮剂（8 ～ 10）g+30% 苯甲·丙环唑乳油（80 ～ 100）mL，混合均匀后叶面喷雾。

第三章 水 稻

第一节 水稻绿色高质高效生产技术

“鱼台大米”是山东省农业知名品牌、第一批“好品山东”区域品牌，是国家农产品地理保护认证产品，也是当地农业生产的主要支柱产业。搞好水稻生产，对稳定当地粮食生产和增加稻区农民收入至关重要。按照“统筹兼顾、突出重点，因地制宜、分类指导，主攻单产、改善品质，减肥减药、绿色生产”的生产目标，鱼台县结合本县特色稻米产业的发展战略，大力推进品种更新换代，集成推广高产优质多抗品种、特色稻米品种、高产高效栽培、肥水高效利用、病虫害绿色防控、防灾减灾等关键技术，特别是从“控肥、控水、控药”着手，实现了优质水稻标准化生产和轻简化栽培，对于提升“鱼台大米”品质，增强品牌市场竞争力，促进农业增效、农民增收意义重大。

一、品种选择

选用经过审定或引种备案、适宜当地生态条件、适合机插秧的粳稻品种。在当地进行生产试验、示范2年以上的抗病、优质、高产、稳产、适应性强的优良品种，如润农17、润农802、津稻263、获稻008以及润农99等特色水稻品种。

二、机械插秧塑盘育秧技术

（一）秧田选择与整地

1. 选田与营养土

选择冬前耕翻冻垡的清洁肥沃地块作秧田，要求地势平坦，排灌方便，便于管理，当季没有施过除草剂。秧田与大田的比例 1∶（80 ～ 100）为宜。

2. 整地

耕翻 18 ～ 20cm，旋耕 12 ～ 15cm。精整秧板，平整一致，高差不过 3cm。

3. 开沟作床

苗床宽 1.4 ～ 1.5m，其中用于软盘铺设的宽度为 1.2m，长度视播种面积而定，秧板之间留宽 20 ～ 30cm、深 20cm 的排水沟，苗床外围挖 50cm 深的排水沟。畦埂应高出苗床 15 ～ 20cm。

（二）种子处理

播种前晒种 2 ～ 3d，选用符合绿色稻米生产的农药浸种，每 100kg 稻种选用 25g/L 咯菌腈悬浮种衣剂 400 ～ 600mL，或 62.5g/L 精甲 · 咯菌腈悬浮种衣剂 300 ～ 400mL 等，用水稀释至 1 ～ 2L，将药浆与种子按比例充分搅拌，直到药液均匀分布到种子表面，晾干后即可。

（三）基质选用

选用水稻专用育秧基质或者基质与营养土按照 1∶3 ～ 1∶2 比例掺混。

（四）育苗

1. 播期

麦茬稻育秧适宜播期为 5 月 15—25 日。

2. 播量

机械育秧单盘播种量 120 ～ 135g（干种计算），每亩大田用 28 ～ 32 盘，育秧盘标准 28cm×58cm，每盘使用育苗基质 4 ～ 5L。

3. 大田育苗

播前对生产线进行调试，包括垫盘基质、盖种基质厚度，洒水量、播量等，要求垫盘基质厚度 2.0 ～ 2.2cm，盖种基质厚度 0.3 ～ 0.5cm，洒水量以基质水分达饱和状态为宜，出水不可过小或过急。垫土、洒水、播种、盖种 4 道工序一次完成。对于机械播种后的塑料硬盘，按照每 8 ～ 10 个进行叠放，然后排成长方形，用草苫或塑料膜等进行覆盖催芽。待胚芽露出土面 0.3 ～ 0.5cm 即可进行田间摆盘。切忌催芽时间过长，以防盘内局部温度过高，造成伤芽，形成“斑秃”，还可能加重恶苗病的发生。

另外也可以选用水稻育秧摆盘一体机，育秧、摆盘一次性完成。播种后秧盘纵向横排两行，依次平铺，盘与盘边缘要重叠排放，秧盘之间紧密整齐，秧盘底面和秧床面要紧密贴合，然后浇透水，加盖无纺膜增温保湿出齐苗。当膜内温度超过 35℃ 时，及时揭膜降温。待苗高 2cm 时揭膜炼苗。

（五）秧苗管理

1. 揭膜炼苗

播后 5～7d，不完全叶至第 1 叶抽出时（秧苗出土 2cm 左右），揭膜炼苗。一般在晴天下午、阴天上午或雨后进行，若遇寒流低温，宜推迟揭膜时间。揭膜时灌平沟水，自然落干后再上水，如此反复。晴天中午若秧苗出现卷叶要灌薄水护苗，注意以水调温、以水护苗，防止死苗现象。遇到较强冷空气侵袭时，应灌拦腰水护苗，注意水不要淹没秧心，气温正常时及时排水通气，提高秧苗的根系活力。移栽前 3 ～ 4d 控水炼苗，晴天保持半沟水，阴天、雨天排干水。

2. 苗期其他管理

当秧苗长到 1 叶 1 心时，根据床土肥力和气温等具体情况及早施“断奶肥”，每亩育秧田追施尿素 5 ～ 7kg；插秧前 4 ～ 5d，看苗施“送嫁肥”，每亩育秧田施尿素 4 ～ 5kg。施肥时间掌握在 16：00 以后，要均匀浇施或喷洒，施肥后洒一次清水洗苗，以防烧苗。另外要注意适时防治苗期病虫害。

（六）起秧

1. 秧苗标准

苗高 10 ～ 18cm，秧龄 20 ～ 25d，叶龄 2.5 ～ 4 叶，白根数 10 条以上，苗挺叶绿，秧苗带基质厚度 2.5 ～ 3cm，厚薄一致，每平方厘米成苗 2.0 ～ 3.0 株，根部盘结牢固，提起不散。

2. 起秧方法

起秧时连盘带苗轻轻揭起，再平放，运输时卷成筒状。秧苗运至田头时应随即卸下平放，使秧苗自然舒展，应随起随运随插，要采取遮阴措施防止秧苗失水枯萎，严防烈日伤苗。

三、插秧及大田管理

（一）合理密植

小麦收获后，有条件的秸秆打捆离田后再进行整地；秸秆还田的地块，用加装秸秆切碎装置的小麦联合收获机，秸秆切碎长度≤ 5cm，均匀抛撒，整地时压旋至土壤中。大田灌水耕整后要求田面平整，表土硬软适中，田面基本无杂草、杂物。需视土质情况沉实，沙质土沉实时间为1d，壤土沉实2d，黏土沉实3d。机械插秧要求行距30cm、株距12cm或行距25cm、株距14cm，每穴4～5苗，亩基本苗8万～10万株。插秧深度不超过2.5cm，只要插稳不倒即可，以利发根分蘖。插秧时间为6月10—25日。

（二）配方施肥

按照水稻优质高产所需配方施肥的要求，按照"适减氮肥、适施磷肥、钾肥减量；补施锌肥、增施有机肥、硅肥"的原则施肥。

1. 基施有机肥

亩基施腐熟有机肥1 000～1 500kg或商品有机肥40～50kg。

2. 化肥施用量

目标亩产量600～700kg化肥施肥量有3种方案。

方案一：尿素40kg、二铵15～17kg、氯化钾5～7kg、硅肥（有效硅≥20%）30～40kg。

方案二：配方肥［$N:P_2O_5:K_2O$含量为（18～20）:（15～18）:（5～6）］40～50kg、尿素30～40kg、硅肥（有效硅≥20%）30～40kg（2年1次）。

方案三：适合当地土壤的水稻缓控释肥40～50kg、尿素20kg、硅肥（有效硅≥20%）30～40kg（2年1次）。

3. 化肥施用时期

（1）基肥

方案一为二铵、氯化钾、硅肥基施，尿素总量的2/5基施。方案二为配方肥、硅肥基施。方案三是水稻控释肥、硅肥全部基施。方案二和方案三对于小麦秸秆还田的地块都需要基施尿素10kg，以防止秸秆腐熟过程中和水稻秧苗"夺氮"。机插秧田提倡使用侧深施肥插秧一体机。

（2）追肥

方案一、方案二以追施速效氮肥为主，机插秧田在移栽后10～15d最多不超过20d分两次施肥20kg促进分蘖。烤田复水后施尿素8～10kg作幼穗分化肥。抽穗期视水稻生长情况酌情补施，一般秸秆还田地块后期不再施肥。方案三在水稻分蘖初期追施尿素10kg。

4. 注重叶面施肥

配方一：锌肥＋植物生长调节剂＋农药；配方二：磷酸二氢钾＋植物生长调节剂＋农药。两个配方不能混用，返青期、分蘖期以配方一为主，抽穗期、灌浆期以配方二为主。

（三）水层管理

返青期寸水护秧、浅水分蘖、秸秆还田地块在前期可以遵循“后水不见前水”的原则，及时晾田排出土壤内有毒气体。够苗烤田，先轻烤，后重烤，形成合理群体。中后期间歇灌水、湿润管理，后期不宜断水过早，以免发生早衰青枯，收割前 7 ～ 10d 停水。

（四）除草

1. 农业及生物除草

及时清除稻田周边杂草，减少杂草种子来源。利用翻耕、耙地、旋耕等耕作措施，将杂草打碎，或把草籽深埋。通过稻田养殖（虾、鸭、鱼、蟹等），利用动物啄食踩踏等，控制杂草。辅助人工拔草。

2. 化学除草

在机插秧后 5 ～ 7d 使用 40% 丙草胺・苄嘧磺隆可湿性粉剂 80 ～ 100g 拌 20kg 细土一起均匀撒施，保持 3 ～ 5cm 水层 5 ～ 7d（田间水层不可淹没心叶）。机插秧田禁止使用含有乙草胺的除草剂。在田间杂草 2 ～ 3 叶期，以禾本科杂草为主的田块，每亩可选用 10% 氰氟草酯乳油 100 ～ 150g，或 2.5% 五氟磺草胺可分散油悬浮剂 80 ～ 100g 等进行茎叶处理喷雾；以阔叶杂草及莎草科杂草为主的田块，可选用 480g/L 灭草松水剂 150 ～ 200g，进行茎叶处理喷雾。

（五）病虫害防治

1. 农业防治

适时插秧，合理密度，科学灌溉，合理施肥，提高水稻抗逆性。

2. 生物防治

田埂种植芝麻、大豆等显花植物，保护和提高蜘蛛、青蛙、蟾蜍、寄生蜂等天敌的控害能力。利用稻田养殖（虾、鸭、蟹、鳖等），通过共养动物（鸭、蟹、鳖等）的取食及活动，减轻纹枯病、稻飞虱等病虫害的发生。

3. 物理防治

利用太阳能频振式杀虫灯、性诱剂等诱杀螟虫等害虫，利用粘虫板诱杀稻飞虱等害虫。

4. 化学防治

每亩用 2.8% 井冈・蜡芽菌悬浮剂 160 ～ 200g，或 20% 井冈霉素可溶粉剂 35 ～ 50g，或 25% 嘧菌酯悬浮剂 40 ～ 60g，或 24% 噻呋酰胺悬浮剂 20 ～ 24g 等均匀喷雾，可防治纹枯病；每亩用 6% 春雷霉素可湿性粉剂 30 ～ 40g，或

40% 三环唑悬浮剂 40 ～ 50g 喷雾，可防治稻瘟病；每亩用 200g/L 氯虫苯甲酰胺悬浮剂 10g 或 5.0% 多杀霉素 · 甲维盐悬浮剂 30 ～ 50g 或 10% 甲维盐 · 茚虫威悬浮剂 20 ～ 25g，兑水 30 L 均匀喷雾防治，可防治稻纵卷叶螟；每亩用 25% 吡蚜酮悬浮剂 16 ～ 24g 喷雾，可防治稻飞虱。

四、适时收获

在蜡熟末期至完熟初期收获。既可选择具有秸秆粉碎功能的水稻联合收割机，一次性完成水稻收割、秸秆粉碎、均匀抛撒，割茬高度≤ 15cm，秸秆粉碎长度≤10cm，也可以采取半喂入式水稻收割机，在籽粒收获后保留完整的秸秆。实行绿色稻谷单收、单晒。

第二节　水稻旱直播绿色高效栽培技术

一、品种选择

选择生育期较短、发芽势强、早生快发、分蘖力适中、抗倒性好的国审、省审中早熟品种。如润农 11 等。

二、种子处理

播种前晒种 2d。每 100kg 稻种选用 25g/L 咯菌腈悬浮种衣剂 400 ～ 600g 或 62.5g/L 精甲 · 咯菌腈悬浮种衣剂 300 ～ 400g，兑水 1 ～ 2kg 进行种子包衣，然后晾干备播。

三、精细整地

麦收后秸秆打捆离田或者秸秆还田，秸秆还田地块小麦留茬高度<15cm，秸秆切碎长度<10cm，小麦秸秆均匀抛撒于田间，结合旋耕还田施入基肥。上部土壤应整细整平，同一地块平整高度差不超过 3cm。沟渠配套，开好横沟、竖沟和围沟，严防田面积水，田间每隔 4m 开挖一条丰产沟，以利排灌和生产

管理。

四、施足基肥

基肥提倡有机肥与无机肥结合施用。亩产量水平 600kg 左右的地块，应施用腐熟有机肥 1 000 ～ 1 500kg 或商品有机肥（40 ～ 50）kg+ 磷酸二铵（15 ～ 17.5）kg+ 氯化钾（5 ～ 6）kg+ 尿素 10kg 或配方肥或控释肥（35 ～ 40）kg。施用复合肥的小麦秸秆还田地块，应亩增施尿素 7.5kg 左右。

五、机械化播种

（一）播期

麦收后抢茬直播，最好在 6 月 20 日前完成播种。

（二）播种方式

采用旱直播、机械条播方式。播种量根据品种特性、地力条件等适当调节，每亩播干种 10.0 ～ 12.5kg。播种深度 1.0 ～ 2cm。

六、播后田间管理

（一）科学灌水

根据水稻生长发育需水规律合理灌溉。播种后浇大水，将耕作层土壤浸透，但田间水层最好不超过 24h。3 叶期前保持田间湿润，预防土壤板结，促进扎根。3 叶期后建立浅水层，促进分蘖，抑制杂草发生。7 月下旬适当晾田，控制无效分蘖，由于直播稻根系较浅，晾田以不形成大的裂纹为宜。8 月上旬复水，孕穗期至扬花期保持浅水层，灌浆期采用间歇灌水法，干湿交替。

（二）合理追肥

在水稻 2 叶 1 心、3 叶 1 心、分蘖期，分别亩施尿素 5kg、7.5kg、10kg，视水稻长势和气象条件酌情施肥，到拔节孕穗前累计亩施尿素 35kg 左右，以后视水稻长势和气象条件酌情施肥。千万不要一次施肥过多，特别是高温天气下，否则极易诱发水稻赤枯病。秸秆还田地块后期施肥应当慎重，以防与秸秆腐熟后供应的肥料叠加，诱发水稻贪青晚熟。水稻抽穗扬花后至灌浆期，喷施芸苔素内酯、二氢钾等叶面肥，提高灌浆速度，增加千粒重。

（三）杂草防除

由于稻田杂草谱广，发生程度严重，应遵循“先封后杀”的除草策略，有效控制草害。

1. 土壤封闭除草

水稻播后苗前，田间无积水时，每亩用 40% 苄嘧·丙草胺可湿性粉剂 80 ～ 100g 兑水 30kg 对土壤均匀喷雾。

2. 茎叶喷雾除草

在杂草 2 ～ 5 叶期、水稻 3 叶期以后进行茎叶喷雾除草。以稗草和千金子等禾本科杂草为主的地块，每亩可用 10% 氰氟草酯乳油 100 ～ 150g 兑水 15 ～ 20kg 对杂草均匀喷雾；以阔叶杂草和莎草科杂草为主的地块，每亩可用 25g/L 五氟磺草胺可分散油悬浮剂 60 ～ 80g 或 480g/L 灭草松水剂 150 ～ 200g 兑水 15 ～ 20kg 对杂草均匀喷雾；对于禾本科杂草和阔叶杂草混发地块，每亩可用 60g/L 五氟·氰氟草可分散油悬浮剂 100 ～ 130g 兑水 15 ～ 20kg 对杂草均匀喷雾。

七、病虫害防治

为科学有效防控水稻病虫害，尽最大可能实现“两增两减”（增加统防统治、绿色防控覆盖率，减少化学农药用量、病虫为害损失）虫口夺粮促丰收目标，在加强农业防治和物理防治的基础上，尽可能使用生物农药，减少化学农药的使用量。应因地制宜加强科学监测并及时防治病虫害。

（一）水稻纹枯病

水稻纹枯病主要为害下部叶鞘和叶片，引起云纹状病斑。以分蘖盛期至抽穗期为害最重。长期深水灌溉，稻丛间湿度大、氮肥过多过迟，发病重。

防治方法：应在发病初期施药，亩用 10% 井冈霉素 100 ～ 150mL 或 24% 噻呋酰胺悬浮剂 20mL，兑水 30kg 喷雾。

（二）稻瘟病

一般情况下，7 月雨天多、雨量大，叶瘟容易发生，8 月底至 9 月初抽穗期为穗颈瘟高侵染期。叶瘟视病情发展情况，每隔 5 ～ 7d 防治 1 次，一般防治 2 ～ 3 次。在破口期（水稻 10% 的幼穗从稻苞开始露出）、齐穗期（水稻抽穗 80%）各喷 1 次药剂，以防治穗瘟。

防治方法：亩用 6% 春雷霉素 50g 或 40% 稻瘟灵 100 ～ 120mL 或 75% 三环唑 20 ～ 25g 兑水 30kg 喷雾。

（三）稻曲病

稻曲病只发生于水稻穗部，为害部分谷粒。在水稻孕穗期至开花期侵染为主，在水稻破口期，尤以刚破口的嫩颖最易遭受侵染，破口期、抽穗扬花期遇雨及低温、施氮过量或穗肥过重都会加重病害发生。

防治方法：首先选用抗病品种。其次适当控制氮肥施用量，低洼地块要注意及时排水。水稻破口期前 5 ～ 7d 亩用 24% 井冈霉素水剂 40g 或者 30% 苯甲・丙环唑乳油 25g，兑水 30 ～ 40kg 均匀喷雾。

（四）水稻赤枯病

水稻赤枯病为生理性病害，主要有缺钾型赤枯、缺磷型赤枯和根系中毒型赤枯，主要因为施肥养分不均衡，稻田长期淹水、土壤通透性差、秸秆还田有机质分解慢以及产生的有毒物质毒害根系等造成。

防治方法：水稻田要浅水勤灌，及时追施速效氮肥，缺少磷钾肥的要进行补追，发现水色变黄有赤枯病苗头的地块，要立即排干水，轻烤田，更换新鲜气体，以利水稻发新根，同时叶面喷洒生根剂，磷酸二氢钾、氨基酸叶面肥等，切忌单施、重施氮肥，以免加重病情。

（五）稻纵卷叶螟

在卵孵盛期至幼虫 1 龄盛期施药，如遇阴雨天气虫情发生较重时，必须掌握“雨前抓紧治、雨停抢治、雨过继续治”的原则。

防治方法：亩用 20% 氯虫苯甲酰胺 10mL 或 20% 甲维盐・茚虫威 12g 兑水 30kg 均匀喷雾。

（六）稻飞虱

稻飞虱主要有灰飞虱、褐飞虱和白背飞虱，其中褐飞虱和白背飞虱为迁飞性害虫，在鱼台县不能越冬，而灰飞虱则可以在鱼台县麦田等处越冬。

防治方法：亩用 25% 吡蚜酮 24 ～ 32g，或 25% 噻虫嗪 10 ～ 15g，或上述药剂的复配剂，兑水 30kg 喷雾。

第三节　鲁西南滨湖稻区水稻全程机械化生产技术规程

长期以来，受农机装备、生产观念、水利设施等因素制约，鲁西南滨湖稻区水稻生产仍以人工作业为主，劳动强度大、生产效益低。为改变这一生产现状，山东省济宁市农技专家于2014—2016年进行了水稻全程机械化生产技术规程的研究与制定，形成了一整套适于鲁西南滨湖稻区的水稻全程机械化生产技术规程。应用该技术规程的水稻亩产量比未应用的平均增加43.3kg，增幅达8.6%，每亩效益比未应用的平均增加156.8元。

一、范围

本规程制定了鲁西南滨湖稻区水稻机械化育秧、整地、施肥、插秧、病虫草害防治、收获等技术规程。

二、工厂化育秧

（一）育苗车间建设

育苗车间包括播种室、浸种池等，在育苗车间完成“浸种—催芽—铺盘—装土—洒水—播种—覆土”等工序。播种生产线由撒土机、喷水机、播种机、覆土机及传动带组成。育苗盘规格58cm×28cm×2.5cm，另需配备土壤粉碎机、土肥混合机及农用车、人力板车、遮雨帆布等。

（二）秧田整地作畦

选择地势平坦，排灌良好，运输方便的地块，建成大、中型钢架大棚或简易小棚。秧本田比例在1∶（80～100）左右。秧田耕翻18～20cm，旋耕12～15cm，精整秧板，平整一致。苗床宽1.4～1.5m（搭建拱棚的苗床宽度可增至1.6m），其中用于秧盘铺设的宽度为1.2m，长度视播种面积而定，秧板之间留宽20～30cm、深20cm的排水沟，苗床外围挖50cm深的沟，以利排灌。

（三）营养土制作

1. 取土

选用经耕作熟化肥沃的旱地土或经秋耕冬翻的稻田表层土，提前配制营养土。每亩大田一般需要准备营养细土 100kg 左右，另外准备未培肥的过筛细土 25kg 左右做盖种土。

2. 筛土

晾晒后土壤含水量在 10% ～ 15% 时粉碎，用直径 6mm 的筛网过筛，使土粒直径 2 ～ 4mm 的达 60% 以上。

3. 掺拌调制剂

过筛后每 100kg 细土加壮秧剂 0.5kg 调酸、培肥。

4. 消毒

使用噁霉灵或敌克松处理床土，预防立枯病等苗期病害。

5. 营养土制作

每 10 000kg 的苗床土掺拌复合肥 40kg 进行培肥，或土∶基质（重量）按 7∶3 比例充分混合拌匀。

6. 注意事项

禁止未腐熟的厩肥以及淤泥、尿素、碳铵等直接拌肥，以防肥害烧苗；禁止用培肥的营养土做盖种土。

（四）种子准备

1. 品种选择

选择通过审定的优质、高产、抗逆性强的金粳 818、临稻 21 号、圣稻 20 等中熟优良品种。

2. 播种期

根据茬口、插秧速度、品种特性及安全齐穗期要求，按 25 ～ 30d 秧龄，实行分次播种。

3. 种子用量

每亩本田备种子 3.5 ～ 4.0kg。

4. 浸种消毒

播种前晒种 2 ～ 3d。每 5kg 稻种用 12% 线菌清浸种剂 12 ～ 15g 兑水 6 ～ 8kg，在阴凉处避免日晒，浸种 72h，每天搅拌翻动 1 ～ 2 次，预防水稻恶苗病及干尖线虫病等种传病害。种子浸后清水洗净，在播种室堆放一夜左右，待其露白再播种。

（五）秧盘准备与选择

1. 秧盘准备

育秧盘规格 58cm×28cm×2.5cm，一般每亩大田需 26 ～ 30 盘。

2. 秧盘摆设

秧盘纵向横排两行，依次平铺，秧盘之间紧密整齐，盘与盘飞边要重叠排放，秧盘底面和床面要紧密贴合。

3. 营养土铺设

把准备好的营养土放入盘内，用刮板刮平，刮土时要注意盘中边角的平整度，垫盘土厚度 2.0 ～ 2.2cm，盖种土 0.3 ～ 0.5cm。

（六）精量播种

1. 播种机调试

播前对生产线进行准确调试，包括垫盘土、盖种土厚度，洒水量、播种量等，垫盘土厚度 2.0 ～ 2.2cm，盖种土 0.3 ～ 0.5cm，洒水量以土壤水分达饱和状态，出水不可过小或过急为准。每亩本田播 25 ～ 28 盘。

2. 播种

垫土、洒水、播种、盖种 4 道工序一次完成。

3. 秧盘摆放

播后将秧盘堆摆 10 层左右，在播种室内放置 2 ～ 3d，待种子芽谷露出土面后移入大棚。

（七）秧苗管理

1. 出苗前后的管理

播种后到出苗期一般为棚膜或无纺布覆盖阶段。水稻发芽的最适温度为 28 ～ 32℃，一般最高温度不要超过 35℃。当膜内温度超过 35℃时可于中午揭开苗床两头通风降温。此间若床土发白，秧苗卷叶时灌跑马水或喷淋保湿。这段时间一般采用沟灌，掌握晴天平沟水，阴天半沟水，雨天排干水的管理方法。出苗至 1 叶 1 心期以调温控湿为主，保持秧沟有水，水不上秧板，以免影响盘根。

2. 揭膜炼苗

播后 5 ～ 7d，秧苗出土 2cm 左右，视天气状况及时炼苗。揭膜炼苗一般在晴天下午、阴天上午、雨天雨后进行。揭膜时灌平沟水，以水调温、以水护苗，防止死苗现象。移栽前 3 ～ 4d 控水炼苗，晴天保持半沟水，阴天、雨天排干水。

3. 盖防虫网

秧苗揭膜后，于 1 叶 1 心期及时防治一次灰飞虱，随后加盖 40 目防虫网。

4. 适期追肥

秧苗 1 叶 1 心时，施“断奶肥”，用 1% 尿素水溶液喷施。秧苗 2 叶 1 心施壮秧肥，每亩施尿素 5 ～ 7kg，施后及时浇水。

5. 防治苗期病害

用 30% 甲霜·噁霉灵水剂 1 500 ～ 2 000 倍液或 30% 噁霉灵胶悬剂 800 倍液喷施，预防水稻苗期病害。

三、本田整地施肥

（一）整地

耕整时不宜用深耕机械作业，耕深不超过 20cm。前茬秸秆还田的地块低留茬、秸秆粉碎均匀抛撒，旋耕 2 遍以上。

（二）施足底肥

整地前亩施水稻专用肥（$N:P_2O_5:K_2O=16:12:14$）40kg。秸秆还田地块加施尿素 5kg/ 亩。

（三）灌水后整平插秧

灌水后整平田面，高低落差不大于 5cm；整平后壤土沉实 1 ～ 2d，黏性土壤沉实 2 ～ 3d 再插秧。

四、插秧

（一）壮秧标准

壮秧标准：秧龄 25 ～ 30d，叶龄 3.5 ～ 4.0，高 18 ～ 20cm，苗挺叶绿，根部盘结牢固，提起不散。

（二）起苗移栽

起苗时，连盘带苗轻轻揭起，再平放，运输时卷成筒状；秧苗运至田头时应随即卸下平放，使秧苗自然舒展；要做到随起随运随插，严防烈日伤苗，要采取遮阴措施防止秧苗失水枯萎。

（三）调试机械

插秧前需对插秧机作一次全面检查调试，以确保插秧机能够正常工作。

（四）量化调节

依据技术要求，量化调节基本苗、栽插深度、株距等指标。行距固定为30cm，株距通过横向移动手柄与纵向送秧手柄来调整。一般地块每亩1.8万穴，每穴4～5株，每亩基本苗7万～9万株。

（五）插秧规程

1. 抢时插秧

麦收后及时整地插秧，越早越好。

2. 机械作业

确保行直、苗足、浅栽，达到“不漂不倒，越浅越好”。

3. 查苗补缺

插秧后及时进行人工补栽，以防缺苗断垄。

五、本田管理

（一）返青分蘖期管理

1. 水层管理

薄水（1～3cm）移栽，浅水护苗，返青后及早排水露田，以便土壤气体交换和释放有毒气体，促进根系生长和分蘖；有效分蘖期坚持浅水勤灌的湿润灌溉法，使后水不见前水，保持干干湿湿。

2. 施肥除草

栽后7～8d亩施返青肥（尿素）10kg，栽后10～12d亩施分蘖肥（尿素）15～20kg，结合施肥及时施用除草剂化除（亩用18%苄·乙30g、50%丁草胺125～150g或10%吡嘧磺隆10～15g与分蘖肥一起均匀撒施）。

（二）拔节孕穗期管理

1. 水层管理

小水勤灌、适时晾田。晾田采取“分次轻晾，逐次加重”的办法，遵循

"苗到不等时，时到不等苗"的原则，将高峰苗数控制在成穗数的1.3～1.5倍。

2. 施用穗肥

8月上旬视苗情灵活施用穗肥，亩施尿素、氯化钾各3.5～5.0kg，叶色浅早施、多施，反之晚施、少施。

（三）灌浆结实期管理

1. 水层管理

抽穗前后20d，保持浅水层，以后干湿交替，以湿为主。

2. 喷施叶面肥

用0.2%～0.3%的磷酸二氢钾水溶液叶面喷施，促灌浆、防早衰，也可结合病虫害防治一同喷施。

六、病虫害防治

机防、飞防，统防统治，提高防效。

（一）主要病害防治

1. 水稻细菌性基腐病

亩用3%克菌康粉剂50～60g或3%辛菌胺醋酸盐水剂100～130mL兑水30～40kg喷雾。

2. 穗颈瘟

在水稻破口期、齐穗期亩用30%稻瘟灵·异稻48～60g或30%三环·异稻50～70mL兑水30～40kg均匀喷雾。

3. 纹枯病

亩用15%井冈·戊唑醇悬浮剂60～80mL或24%己唑·嘧菌酯悬浮剂10～20g，兑水30～40kg喷雾。

4. 稻曲病

在水稻破口期、齐穗期亩用5%井冈霉素水剂400～500mL，或亩用20%三唑酮乳油75mL兑水30～40kg均匀喷雾。

（二）主要虫害防治

1. 稻飞虱

亩用25%吡蚜酮20～24g或10.5%吡·噻可湿性粉剂40g，兑水30～40kg均匀喷雾。

2. 稻纵卷叶螟

根据预测预报及时防治。亩用20%氯虫苯甲酰胺悬浮剂15～20g或48%毒死蜱乳油60～80mL或20%阿维·三唑磷乳油80～100mL兑水30～40kg均匀喷雾。

七、收获

实施机械化收获，提高水稻种植效益。水稻黄熟期及时收获，机械收割时要做到收割干净、不漏割，收割损失率≤1%，割茬低。

第四章　大　豆

黄淮海夏大豆产区种植模式主要为冬小麦—夏大豆一年二熟制，夏大豆最为常见的播种方式是冬小麦收获后灭茬直播。由于田间小麦秸秆粉碎麦秸量大，造成大豆播种困难且播种质量较差，容易出现缺苗断垄和疙瘩苗，常需要人工补苗、间苗以保证大豆合理密度。近年来，随着农村劳动力数量减少、价格上升，人工间苗较难实行。采用机械灭茬时，机车反复碾压会造成土壤紧实，不仅影响大豆生长，还增加了生产成本。

第一节　大豆绿色高质高效生产技术

近年来，济宁市农技专家在全国粮油绿色高质高效创建示范县，综合应用免耕覆秸秆播种技术、大豆“一三三”高产栽培技术、绿色病虫害综合防控技术等多项技术，做到良种良法配套、农机农艺结合，集成适合当地的夏大豆绿色高质高效生产技术，取得良好的效果，推动了济宁大豆单产提升。2018 年，“圣豆 5 号”大豆新品种大面积实测亩产 320.5kg，创当年全国夏大豆单产纪录；2022 年济宁市大豆单产再创新高，“郓豆 1 号”大豆新品种经省厅专家组实打验收亩产 358.73kg，产量居全国“夏播净作”组第 2 位、山东省第 1 位，获 2022 年全国大豆高产竞赛“金豆王”奖励。

一、选用优良品种

选择适合熟期适中、优质、高产、抗逆、商品性好、适宜机械化收获的优良品种，如齐黄 34、安豆 203、菏豆 20、菏豆 33、徐豆 99、郑 1307、山宁 21 等。

二、播前准备

（一）种子精选

选择经过色选、风选和精选，已经挑出病粒、杂粒的大豆良种，确保种子纯度和净度高于98%，发芽率高于95%，含水量低于12%。播种前可晒种2～3d以提高种子的活力。

（二）种子包衣

播种前用25%噻虫·咯·霜灵悬浮种衣剂或6%咯菌腈·精甲霜·噻呋种子处理悬浮剂进行种子包衣，500～750mL药剂拌种大豆100kg，拌种后在通风处晾干，严禁在水泥地上暴晒，以免影响种子发芽率。用50%辛硫磷药剂拌种或苗前毒饵捕杀，可防治蛴螬、金针虫、地老虎等地下害虫；用种子量0.4%的戊唑醇或种子量0.5%的50%多福合剂等拌种可防治根腐病。拌种时添加钼酸铵，可以提高大豆出苗率和固氮能力。

（三）地块选择

选用土质肥沃（有机质含量1.25%以上）、通透性好、耕层深厚的土壤种植，壤土、沙壤土、轻碱土均可。要求基础设施良好、“旱能浇、涝能排”的高标准农田，最好集中连片种植，便于病虫害统防统治。

三、适时播种

黄淮海地区夏大豆一般6月上旬（芒种节气前后）麦后贴茬直播，6月中旬播种完毕。夏至节气后播种即显著减产。播种时土壤相对含水量以70%～80%为宜。采用免耕覆秸精量播种机播种，种肥同播，亩用种量4～6kg，亩用大豆专用复合肥20～25kg，肥料施于种子侧下方4～6cm处；行距40～50cm，播深3～5cm，地块土质疏松、墒情不好时宜深些，土质黏重、墒情较好的宜浅些。种植密度为1.0万～1.2万株/亩，根据地力、品种特性等合理密植。肥力高的地块，一般每亩留苗1万株左右。肥力低的地块，一般每亩留苗1.2万株，晚播地块密度可适当增加。

四、播后田间管理

（一）水分管理

大豆生长期间应确保 3 个关键时期的水分供应，即播种出苗水、开花结荚水和鼓粒水。

1. 播种出苗水

夏大豆播种时，干热风较重，一般情况下墒情较差，若土壤水分含量低于 18% 时，应及时造墒播种。墒情不足情况下，也可播种后喷灌或滴灌，在播后当天喷灌 1 次，播后第 4 天（出苗前）再喷灌 1 次，确保出苗。

2. 开花结荚水

大豆在开花结荚期（播后 25 ～ 50d）需水量较大，约占生育期总耗水量的 45%。这一时期缺水会造成严重落花、落荚，单株荚数和单株粒数大幅度下降。若出现连续 10d 以上无有效降雨或土壤水分含量低于 30%，应立即浇水以增加单株荚数和单株粒数，减少落花、落荚。

3. 鼓粒水

鼓粒期（播后 50 ～ 95d）是籽粒形成的关键时期，大豆需水量约占总耗水量的 20%。如果连续 10d 无有效降雨或土壤水分含量低于 25% 应立即浇水以增加单株有效荚数、单株粒数和百粒重，保荚、促鼓粒。

（二）施肥

各地的高产经验表明，高产大豆田的土壤有机质含量在 1.25% 以上。高产大豆施肥原则应坚持以有机肥为主，无机肥为辅，根据地力，结合测土配方施肥，适当增施磷、钾肥，少施氮肥，重施基肥；高产田重施磷、钾肥，薄地重施氮、磷肥；以基肥为主，追肥为辅。

1. 施足基肥

播种时一次性施足基肥。种肥同播时侧深亩施复合肥（$N:P_2O_5:K_2O=15:15:15$）10 ～ 25kg，肥料施在种子侧下方 4 ～ 6cm 处，有条件的地区可亩增施 1 000 ～ 2 000kg 腐熟有机肥。

2. 鼓粒初期追肥

没有施基肥的地块，应在大豆鼓粒初期（播后 50d 左右）追肥，一般在 7 月下旬至 8 月上旬，亩追施复合肥（$N:P_2O_5:K_2O=15:15:15$）10kg 以上或尿素 10kg、硫酸钾 5kg，保荚、促鼓粒，增加单株有效荚数、单株粒数和百粒重。

3. 鼓粒中后期喷施叶面肥

鼓粒中后期（播后 70 ～ 95d）对大豆产量形成至关重要，每 7 ～ 10d 叶面喷施磷酸二氢钾溶液 1 次，可防止植株早衰，促进籽粒饱满，增加百粒重。试验表明，喷施叶面肥可使大豆百粒重增加 2.4g，增产 10.7%。

（三）除草

1. 播后苗前封闭除草

一般亩用 72% 异丙甲草胺乳油 150mL，混加 20% 豆磺隆可湿性粉剂 3 ～ 5g，兑水 50kg 地面喷洒。切勿重喷或漏喷。

2. 茎叶喷雾除草

对于田间秸秆量比较大的地块，封闭除草防除效果不良时，在大豆 3 片复叶期，亩用 24% 克阔乐 30mL + 12.5 % 盖草能乳油 30 ～ 35mL，兑水 40 ～ 50kg 喷施，可同时防除单子叶和双子叶杂草。单子叶杂草为主的地块主要选用精喹禾灵、盖草能等除草剂，双子叶杂草为主的地块主要选用克阔乐、氟磺胺草醚等除草剂。

（四）病虫害防治

黄淮海地区大豆病害主要有根腐病、大豆花叶病毒病等，虫害主要有大豆蚜虫、棉铃虫、灰飞虱、蛴螬、豆秆黑潜蝇、点蜂缘蝽等。

1. 病害防治

近年来，黄淮海地区大豆根腐病为害有加重趋势，除了选用抗病性较好的品种外，可用种子量 0.5% 的 50% 多福合剂或种子量 0.3% 的 50% 多菌灵拌种防治。根腐病发生时可用 72% 克露可湿性粉剂或 64% 杀毒矾兑水喷雾防治。

2. 防治虫害

对于蜗牛为害严重的地块，建议小麦收获后及时撒施四聚乙醛；大豆出苗后 10 ～ 20d 使用内吸性药剂吡虫啉等防治烟粉虱、豆秆黑潜蝇等。苗期和生长中后期选用高效低毒药剂如吡虫啉、虫螨腈、虱螨脲等防治红蜘蛛、蚜虫、造桥虫、斜纹夜蛾、卷叶螟等害虫。开花期及结荚初期注意防治刺吸式害虫，如蟠象类、烟粉虱、蚜虫等，防止大豆症青。早晨或傍晚害虫活动较迟钝，此时用药效果较好。

五、适时收获

黄淮海地区大豆成熟期为 9 月中下旬至 10 月上旬，此时植株变干，叶片脱落，籽粒收圆变硬，是大豆收获的适宜期，可充分保证大豆的品质。建议使用大豆专用收割机收获。机收时应选择晴天无露水时段，防止大豆籽粒黏附泥土，影响品质。

第二节　大豆良种繁育绿色高效生产技术

一、选地与整地

（一）选地要求

选取地势平缓，土层深厚，地力均匀，土壤有机质含量高，田块集中连片，灌溉和排水条件好的地块。尽量避免重迎茬、最好与其他非豆科作物实行3年以上轮作。重茬不仅影响大豆产量，而且影响品质。重迎茬的大豆生长迟缓、植株矮小、叶色变黄、易感染病虫害，荚小粒小、产量显著降低。在一般情况下，大豆重茬减产20%～30%，迎茬减产5%～7%。

（二）整地造墒

前茬收获后及时粉碎秸秆，秸秆粉碎长度≤5cm，均匀覆盖地表。播种时耕层土壤相对含水量应达到70%～80%，墒情不足时应适量浇水造墒。判断土壤墒情是否适宜的简单方法是用手抓起耕层土壤，握紧后可结成团，离地1m处放开，落地后可散开。

二、隔离

大豆是自花授粉作物，为防止天然杂交，良种繁殖田要与其他大豆品种之间进行隔离，可采取空间隔离、自然屏障隔离或其他作物隔离等方法。保证良种繁殖田四周200m以内没有种植其他品种的大豆。

三、播种

（一）选种

选择经种业公司精选包衣处理的大豆原种。要求纯度≥99.9%，净度≥98.0%，发芽率≥85.0%。

（二）播种期

根据当地气候条件，适时早播：早播可提高大豆的单产及蛋白质含量，迟播蛋白质含量容易下降。适播期为6月6—15日，试验表明，6月25日播种比6月10播种减产10.52%，比6月15日播种减产8.36%。如果此期间遇干旱，要及时造墒播种。

（三）播种量

根据大豆品种特性、土壤肥水条件、确定适宜种植密度，使群体合理分布，改善通风透光状况，有利着荚。一般亩播种量3.5～4.5kg，种植密度1.1万～1.3万株/亩。

（四）播种方法

机械条播，采用等行距或宽窄行播种，平均行距45～50cm，株距10～13cm，播种深度3～5cm，播种要均匀，不重播，不漏播，覆土要严密，不外露种子。

（五）足墒播种

夏大豆播种季节天气干燥，田间水分蒸发量大，一般墒情较差。所以要“有墒抢墒，无墒造墒”，一定保证足墒下种，这是一播全苗的基础。

四、田间管理

（一）及时查苗补苗、间苗定苗

出苗后及时查苗，个别缺苗断垄的要及时补种或移栽；补苗越早越好，移栽选择阴天或16：00以后进行，栽后要立即浇水，提高成活率。在苗全、苗齐的基础上，人工间苗、定苗。

（二）中耕灭茬

有条件的要早中耕灭茬，中耕不仅可以消灭杂草，而且可以疏松土壤、提高地温、调节土壤水分、促进根瘤活性、提高固氮能力、培育壮苗、增加植株的抗逆性能，减少病虫为害，同时中耕对促进粒大粒饱也具有明显的效果。

（三）灌溉

足墒播种，出苗至分枝期间一般情况下不需浇水，除非特殊干旱。开花结荚期进入营养生长和生殖生长并进阶段，大豆对水分需求增加，鼓粒期是大豆需水的关键期，如遇干旱需及时灌溉，对提高大豆产量和品质有促进作用。

（四）施肥

大豆具有根瘤共生固氮作用，每亩大豆可固氮 8kg 左右，相当于施用 18kg 尿素。因此大豆施肥应以磷钾肥为主，少施或不施氮肥。

1. 底肥

可以灵活掌握。麦收后如果采用贴茬播种和灭茬免耕模式，可以不使用底肥，如果采用旋耕播种可结合整地每亩施 1 000kg 优质腐熟有机肥，或亩施 10 ～ 15kg 磷酸二铵 +10kg 硫酸钾 +2kg 硼砂 +2kg 硫酸锌。

2. 追肥

初花期：看苗追肥或者控旺。如果播种前来不及施用底肥，初花期出现苗黄苗弱现象，可在初花期结合中耕，亩追施二铵 10 ～ 15kg、硫酸钾 5 ～ 10kg，或大豆专用复合肥（15∶15∶15）20 ～ 25kg，或喷施 0.2% ～ 0.3% 磷酸二氢钾和硼钼等微量元素肥料。

结荚鼓粒期：进行根外追肥。每亩用钼酸铵、硼砂、磷酸二氢钾进行叶面喷肥，每隔 3 ～ 7d 喷一次，连续喷 3 ～ 4 次，不仅满足大豆生长发育对大量元素的需要，同时也补充大豆生长发育对微量元素的需求。

（五）控旺长

如果出现旺长，应及时进行化控。可在开花初期每亩用 15% 多效唑 50g，兑水 50kg 进行叶面喷洒，或用 25% 助壮素 10 ～ 20mL，兑水 50kg 叶面喷洒。如盛花期仍有旺长趋势，用药量可增加 20% ～ 30%，进行第二次控旺。

（六）除草

田间杂草的防治应以农业措施除草为主，化学除草为辅。苗期中耕培土可有效预防杂草。由于大豆对许多化学除草剂非常敏感，因此应该谨慎使用。化学除草有播前土壤处理、播后苗前封闭、苗后茎叶喷施等方式，应正确选择高效低毒的除草剂，并严格按照说明书推荐剂量使用，避免造成当季大豆药害或影响后茬作物生长。田间秸秆量大的地块，可根据土壤情况、杂草种类和草龄，选择除草剂进行苗后除草。

1. 苗前土壤封闭

播种后出苗前喷施封闭型除草剂，播种后 1 ～ 2d 进行苗前土壤封闭，要求畦面平整，土细均匀、无大小明暗垡，土壤潮湿，每亩用 72% 异丙甲草胺乳油 100 ～ 120mL 或 50% 乙草胺 100 ～ 150mL，兑水 30kg 喷雾。

2. 苗后茎叶处理

在大豆幼苗 2 ～ 3 叶期，各类杂草 2 ～ 4 叶期，可用精喹禾灵和氟磺胺草醚等苗后除草剂进行化学除草。为确保化学除草的质量，一定要准量用药，准量兑水，适期化除，防止重喷、漏喷。人工拔除残留大草。

（七）病虫害防治

大豆病虫害防控要坚持“预防为主，综合防治”的方针，着力推广绿色防控病虫害技术，加强农业防治、生物防治、物理防治和化学防治的协调与配套，重点推广低毒、低残留、高效化学农药防治病虫害技术。

1. 病害防治

苗期重点防治根腐病，可选用噻虫·咯·霜灵或噻虫嗪·咯菌腈等兼顾杀虫杀菌的药剂拌种防治。开花期重点防治病毒病，可用 10% 吡虫啉、2.5% 高效氯氟氰菊酯 2 000 ～ 3 000 倍液，喷雾防治。结荚鼓粒期重点防治紫斑病和灰斑病。用 70% 甲基硫菌灵可湿性粉剂 800 倍液，或 250g/L 吡唑醚菌酯乳油 1 000 倍液，喷雾防治，每隔 7 ～ 10d 喷 1 次，连续防治 2 ～ 3 次。

2. 虫害防治

蛴螬、金针虫、地老虎、蝼蛄等地下害虫防治，可用 30% 多·福·克种衣剂，药种比例 1∶50，进行种子包衣。苗期可用 3% 辛硫磷颗粒剂直接撒施，喷施 10% 吡虫啉可湿性粉剂等，防治成虫。点蜂缘蝽防治，可在大豆现蕾、开花和初荚期，用噻虫嗪 + 高效氯氟氰菊酯，喷雾防治，隔 7 ～ 10d 喷 1 次，连续喷 2 ～ 3 次。早晨或傍晚害虫活动较迟钝，防治效果好。甜菜夜蛾、斜纹夜蛾、棉铃虫、豆荚螟、卷叶螟、食心虫等鳞翅目害虫防治，可用甲维盐、茚虫威、虱螨脲、虫螨腈、高效氯氰菊酯、氯虫苯甲酰胺等的复配制剂，如甲维·茚虫威（甲维·虫螨腈、甲维·虱螨脲）+ 高效氯氰菊酯 + 有机硅助剂，喷雾防治。

（八）抗旱排涝

生育期间，可根据天气、墒情、大豆长势及时灌溉或排涝。

1. 播种期

大豆是双子叶植物，子叶出土需要较多的水分，再加上此期天气往往比较干旱，单靠雨水不能保证最佳播种期和最佳墒情，所以一定要在最佳播种期"有墒抢墒造墒，无墒造墒"播种，或者播后喷灌。

2. 苗期

大豆苗期需水量较少，一般不用浇水，可以采用浅中耕的方法进行蓄水保墒，既可防旱，又有利于蹲苗，使其发根、壮棵。如果遇涝应及时排水，防止芽涝。

3. 分枝期

大豆营养生长进入旺盛期，对水分的需求逐渐增多。为促进营养生长、保证花芽分化的正常进行，特别干旱时要及时浇水，但水分不宜过多，以免造成群体过大，影响个体健壮。

4. 花荚期

大豆开花结荚期是需水的关键时期。因该期正是营养生长和生殖生长最旺盛的时期，也是植株干物质迅速积累、叶面积系数显著扩大的时期，而这一阶段的气候特点是气温高、日照长、蒸发量大，如果水分不足，植株就会出现萎蔫现象。结荚期光合作用最强，新陈代谢也最旺盛，是大豆生殖生长的主要时期。豆荚的大量形成必须有足够的水分，此期如果干旱一定注意浇水，以保花增荚。但是如果雨水过多，若排水不畅，土壤水分长期处于饱和状态，也会造成大量花荚脱落。因此，此期遇涝一定及时排涝。

5. 鼓粒期

鼓粒成熟期是大豆积累干物质最多的时期，也是产量形成的重要时期。促进养分向籽粒中转移，促粒饱增粒重，适期早熟则是这个时期管理的重点。此时缺水会导致秕荚、秕粒增多，百粒重下降。秋季遇旱无雨，应及时浇水，以水攻粒对提高产量和品质有明显效果。

（九）田间去杂

收获前根据品种特征特性进行田间人工去杂，保持种子纯度。去杂方法：根据成熟早晚、株高、株型、结荚习性、荚的形状和茸毛等性状鉴别并拔除异品种杂株；拔除的杂株、劣株和异作物植株、杂草等应随时带出种子田另作处理。

五、适时收获

大豆叶片变黄脱落，豆荚呈现成熟色，籽粒与荚壳脱离，豆粒脱水，呈现品种固有颜色和形状，种子含水降至15%以下，摇动植株时荚内响声明显。在10：00—17：00、豆株上没有露水时，使用大豆专用收割机及时收获，防止机械混杂。大豆种子含水量≤12%时入库存储。

第五章 花 生

花生又称“长生果”，含有丰富的脂肪和蛋白质，是我国重要的油料作物之一，也是重要的出口创汇农产品，“世界花生看中国，中国花生看山东”，我国是世界花生主产区，山东省是我国重要的花生主产区，2021 年，山东省花生出口量占全国出口量的 90.4%。

山东省地处优质花生产地，生产的花生脂肪和蛋白质含量高，脂肪平均含量 48.01%（全国平均值 43.10%），蛋白质平均含量 30.13%（全国平均值 26.90%），同时富含核黄素、胆碱、卵磷脂、维生素和钙、磷、硒等多种矿质元素。

山东省花生产业具有种植、技术、品质、加工、出口、品牌等优势，种植区域广泛，遍及全省 16 市，不同生态区可种植满足市场需求的食用、油用、加工、出口等不同品种类型。目前，山东省花生地理标志认证产品 20 多个，如平度花生、莒南花生、莱西花生、莱阳花生、乳山花生等。

近年来，高油酸花生因其营养价值高，具有保护心脏、降血糖、调节血脂、降低胆固醇等保健功能，而且产品不易变质、不易酸败，货架寿命长（其货架期是普通花生的 3 ～ 5 倍）等优点，备受消费者和加工商青睐，是今后花生生产的重要发展方向之一，对于深化农业供给侧结构性改革、满足新时期人民群众对于优质食品的需求以及提升我国花生生产效益和国际竞争力均具有重要意义。目前，山东省各地已经大范围推广种植高油酸花生品种，有利于当地花生产业转型升级，有利于消费者健康，有利于加工、出口、种子等企业增效和农民增收。

第一节 春播花生单粒精播绿色高质高效种植技术

花生连茬种植、施肥不科学、一穴双粒密度偏大等传统种植模式，限制了花生产量和质量的提高。为研究探索花生绿色增产、高质高效种植模式，从

2014 年开始，邹城市立足花生单粒精播关键核心技术，开展新技术试验示范，创新集成了适合当地生产的春花生单粒精播绿色高质种植技术模式。目前，该模式在鲁西南地区大面积应用，每年推广规模 90 万亩以上，花生生产实现绿色增产增收，节本提质增效。

一、深耕培肥

花生喜耕层疏松、土层深厚、肥力中上、排灌方便的轻壤土或沙壤土。同一地块避免连作，应选择与小麦、甘薯等作物轮作。冬前深耕深松，打破犁底层，加深耕作层，熟化土壤，提高土壤蓄水保肥供肥能力，降低病虫害越冬基数。一般深耕要超过 20cm，深松要超过 30cm。

二、科学施肥

平衡施肥，增施有机肥和生物菌肥，提高土壤有机质含量。推广施用控释肥，延缓肥效，控制花生前期旺长，后期脱肥早衰，提高肥料利用率，实现节肥增效。耕地前，亩撒施有机肥（2 ～ 2.5）t+ 生物菌肥 40kg+ 控释肥（$N:P_2O_5:K_2O=25:10:10$）33.3kg。播种时随机械播种亩施控释肥 16.7kg 以确保养分全面，全生育期均衡供应。高产地块和钙、硼不足地块，随机械播种时亩施氰氨化钙（10 ～ 15）kg+ 硼砂 2kg。种肥也可以选用磷酸二铵，亩用量在 10kg 左右。

三、良种选择与种子处理

根据土壤、气候、市场等条件，选用高产、优质、生态适应性好的优良品种。鲁西南地区可优先选用花育 33 号、花育 36、山花 9 号、山花 13 号、丰花 1 号等增产潜力大、综合抗性强的中早熟大花生品种；花育 917、花育 963 等高油酸花生品种，济花 501 等鲜食型花生品种。

做好种子处理对实现花生一播全苗和高产优质至关重要。花生播种前 10d 左右带壳晒种 2 ～ 3d，剥壳，杀灭荚果表面病菌，提高种子活力。剔除病虫、霉烂、发芽种子，选用饱满、均匀、活力强的种子，种子大小要均匀一致便于机械化操作。播种前每 100kg 种子用 25g/L 咯菌腈悬浮种衣剂（60 ～ 80）mL+ 600g/L 吡虫啉悬浮种衣剂 300 ～ 400mL 进行种子包衣；在茎腐病等土传病害发生较重的地区，将种子用清水湿润后，用种子重量 0.3% ～ 0.5% 的 50% 多菌灵可湿性粉剂拌种；在地下害虫发生较重的地区，用种子重量 0.2% 的 50% 辛硫磷乳剂，加适量水配成乳液均匀喷洒种子，以预防苗期茎基腐病、根腐病和金针虫、蛴螬等为害，确保苗全苗壮。要晾干种皮后再播，确保下种均匀，达到合理密植的要求。

四、适期规范化播种

（一）适期播种

春花生在 4 月中下旬土壤 5cm 地温达到 15℃以上即可播种。过早播种发芽出土慢，易受病菌感染造成烂种，饱果期遇雨造成烂果。墒情有保障的地方推广适期晚播。山东省春播 4 月下旬至 5 月上旬，鲁西南地区春播最佳播种时间为 4 月 25 日至 5 月 5 日，可保证花生生长发育与当地雨热同步，营养生长与生殖生长关系协调，收获期避开雨水较多时段，防止花生霉烂，减少黄曲霉病感染概率，提高品质。

（二）规范化播种

机械化播种的播种质量高、劳动强度低、工作效率高，综合考虑生产规模、土壤条件、机具特点、作业效率等，选用功能齐全、质量可靠的花生覆膜播种联合作业机，农机农艺融合，一次性完成平地起垄、足墒浅播、集中施肥、合理密植、化学除草、覆膜压土等作业环节，实现单粒精播、种肥同播。

（三）起垄规格和种植密度

垄距 80 ～ 85cm，垄宽 45 ～ 55cm，垄高 10 ～ 12cm，易积水地块垄高 10 ～ 14cm。播种实行一垄双行，小行距 28 ～ 30cm，播种深度 4cm 左右，穴距根据土壤肥力和品种特性，一般为 11 ～ 12cm，亩播 1.4 万～ 1.5 万粒，较常规一穴双粒播种减少用种 10% 左右，适当降低群体密度，培育健壮个体，发挥个体生产潜力。

（四）苗前除草

播种后，亩用 96% 精异丙甲草胺乳油 90 ～ 100mL 或 72% 异丙甲草胺乳油 100 ～ 120mL，兑水 60 ～ 80kg，覆膜前喷施。不建议施用乙草胺除草，因为乙草胺用量过大或遇到低温，苗期生长缓慢，易产生药害，降低产量，还会增加乙草胺的残留，影响花生品质。

（五）覆盖地膜

地膜覆盖是节水增产的关键技术措施，可以提高地表温度，减少水分蒸发，提墒保墒，避免土壤板结，有利根系发育、下针、荚果发育。多采用厚度≥（0.007±0.002）mm，幅宽85～90cm，耐老化、透光度高、展铺性好的优质地膜。

五、轻简化田间管理

（一）破膜引苗

花生播种后10～15d陆续出土，地膜内温度高达40℃以上，需要在幼苗顶土鼓膜时及时破膜引苗，防止高温灼伤幼苗。破膜引苗要在9：00以前或16：00以后进行，开孔处压土防止闪苗、降温、失墒和透风鼓膜。

（二）肥水管理

花生耐旱怕涝，鲁西南地区正常年份，除造墒播种外，花生生育期一般不需要灌溉。单粒精播实施节水灌溉技术，苗期不浇水，适度控制前期生长；花针期和结荚期是花生需水敏感期，遇旱要适时适量浇水，遇涝要及时排水，确保适宜的土壤墒情。浇水要在早晚进行，要避开中午高光高温时段，防止烂针烂果。播前施肥的基础上，花生生育期不再土壤追肥，多实行叶面喷肥，可随病虫防治喷施1%～2%尿素溶液、2%～3%过磷酸钙溶液或0.1%～0.2%磷酸二氢钾溶液。

（三）化学调控

花生下针后期至结荚初期，当花生主茎高28～35cm（小花生品种28cm、大花生品种30～35cm）时，植株生长过旺、田间过早封垄，结合病虫防控使用化控剂进行化学控旺，亩用5%烯效唑可湿性粉剂40～50g或15%多效唑可湿性粉剂30～50g，兑水30～40kg，叶面均匀喷雾，可控制株高，矮壮株型，加强田间通风透光性，减轻病害发生程度，促进养分向根部转移，提高成果率和果实饱满度，同时还能有效预防倒伏，有利于采收和机械化操作。化控药剂用量宁低勿高、少量多次、均匀喷洒、减少漏喷、杜绝重喷。

六、病虫草害防控

播种后田间安装杀虫灯，开展害虫（特别是蛴螬等）的物理防治，注重防治二代棉铃虫，中后期病虫害实行“一控双增”。二代棉铃虫是花生常发重发虫害，常年为害严重。6月中下旬防治二代棉铃虫卵期至低龄幼虫期可亩用200g/L氯虫苯甲酰胺悬浮剂10～12g，兑水30～45kg，均匀喷雾。7月中下旬花生结荚期病虫发生种类多、为害重，实施“一控双增”技术，即一次性茎叶喷雾施药（杀虫剂+杀菌剂+植物生长调节剂）以控制花生生长中后期叶斑病、疮痂病、白绢病、根茎腐病等多种病害，保护叶片正常生长，防止早衰、提高成熟度，实现花生增产：杀虫剂可亩用200g/L氯虫苯甲酰胺悬浮剂10～12g或40%氯虫·噻虫嗪水分散粒剂6～8g，杀菌剂可亩用60%唑醚·代森联水分散粒剂50～60g或17%唑醚·氟环唑悬乳剂50～60g，与0.01%芸苔素内酯可溶液剂10mL及98%磷酸二氢钾80～100g叶面肥混用。可使用植保无人机亩兑水1.0～1.5kg或大中型施药机械3WF-960喷雾喷粉机亩兑水15kg喷雾，开展专业化统防统治，达到省时省工减药，节本增产增效的目的。

七、适时机械化收获

当日平均气温降至12℃以下时，花生植株顶端停止生长，上部叶片变黄，中部叶片脱落，85%以上荚果变硬、颜色变深、外壳纹路清晰，籽仁饱满，干物质积累达到最高，或花生达到本品种生育期时，选择晴好天气及时收获。推广使用花生联合收获机或分段收获机机械收获，以减少用工，提高收获效率。避免过晚收获，因为花生晚收会增加收获难度，同时花生品质下降。收获时要注意田间废地膜回收，并集中处理，避免造成环境污染。

第二节　丘陵地区高油酸花生节本增效种植技术

山东省邹城市是全国油料百强县（市），花生种植主要分布在邹城东部低山丘陵区，品种以普通型大花生和小花生为主。多年来重茬连作导致花生品种抗病性下降，产量、质量不高。同时，受近年气象因素变化大、市场低迷疲软等影响，普通型花生产量和效益低，且年际间差异较大，种植户生产积极性受挫，稳定种植面积和产量的压力较大。为提高花生产量和质量，提升花生种植效益，稳定当地油料生产，从产业化目标出发，2018 年以来连续引进试验示范一批高油酸花生新品种，配套推广使用绿色节本增效种植技术，探索发展高油酸花生订单化种植，取得了较好效果。4 年筛选试验示范结果表明，山东省花生研究所培育的高油酸花育 917 新品种连续多年表现出耐旱、耐涝、稳产、高产、适应性好的特点，2021 年种植面积达到 1.5 万亩，平均产量为 387.4kg/ 亩，籽粒出油率高达 48.3%，油酸、亚油酸比值在 13.5 以上，产出油品耐储性好，香味浓郁，深受种植户和加工企业青睐，发展前景广阔。

一、深耕深翻起垄

低山丘陵区土层薄、保水保肥供肥能力差，要注意用地养地相结合，在秋冬季或播种前精细整地，深翻深耕熟化土壤，加厚耕作层和活土层，提高土壤蓄水保肥供肥能力，同时降低病虫越冬基数。按照节本增效的原则，深翻深耕相结合，每隔 2 ～ 3 年秋冬季深翻 40 ～ 50cm，其他年份深耕 25 ～ 30cm。春季播种前旋耕起垄，双垄种植区垄距为 80 ～ 85cm，单垄种植区垄距为 60cm，垄高为 10 ～ 12cm，垄面宽为 45 ～ 55cm，垄面平整、无坷垃。地势平坦、机械化条件较好的地区可以采用花生多功能播种机一次性完成起垄、播种。

二、科学施肥

（一）基肥

高油酸花生施肥应以有机肥为主、配合施用化肥，重施基肥，种肥异位同播，在开花下针期合理追肥。根据当地土壤养分检测结果，实行配方施肥，提高肥效。邹城市丘陵地区最佳肥料配方的产量水平为 400 ～ 500kg/ 亩，结合秋冬耕施优质农家肥 3 000 ～ 4 000kg/ 亩或生物有机肥［有机质≥ 60%，氮、磷、钾含量≥ 5%，有效活菌数为（5 亿～ 6 亿个）/g］80 ～ 100kg/ 亩，起垄时用花生专用控释复合肥（N：P：K=15：12：18）40 ～ 50kg/ 亩集中沟施。

花生需钙量较大，缺钙的地块应增施氧化钙 20 ～ 30kg/ 亩，促早花、控晚花，提高单株产量，钙肥可以抑制土传病害发生，减轻果腐病等发生程度。施肥应采用垄上开沟施肥或播种时穴施，将钙肥浅施于结果层土壤，有利于花生集中开花结果，提高饱果率，能更好地提高肥料利用率，实现减肥增效。

（二）追肥

基肥不足的地块，在花生开花下针需肥高峰期，结合浇水追施尿素 10 ～ 15kg/ 亩，促进开花下针和荚果形成。饱果成熟期田间表现缺肥的地块，水肥药耦合使用，结合浇水或施药，冲施或喷施磷酸二氢钾或氨基酸、腐殖酸叶面肥 1 ～ 2 次，间隔 7 ～ 10d，延长根系功能期，延缓茎、叶衰老，促进荚果膨大成熟。

三、种子处理

（一）带壳晒种

高油酸花生较普通大花生品种活力差，剥壳前要利用晴好天气带壳晒种 2 ～ 3d，提高种子活力和发芽率，增强种子发芽势，晒种时剔除霉变荚果、秕果。

（二）精选种子

剥壳后剔除病粒、秕粒、破损粒、发芽粒，将种子分级，选择籽粒饱满、皮壳光亮、种性明显的籽粒作种子。

（三）种子包衣

种子包衣是预防花生病虫害的关键措施之一，具有省药、省工、防效好的优点。包衣时每 100kg 种子使用 25% 噻虫 · 咯 · 霜灵悬浮种衣剂 600 ～ 700mL，或 2.5% 咯菌腈悬浮种衣剂（60 ～ 80）mL+60% 吡虫啉悬浮种衣剂（300 ～ 400）mL 或 70% 噻虫嗪水分散粒剂 30mL，加适量水（药浆 1 ～ 2L）进行种子包衣，晾干后播种，可有效提高出苗质量，预防花生茎基腐病、根腐病和苗期蚜虫、金针虫、地老虎为害。

四、规范播种

采用机械化分段播种，开沟、起垄、播种、施肥、喷药、覆膜、压土分别进行。有条件的地区推荐使用 2BH-2 型起垄播种一体化播种机一次性完成开沟、起垄、施肥、播种、喷药、覆膜、压土等多道工序，提高播种质量和效率，实现节本增效的目的。

（一）适期播种

高油酸花生对温度比较敏感，发芽温度比普通型花生高 2 ～ 3℃，播种发芽要求温度在 18℃以上。为保证油酸 / 亚油酸比值，高油酸花生适宜春播，留种田根据当地春茬马铃薯、大蒜面积大和麦茬种植夏花生的习惯，采用马铃薯、大蒜茬直播或麦套、麦收夏直播。

春播较普通型花生推迟 3 ～ 5d，应在 5cm 地温连续 5d 稳定在 18℃以上播种。近年来，鲁西南地区 4 月 20 日前后多有冷空气来袭，易遭遇“倒春寒”，影响花生发芽出苗和幼苗生长，应推迟播种期 5 ～ 7d，4 月底至 5 月上旬为最佳播种期。留种田采用春马铃薯、大蒜茬直播或麦套、麦收夏直播。麦后夏直播要在 6 月中旬完成播种，最迟在 6 月 25 日播种完毕。

（二）适量播种

花育 917 植株为半匍匐型，具有连续开花结果的习性，单株结果率高，对种植密度要求不高。春播应充分发挥单株结果率高的特点，单粒播种 6 000 ～ 7 000 株 / 亩，是直立普通型花生用种的 2/3 ～ 3/4。同时，播种要重视土壤墒情管理，坚持适墒播种。土壤墒情对花生出苗整齐度影响极大，播种期要求土壤相对湿度为 60% ～ 70%，低于 40% 影响出苗、缺苗断垄严重，高于 80% 易出现烂种、烂芽。

（三）适深播种

花育 917 发芽顶土能力差，播种过深导致幼芽在土中时间延长，下胚轴较长，感病率增加，子叶不出土造成第一对侧枝发育不良，减少结果。播种时必须严格控制播种深度，坚持“干不过深，湿不过浅”和“黏土浅、沙土深”的原则，播种深度为 3 ～ 4cm，保证出苗快、出苗整齐，助苗健壮。

（四）化学除草

播后亩用 96% 精异丙甲草胺乳油 90 ～ 100mL 或 33% 二甲戊灵乳油 100 ～ 120mL 进行芽前除草。同时，加入 24% 噻呋酰胺悬乳剂或 30% 嘧菌酯悬乳剂预防白绢病发生。

（五）地膜覆盖

地膜覆盖不仅可以提高高油酸花生的荚果产量，而且还可以提高油亚值和氨基酸含量。不论春播还是夏播，都应覆盖地膜，满足花生生长积温的需求。

选用诱导期适宜、展铺性好、可降解无公害的农用地膜或厚度≥ 0.01mm 的聚氯乙烯地膜，降低农田残留污染。

五、轻简化田间管理

（一）开孔放苗

花生覆膜播种后 11 ～ 14d，幼苗陆续出土，子叶节升至膜面时，及时撒土放苗。如果覆膜幼苗不能自动破膜，晴好天气气温达到 28℃以上或膜内温度达到 45℃以上，在 9：00 前或 16：00 后及时划破幼苗顶端地膜进行人工放苗。放苗时开孔不宜太大，放苗后及时用干土封严放苗孔，防止膜下高温灼伤幼苗或地膜开口降低膜下温度失去增温保湿作用。

（二）水肥管理

高油酸花生对水分较普通花生更为敏感，特别是开花下针期和结荚期需水量较大。土层较深地块，若田间土壤相对含水量低于 50%，或土层较浅地块相对含水量低于 40%，应浇小水满足高油酸花生生长发育需要，切忌大水漫灌。

在施足基肥的基础上，一般生育期不再进行土壤追肥。花生饱果成熟期，若田间出现顶叶脱肥早衰现象，结合病虫害防控，叶面喷施 98% 磷酸二氢钾 200 ～ 300g/ 亩，间隔 10 ～ 15d 再喷 1 次。

（三）化控防倒

高油酸花生前期生长慢，中后期长势较强，易出现旺长。在盛花期后期至结荚期，即大量果针入土，主茎长至 35cm、日增量超过 1.5cm，有旺长趋势时，亩用 5% 烯效唑可湿性粉剂（30 ～ 40）g+60% 唑醚·代森联水分散粒剂（80 ～ 100）g 兑水 30kg 喷雾。花生控旺要少量多次，一次控旺后如需继续旺长，应间隔 7 ～ 10d 再喷 1 次。

（四）病虫害防控

采取农艺措施与物理防治、生物防治相结合的综合防治措施，降低化学农药使用量，提高花生品质，重点防治茎基腐病、叶斑病、白绢病等病害和棉铃虫、蛴螬等虫害。

防治措施：①播种后在田间安装杀虫灯，防治生育期鳞翅目、鞘翅目等害虫，生长期安装性诱剂、粘虫板杀虫。②苗期至开花下针期用 96% 噁霉灵原药 150g/ 亩或 24% 噻呋酰胺悬乳剂 150mL/ 亩 +0.01% 芸苔素内酯 150mL/ 亩防治花生白绢病、茎基腐病、根腐病，促苗壮。③饱果成熟期实行病虫害“一控双增”。可选用吡唑醚菌酯、氟环唑、氯氟苯甲酰胺、氯虫·噻虫嗪和芸苔素内酯等药剂混用，同时加入磷酸二氢钾，使用植保无人机等大中型施药机械开展专业化统防统治，控制生长后期多种病虫害，保护叶片正常生长，防止早衰，提高成熟度，实现省时省工减药、节本增产增效。

六、适时收获

（一）收获

花育 917 成熟一致性好，果柄韧性较强，不易落果，适宜机械化收获。麦田套种花生在气温降至 15℃以下时，及时收获；植株带绿成熟，种用花生应适时早收，可提高种子活力和发芽率；商品花生可适当延期收获，提高饱果率，实现高产、高油酸。

（二）晾晒储存

根据丘陵山区生产现状，可采取两段式收获，收获后带秧在田间晾晒，遇雨及时翻晒，晒至荚果含水量为 20% 左右时再摘果，继续晾晒至含水量在 10% 以下时方可入库储存。清选入库后，应注意控制储藏条件，防止储藏害虫为害和黄曲霉毒素污染。同时，收获、晾晒和储存时，切记不能与其他普通型花生混杂，以免影响高油酸花生加工质量和生产效益。

第三节　花生病虫草害全程绿色防控技术

多年来，山东省邹城市在全国绿色防控示范区建设项目带动下，大力推广种子包衣、药剂除草、理化诱控、“一控双增”等技术，实现花生病虫害绿色防控技术全覆盖，取得了良好的生态、社会和经济效益。花生绿色防控示范区平均减少打药次数 2.2 次，亩减少化学农药用量 191g，减少 44.8%，综合防治效果达到 97.1%；花生单产由 2008 年的 150kg/ 亩提高到 2019 年的 327kg/ 亩，增产幅度 118%。按照 2019 年邹城市花生种植水平计算，每年可增产 3.36 万 t，增加产值 2.15 亿元。

一、花生的病虫草害

（一）花生病害

1. 叶斑病

花生叶斑病是褐斑病、黑斑病、焦斑病和网斑病等叶部病害的总称。病害常常混发，在花生叶片上形成大小不一的病斑、褐斑等症状，影响花生叶片的光合作用，发生严重时，引起大面积落叶，导致花生早衰，产量造成严重损失，一般会损失 10% ～ 20%，严重的地块可达 30%。

2. 白绢病

花生白绢病是一种典型的土传真菌性病害，病原菌分布在 1 ～ 2cm 的表层土中，受害的荚果初呈褐色软腐状，后期地上部根茎处有白色绢状菌丝体，故称白绢病。该病是花生荚果膨大至成熟期的重要病害，发病后无法治愈，只能控制病害的发展，因此，在发病初期进行防治效果较好。

3. 青枯病

青枯病是花生生长过程中一种典型的由细菌侵染引起的维管束病害，整个生长过程中均可发生，以花期最易发病。该细菌主要从根部侵染，致使主根根尖变色、软腐，病菌从根部维管束向上扩展至植株顶端，用手捏压时会有混浊菌脓溢出。受害植株于 1 ～ 2d 后会全株叶片快速凋萎，但叶片仍呈青绿色，不同于其他枯萎病。

4. 根腐病

根腐病是由半知菌亚门的镰刀菌属的 5 个菌种复合侵染形成，受害的花生植株是由伤口和表皮侵入，在维管束内繁殖蔓延。苗期受害易形成根腐、苗枯；成株期受害会导致根腐、茎基腐和荚腐等症状，地上部表现为植株矮小、生长发育不良、叶片变黄，最终致全株枯萎，主根皱缩干腐，形似鼠尾状，潮湿情况下有黄白色至淡红色霉层。

5. 茎基腐病

茎基腐病多发生在花生生长前期和中期，一般在花生播后 30 ～ 45d 开始，6 月中旬进入发病盛期，7 月中旬至 8 月上旬出现第二次发病高峰。幼芽出土前即可感病腐烂，苗期发病，4 ～ 5d 可致全株枯死，植株感病后在潮湿情况下病部密生许多黑色小粒点，病部皮层易剥落，纤维外露，干燥时，表皮下陷，髓部呈褐色干腐、中空等症状。

（二）花生虫害

1. 地下害虫类

地下害虫是对蛴螬、蝼蛄、金针虫和金龟甲的总称。地下害虫是花生生长过程中重要的害虫，从花生播种到收获，均可对其造成为害。苗期咬断根茎，造成缺苗、断垄，荚果到成熟期，咬食荚果，造成烂果、空壳等，严重的时候可造成绝产。

2. 叶螨类

花生叶螨是朱砂叶螨和二斑叶螨等几种螨的总称，该螨发生时聚集在花生叶片的背面，刺吸叶片的汁液，受害叶片表面呈灰白色斑点，然后逐渐发黄，受害严重时叶片干枯脱落，严重影响叶片的光合作用，花生后期营养供给不足，造成荚果干瘪、减产。

3. 鳞翅目类

棉铃虫和甜菜夜蛾的幼虫是花生生长期间的重要害虫，主要以啃食花生的叶片、花蕾和幼嫩的茎为主，棉铃虫的幼虫尤其嗜好啃食花蕾，严重影响后期的花蕾授粉和果针入土。两种害虫的幼虫往往混合发生，大发生的年份如不及时防治，会造成花生叶片缺刻，生长点受损等现象，严重影响花生的后期产量。

4. 花生蚜虫

为害花生的蚜虫主要有有翅胎生雌蚜和无翅胎生雌蚜两种，该蚜虫在山东地区一年发生 20 多代，主要以无翅胎生若蚜在合适的寄主上越冬。越冬后的蚜虫在寄主作物上繁殖几代后，待花生出苗后，迁入为害，5 月底至 6 月下旬是该蚜虫为害盛期。该虫发生早、繁殖快、为害周期长、虫口密度大、为害严重，大发生时，蚜虫排出大量蜜露，容易引起霉污病发生。

（三）花生草害

杂草在花生生长过程中普遍发生，与花生争夺水、肥、光、热，造成花生植株矮小，叶色发黄，严重影响花生的产量和品质，是制约花生产量和品质的主要因素之一,一般会造成田块减产 5%～10%，严重地块会造成减产 30% 以上。

二、绿色防控基本原则

（一）综合治理原则

以系统调查为前提，把花生健康栽培作为基础，根据不同时期花生病虫害的特点，运用农业栽培、理化诱控、生态调控等多项技术措施，科学用药，杜绝使用高毒、高残留农药，最大限度地减少化学农药的使用。

（二）轻简化原则

种植户在接受一项新技术时，首先考虑的是其操作的简便性。根据花生生育期不同的防控对象和发生规律特点，制定科学可行的技术方案，将一些劳动力投入少、技术先进的措施应用于花生病虫害绿色防控，才能得到广大农民朋友的认可，才能更好地促进绿色防控技术的实践和发展。

（三）规范化和标准化原则

有章可循、有标准可依是绿色防控技术集成的原则，也是今后技术推广的重要前提。其推广效果的成败在某种程度上取决于技术配套的合理化、规范化和标准化，以最小的经济投入获得最大的回报，是绿色防控技术集成要考虑和遵循的重要原则。

三、绿色防控技术

（一）农业防控

1. 选用高产、抗病优质品种

根据地块历年病虫害发生情况、地力水平，选用合适的花生品种。常用品种有花育 25、鲁花 8、山花 9 号、丰花 1 号、丰花 2 号等审定品种。

2. 标准化种植

推广测土配方、平衡施肥、种子包衣等技术，提高播种质量，培育壮苗，增强植株抗逆能力。根据土壤养分状况，合理配比主要营养元素和微量元素，做到收获后不残留或少残留的原则，减少浪费。根据本市地力水平，选择氮磷钾含量为 15∶15∶15 的复合肥，亩施用化肥量在 60kg 左右为宜。

3. 合理轮作换茬

实行轮作换茬，是避免花生种植过程中病害发生加重的重要措施，在丘陵地块可采用花生和甘薯轮作，平原地块注意和玉米、高粱等作物轮作换茬。

4. 种植伴生植物

花生播种后，在花生田周边田埂上种植蓖麻、红麻等作物，该类作物叶片中含有的蓖麻碱对金龟子有较强的毒杀效果，利用金龟子喜食新鲜蓖麻叶的习性，对金龟子诱杀，可以起到控制蛴螬数量的作用。

5. 清洁田园

花生收获后，要及时将田中的枯枝烂叶清除干净，以减少病虫害越冬基数，减轻下茬作物病虫害的发生概率。

（二）物理防治技术

1. 安装杀虫灯

频振式杀虫灯是利用昆虫的趋光性，灯外配以频振式高压电网触杀，对飞来触碰的昆虫进行电击，使其落入灯下防逃逸的接虫袋内，达到杀灭害虫的目的。在花生田中，杀虫灯可诱杀鳞翅目、鞘翅目、直翅目等 7 个目 13 个科约 30 种主要害虫，尤其对金龟甲类、棉铃虫、甜菜夜蛾、二点委夜蛾、地老虎类等害虫诱杀效果显著。每盏频振式杀虫灯控制有效面积为 45 亩，因此，田间安装频振式杀虫灯时，一般以 120 ～ 150m 灯距棋盘式分布于田间。使用过程中，要及时清理接虫袋内的死虫。杀虫灯使用时间为每年 5 月初安灯，9 月上旬撤灯。将撤下的杀虫灯集中存放，以备来年使用。

2. 悬挂粘虫板

粘虫板是利用昆虫对颜色趋性这一特征，对其进行诱杀的一种技术。粘虫板表层涂有一层不干胶，对于触碰的昆虫进行粘杀，可根据目标害虫的特征，在粘虫板的生产过程中添加特定物质（如性诱剂等）进行诱杀，能起到较好的控制效果。

田间安装时，粘虫板悬挂高度为作物上方 30 ～ 50cm 。一般每亩放置中型板（25cm×13.5cm）30 块左右，或大型板（40cm×25cm）20 块左右，均匀分布即可。

（三）理化诱控技术

1. 性诱剂技术

在特定的诱捕器内根据目标害虫的防治需要放入特定的人工合成的性诱激素诱芯，雄性成虫根据诱芯散发物质进入诱捕器，达到诱杀成虫的目的。性诱激素的释放扰乱了害虫正常的交配行为，对降低虫口基数有着重要作用。每亩可安置 1 ～ 2 个性诱捕器，诱芯可根据棉铃虫、甜菜夜蛾或金龟甲等目标害虫放置，每个月更换一次，能有效杀死雄性成虫，大幅度降低田间落卵量，减轻为害。

2. 食诱剂技术

由于害虫的嗅觉灵敏度远远高于视觉的灵敏度，因此利用昆虫的这一特性研发的食诱剂对害虫的雌雄性成虫都有较好的诱杀效果。食诱剂的投放对于成虫、诱虫都有较好的诱杀效果，对降低虫源基数、减轻作物为害都有重要作用，并且食诱剂对于同类害虫都能起到一定效果。

（四）化学防控技术

1. 种子包衣

花生播种前进行包衣（拌种）可以明显减少苗期根腐病和茎腐病的发生，预防蛴螬、蝼蛄等地下害虫对花生苗的为害，是苗全苗壮的基础，是花生高产的关键技术。药剂拌种每亩可采用 600g/L 吡虫啉 10mL+25g/L 咯菌腈悬浮种衣剂 10mL，或有效成分及含量分别为噻虫嗪 22.2%、咯菌腈 1.1%、精甲霜灵 1.7% 的悬浮种衣剂（先正达迈舒平）10mL，适量加水、拌匀，避免暴晒，晾干后播种。

2. 苗前除草

花生田杂草以禾本科杂草和阔叶性杂草混生为主。禾本科杂草主要有马唐、牛筋草、稗草、狗尾草、狗牙根、画眉草；为害严重的阔叶杂草主要有反枝苋、皱果苋、马齿苋、小藜、铁苋菜、鳢肠、小蓟；莎草科杂草主要是香附子。

苗前除草可结合覆膜同时进行，能有效地减小劳动强度，提高防治效果，与苗后相比，杀草效果更彻底，不留死角，经济效益更明显。在除草剂的选择上，每亩可选用 96% 精异丙甲草胺乳油（金都尔）75 ～ 100mL 或 33% 二甲戊灵乳油 150 ～ 200mL 等高效、低毒、低残留除草剂兑水适量进行喷施，对花生田杂草防治可起到较好的效果。

3. 茎基腐病、根腐病、白绢病防治

对于茎腐病和根腐病在花生苗期或中后期田间零星发病时，及时进行叶面喷药防治：用 50% 多菌灵可湿性粉剂或用 430g/L 戊唑醇悬浮剂兑水适量进行喷雾防治；对于花生白绢病发生的地块，在发病初期可选 24% 的噻呋酰胺进行喷雾防治，施药时注意重点喷淋花生根部。

4. 叶斑病防治

花生叶斑病主要有褐斑病、黑斑病、焦斑病、网斑病等，防治上主要做好预防工作。当田间病叶率超过 10%时，就要采取药剂防治。可选用 10%苯醚甲环唑水分散粒剂或 300g/L 苯甲・丙环唑乳油等防治。喷药时要喷雾均匀，使叶片均匀着药。

5. 叶螨防治

叶螨是花生上的重要害虫，可选用 1.8%阿维菌素乳油、20%扫螨净乳油进行防治。喷药时，加入适量农药渗透剂，可以有效提高防治效果。

6. 蚜虫防治

当花生蚜虫量非常大的时候，仅靠粘虫板不能完全控制蚜虫为害，需要喷药防治，可选择 10%吡虫啉可湿性粉剂、5%啶虫脒可湿性粉剂或 1.8%阿维菌素乳油等药剂。

四、防治成效

花生全程绿色防控技术集成彻底改变了邹城市传统上依靠高毒、高残留农药防治花生病虫害的历史，给当地花生种植户带来了增产效益。

该技术防治病虫成效显著，有效控制了病虫为害。项目开展以来，金龟甲单灯同期日均诱虫量由 2007 年的 2 880 头下降到 2019 年的 21 头；田间幼虫发生量由 2007 年的 25.3 头 /m^2 下降到 2019 年的 0.45 头 /m^2。

通过大面积推广性诱、食诱技术，对花生田棉铃虫起到了较好的防控效果。2019 年系统观察不同处理区 2 代棉铃虫发生情况，结果显示，防控期间性诱剂诱捕区、食诱剂诱捕区、食诱剂茎叶滴洒区棉铃虫幼虫百株虫量累计分别为 25.4 头、23.9 头、17.2 头，相较于空白对照区的 71.7 头，防效分别为 64.57%、66.67%、76.01%。

通过对花生“一控双增”示范区叶斑病、棉铃虫发生情况的调查发现，示范区病叶数和单叶病斑数明显下降，叶斑病防治效果达 85.36%。花叶斑病发病高峰期比常规防治区推迟 10d 以上，生长后期叶色青绿时间延长 10d 以上，有效保证了光合作用的营养充分向荚果供应。

第六章　甘　薯

甘薯，属于旋花科、番薯属，又称番薯、红薯、地瓜、山芋等，是保障国家粮食安全的底线作物，有“甘薯救活了一代人”的说法，20 世纪 50—60 年代出生的人还有“一年甘薯半年粮”的记忆。

当前，甘薯是一种世界推崇的优良保健作物。研究证明，甘薯在抗氧化、保护肝脏及对动脉粥样硬化、修复脑细胞损伤、提高免疫力、预防肿瘤等方面，具有明显的药理和功能性作用；特别是紫薯，富含花青素，具有抗衰老、降血糖、护肾、护肝等生理功能。甘薯还是一种用途广泛的工业原料作物、生产燃料乙醇的能源作物、因地制宜增收的扶贫作物以及新兴的绿化和园林观景作物。随着甘薯新品种、新技术研究进程加快，其产量和品质均有了较大幅度提高，甘薯种植效益不断增加，现在的甘薯不仅可以烤着吃、蒸着吃、煮着吃，作食品加工原料，还可以吃叶、赏叶、观花。

目前形势下，适度发展甘薯产业对优化粮食供给、促进农民增收、助力脱贫攻坚，推进农业供给侧结构性改革、助力乡村振兴具有重要意义。山东省多地已将甘薯作为种植业结构调整中的优势作物，泗水地瓜、临沭地瓜、即墨地瓜已申请农产品地理标志，把小地瓜做成了带动农民增收的大产业。

第一节　甘薯脱毒种苗快繁及早熟栽培技术

随着市场对甘薯需求量的增加，甘薯健康种苗出现供不应求的态势。近年来，山东省济宁市以国家甘薯产业技术体系为依托，在汶上县、邹城市、泗水县等甘薯主要产区，耦合日光温室及大中小拱棚进行了甘薯健康种苗快繁，集成了绿色高效栽培技术，在满足市场对甘薯脱毒健康种苗需求的同时，进一步丰富了甘薯产业链，为甘薯丰产、稳产奠定了基础。

一、种薯选择

选择脱毒种薯前，需先确定目标品种，市场需求量不大的品种，繁育的种苗市场需求也相对较少。在山东省，目标甘薯品种，淀粉加工型的主要有济薯25、商薯19、徐薯32等；鲜食型品种主要有普薯32、烟薯25、龙薯9号等，黑斑病发生为害较轻的地区，可选用济薯26；特色品种如紫薯多选用济农51、济薯20等。没有种植过的品种，应慎重选用。用于薯苗繁育的脱毒种薯应来自农业科研单位等。

二、育苗基地及设施的选择

用于脱毒种苗繁育的基地，一定要远离甘薯种植区域，交通便利，排灌方便，壤土或者沙壤土。繁育设施以日光温室为最佳，最低温度低于–10℃的地区，日光温室山墙及后墙厚度不应低于50cm，后墙高2.6m，除了选用三防膜（防滴水、防雾化、防老化）作为增温膜外，要有保温被或者草苫等保温设施，确保严寒季节薯苗生长正常。耕作时间选在11月下旬，通过深耕不耙的方式，实现冻垡晒垡，达到改善土壤结构的目的。繁育种苗的日光温室应谨慎施用含有重金属的集中养殖食粮动物如鸡、猪等的粪便，以免造成甘薯出苗不整齐或者出苗后幼苗生长不良现象的发生。可通过施用生物菌肥（如有机质含量超过60%的木质素菌肥）的方式，提高土壤有机质含量，一般亩施用量为100～150kg。甘薯苗期对磷钾肥需求较低，可适当施用以培育壮苗，一般结合耙耢，亩施复合肥（$N:P_2O_5:K_2O=26:5:5$）50kg，施肥要均匀一致，防止施肥过于集中，造成烧苗现象。

三、整畦及排种

（一）整畦

日光温室繁育的脱毒甘薯苗是用来进行大拱棚扩繁的母苗，排种时间在鲁西南地区一般为1月上旬，排种前在日光温室内按照宽1.2m整成平畦，为了便于操作，畦与畦之间距离不少于80cm，将覆盖种薯上的土壤置于其中。整畦原则：南北向，畦面平整。畦面亩撒施1.0%阿维菌素颗粒剂3.0～4.0kg，撒施后轻中耕。

（二）排种

甘薯育苗有多种排种方式，为了便于出苗一致，提高一次性出苗量，一般以平排为宜。排种前，严格检查脱毒种薯品质，剔除冻伤、机械损伤及病虫为害的薯块，排种时种薯首尾相接，行距不低于 6cm，排种后浇透苗床，水完全浸下后，用过筛的细土覆盖，厚度一般为 1.0 ～ 1.5cm，再用 80% 福美双水分散粒剂 400 ～ 500 倍液与 1.8% 阿维菌素乳油 2 000 ～ 2 500 倍液混合喷施苗床，畦面覆盖厚度不低于 0.01mm 的白色地膜，保湿增温。

四、甘薯脱毒种苗苗期管理

（一）温度

温度管理是种薯出苗的关键，出苗期间，要求夜温不低于 15℃、昼温不高于 35℃，幼苗长到 15cm 时进行放风管理，白天温度 22℃，夜温不低于 12℃。

（二）水肥管理

炼苗期间一般不浇水，也不追施任何肥料，植株表现缺肥症状时如叶片发黄或者植株细弱，可用 100 ～ 150 倍生物菌液与 0.3% 磷酸二氢钾溶液混合喷施，一般 7d 1 遍，连续喷施 3 遍。

五、扩繁地块选择及施肥

用于脱毒种苗快繁的地块以沙壤土为宜，灌溉条件良好，便于建造面积不低于 300m² 的南北向大拱棚。地块 2 ～ 3 年内没有种植过薯芋类作物以及茄果类蔬菜作物。耕地方式采取冬前深耕，建棚后耙耢，通过“冻垡、晒垡、晾垡”等措施改良土壤，减少土传性病虫害发生及为害。因为脱毒薯苗扩繁与早熟栽培相结合，肥料施用不同于单纯的薯苗繁育，在满足甘薯对氮元素需求的情况下，应增加钾肥施用量，一般亩施三元复合肥（$N:P_2O_5:K_2O=15:15:15$）50kg+ 硫酸钾（12 ～ 15）kg+ 木质素菌肥 100kg，结合耙耢施用复合肥及钾肥，起垄时条施木质素菌肥。

六、大拱棚建造及起垄

鲁西南地区一般在2月中下旬栽培脱毒薯苗，大拱棚的建造时间应该安排在1月下旬至2月上旬，内径宽8.5m，顶高3.0m，仰角40°，所用金属棚架间隔距离为1.0～1.2m，其上采用“三防”（防雾化、防水滴、防老化）覆盖，放风口处密闭覆盖细度不低于60目的防虫网。大拱棚建造原则：抗风、抗压，保温性能好。扩繁地块采用起垄栽培，不仅有利于培育壮苗，而且便于甘薯的早熟栽培，垄距为85cm，垄高28～30cm，垄顶宽25～30cm，要求垄平整无大坷垃。

七、栽培及栽培后的管理

鲁西南地区多在2月下旬按照株距为25cm的船形栽培方式栽插薯苗，地上留3片顶叶，栽培穴稍凹陷。栽后每垄铺设1条滴灌带，滴灌带铺平拉直，确保滴水正常，其上覆盖宽度1.0m、厚度不低于0.008cm、中间白色、两边黑色的地膜。当棚内气温不高于12℃时，暂不掏苗。

（一）施肥

栽后缓苗期间，通过水肥一体化设施浇小水稳苗促缓苗。待薯苗长到25cm左右，腋芽开始萌发，结合浇水亩追施生物复合发酵菌液10kg左右，可减少土传性病害在甘薯苗期对植株根茎为害，同时能有效预防低地温对甘薯根系的伤害。当植株腋芽开始生长时，加大肥水供应，土壤湿度应保持在70%以上，结合浇水每次亩追施尿素3.5～4.0kg，切忌在通风不良的情况下，一次性追肥过多，造成气害或者肥害。剪苗前6d，一般不再浇水和追肥，可根据植株叶片形态，针对性喷施叶面肥，如叶片发红或者边缘干枯可喷施0.3%磷酸二氢钾溶液，叶片发黄可喷施氮含量高的叶面肥。

（二）温度控制

薯苗栽插后，温度管理是提高成活率的关键措施，夜温不低于10℃，昼温保持在30～33℃、不得高于35℃；炼苗期间可以适当降低温度，但平均最低温度不得低于12℃。随着气温的不断上升，刺吸式口器害虫如蚜虫、白粉虱等开始发生及为害，放风前务必要检查放风口防虫网覆盖是否严密，确保刺吸式口器害虫不通过放风口进棚为害。

（三）茎蔓管理

4 月下旬每株甘薯平均分枝数达到 14.5 条左右，每条分枝长度平均为 28.0cm。秧蔓管理原则："一看，二查"。"一看"是指看茎蔓长势，分枝少、顶叶卷曲的植株应及时拔除，带离种植田，远距离销毁；"二查"是指检查秧蔓叶片生长是否具有所栽植的甘薯品种特征，检查叶片生长是否正常，应拔除杂株，确保品种纯度，对那些植株叶片生长不正常的植株要"追根求源"，如发现有感染"SPVD"的植株应及早隔离拔除，远距离深埋。当薯蔓长到 38 ～ 40cm 时，在晴天的中午，距离茎蔓根部 5cm 处剪蔓，剪后的秧蔓以 100 株捆扎成一把，直立紧密地排列在阴暗处，要求地面潮湿，3 ～ 4d 后栽植或出售。剪蔓一直延续到 5 月中下旬，然后结合浇水，亩追施水溶肥（N：P_2O_5：K_2O=10：10：35）10 ～ 15kg，及时撤除棚膜，进入正常管理阶段。

八、病虫害综合防治

病害主要为蔓割病，此病属细菌性病害，由我国南方引进的鲜食甘薯品种如普薯 32 、浙薯 18 等上发生较重，发现病株及时拔除，并在病株生长地面上撒施生石灰，杀灭病菌。可用生物发酵菌液 100 倍液喷施植株根茎部进行预防，发病初期，用 77% 氢氧化铜可湿性粉剂 2 000 倍液根茎部喷雾防治，3d 喷 1 次，连续喷施 3 次。

常见的刺吸式口器害虫主要有白粉虱、蚜虫等，为害严重时，甘薯叶片背面常常覆盖一层灰黑色腐生菌，严重影响植株生长，同时造成 SPVD 病毒病在田间传播蔓延。可通过在棚内悬挂黄色粘虫板的方式进行物理防治。也可用 10% 吡虫啉可湿性粉剂 1 500 倍液与 4.5% 高效氯氰菊酯乳油 2 000 ～ 2 500 倍液混合喷雾防治。

九、收获

早熟甘薯收获时间一般在 7 月下旬至 8 月上旬，收获时尽量减少机械损伤以免影响商品品质，收获后的甘薯及时上市出售。

第二节　甘薯绿色高质高效栽培技术

甘薯具有高产、稳产、适应性广、抗逆性强等优点，为进一步搞好甘薯生产，可选择优良适宜品种，强化田间管理，提高单产和商品性以增加种植效益，通过多年的生产实践和技术指导，山东省农技专家集成了适合山东省种植的甘薯绿色高质高效生产技术模式，适合同生态区的其他地区参考。

一、产地环境

选择土层较厚、排灌良好的壤土或沙壤土地，最好选择生茬地或轮作 2 ～ 3 年的地块。

二、优选品种

根据市场需求和生产实际，选择通过国家登记的品质优良、产量高、适应性强、综合抗性好的甘薯品种类型。其中鲜食型品种可选用烟薯 25、济薯 26、普薯 32、龙薯 9 号等；淀粉加工型品种可选用济薯 25、商薯 19 等；色素加工型品种可选用济紫薯 1 号、烟紫薯 1 号等。薯脯加工型品种如济薯 26、济薯 5 号等。菜用型品种如福薯 18 等。这些品种商品性好，深受人们欢迎，如烟薯 25 被称为“山地蜜薯”，济薯 26 被称为“板栗薯”。

三、培育壮苗

育苗适期为 2 月下旬至 3 月上旬。选择健壮无病的种薯，剔除受冷害、湿害、病害和破伤的种薯。脱毒种薯用 10 ～ 15mg/L 赤霉素水溶液浸种 30min，未脱毒的种薯用 25% 多菌灵可湿性粉剂 500 倍液浸种消毒 10min，浸种后立即排种，一次配药可连续浸种 10 ～ 15 次。采用加温育苗法和露地育苗法育苗。苗床管理掌握前期高温催苗，中期平温长苗，后期低温炼苗的原则，苗龄达到 35d 即可采苗。

四、栽插前准备

（一）精细整地

土壤耕作层疏松是创造甘薯高产的重要条件。秋冬深耕（翻）土壤，深度20～25cm，经冬季长时间的风化，可促进土壤熟化，增加土壤通气性，促进土壤有益微生物活动，促进甘薯根系下扎和养分吸收，提高抗旱能力，对甘薯根系健壮生长极为有利。可实行隔季深耕。

甘薯起垄栽培可以提高地温，加大昼夜温差，利于排水，根据不同的土壤条件，采取不同的垄作方式。在易涝地、肥地或多雨年份，可采用大垄单行。垄距1.0m，垄高35～40cm，便于灌溉、排涝，使结薯层保持较好通气状况，对徒长有一定控制作用；在地势高、水肥条件较差的情况下，尽量采用小垄单行，垄距70～80cm，垄高25～30cm。

（二）施足基肥

整地起垄前一次性施足基肥，旱薄地增施有机肥，配合施用氮素化肥；肥力水平较高的地块增施钾肥。春薯每亩可施用腐熟有机肥（3 000～4 000）kg+纯氮（N）（3～5）kg+五氧化二磷（P_2O_5）（5～6）kg+氧化钾（K_2O）（8～10）kg；夏薯亩施纯纯氮（N）（3～4）kg+五氧化二磷（P_2O_5）（2～3）kg+氧化钾（K_2O）（5～8）kg，结合旋耕一次性施入。也可60%～70%的有机肥最好于冬季深翻前施入。早春起垄时将剩余的有机肥配合氮、磷、钾化肥开沟施入。

五、合理密植

栽植密度应根据土壤肥力、品种特性、栽插时间和方法等条件确定。丘陵旱薄地适当密植，平原水浇地种植密度适当降低。

春薯适期早栽，是增产的有效措施。一般在4月下旬至5月上旬，气温稳定在15～16℃，10cm地温稳定在17℃左右时，开始栽插比较适宜。春薯在肥水条件好的地块每亩栽插3 000～3 300株，瘠薄地每亩3 300～4 000株。

夏薯栽插则要抢时早栽，越早越好，最好6月中下旬完成。从6月下旬至7月中旬，每晚栽1d，平均减产2%左右，7月中旬以后减产幅度更大。夏薯每亩3 500～4 500株比较适宜。

六、科学栽插

（一）薯苗消毒

选用全株无病斑的壮苗，薯苗百株重500g以上，苗长20～25cm，顶3叶齐平，叶片肥厚、大小适中、颜色鲜绿，茎粗壮（茎粗0.5cm），节间短（3～5cm），有5～7节，茎上无气生根，茎中浆汁多，茎基部根系白嫩。为防止薯苗带病，可采用药剂浸苗。可用25%多菌灵可湿性粉剂800～1 000倍液，浸苗基部8～10min，防治黑斑病。可用20%三唑磷微囊悬浮剂100～150倍液，浸苗基部10 min防治茎线虫病。

（二）栽插方法

采用斜栽或平栽方式露3叶栽插，栽插深度一般以8～10cm，秧苗露地高度10～15cm。单垄单行的栽插株距20～25cm，单垄双行的交错栽插。不论哪一种土质，天气阴晴，即使是雨后栽插，都必须坚持浇窝水，以保证薯苗成活，争取全苗。封窝时为了保证成活要尽量多露母叶，一般留2～3节，露出3～4片叶，把其余母叶埋入窝内泥土中。封窝要严，抹平按实土壤，再盖一层干细土，以利保墒。露出的秧头要直立，不能横卧，以防热土灼伤顶芽。

七、精细管理

（一）肥水管理

甘薯生长期间一般不浇水，若久旱不雨，适当轻浇。若遇涝积水，应及时排出。施肥应掌握基肥为主，追肥为辅；农家肥为主，化肥为辅；氮、磷、钾平衡施肥的原则。甘薯生育期长，需肥量大，还应根据不同生育阶段追施化肥。长势弱可追氮肥，每亩用尿素量不超过7.5kg。追施氮肥宜早不宜迟，栽后一个月内追施增产效果显著，中期高温多雨不宜追肥。当甘薯进入块根迅速膨大期后，为防止茎叶早衰，可用0.5%尿素、2%～3%过磷酸钙、5%草木灰、0.2%磷酸二氢钾等溶液进行根外叶面喷肥，每隔7d喷1次，喷肥时间以傍晚为宜。

（二）中耕除草

没有地膜覆盖的地块，在栽秧后1周内，亩用72%异丙甲草胺乳油

120 ～ 130mL，兑水 50 ～ 60kg 喷雾地表，秧苗较大时可用 20% 精喹禾灵乳油 12.5 ～ 17.5mL 兑水 50 ～ 60kg 喷雾地表，喷雾时尽量避开薯苗。在茎叶封垄前中耕锄草 2 ～ 3 次，垄底深锄，垄背浅锄。

（三）化学控旺

春薯栽插后 45 ～ 60d、夏薯栽插后 40 ～ 45d 时，有旺长趋势的地块可亩用 5% 烯效唑可湿性粉剂 36 ～ 50g 兑水 30kg 均匀喷施茎叶，每隔 5d 喷施 1 次，连喷 2 次，控制茎叶旺长。

（四）病虫害防治

甘薯病害主要有茎线虫病、病毒病、黑斑病等，虫害主要有甘薯天蛾、斜纹夜蛾、金针虫、蛴螬等。要严格按照“预防为主，综合防治”的植保方针，坚持以“农业防治、物理防治、生物防治为主，化学防治为辅”的原则，防治甘薯生产中的病虫害。

1. 农业防治

建立严格的轮作制度，一般采用甘薯与花生、玉米等非旋花科作物轮作，轮作周期 3 年左右。

2. 物理防治

4 月下旬至 5 月上旬，田间安装频振式杀虫灯，诱杀鞘翅目、鳞翅目等主要害虫成虫，降低田间落卵量，减轻幼虫危害程度。

3. 生物防治

亩用 0.36% 苦参碱水剂 2 ～ 4kg 穴施，防治地老虎、蛴螬等地下害虫；在幼虫 1 ～ 2 龄期，亩用 16 000IU/mg 苏云金芽孢杆菌可湿性粉剂 100 ～ 150g，喷雾防治甘薯天蛾、斜纹夜蛾等地上害虫。

4. 化学防治

根据害虫种类和发生程度，生长期间可选用 20% 氯虫苯甲酰胺悬浮剂 8 ～ 10mL 或 4.5% 高效氯氰菊酯乳油 25 ～ 30mL，兑水 30 ～ 45kg 叶面喷雾，防治斜纹夜蛾、甘薯天蛾等。

八、适时收获

甘薯收获应根据不同用途适时进行，一般地温 18℃时开始（10 月上旬，寒露节气前后），到地温 12℃、气温 10℃ 以上时结束（10 月下旬，霜降节气前后）。在收获过程中应做到“四轻”，轻刨、轻装、轻运、轻卸。

第三节　鲁西南丘陵区鲜食甘薯水肥一体化种植技术

甘薯是鲁西南丘陵区主要粮食作物之一，多年来以种植淀粉型品种为主。随着粮食生产发展和市场消费需求多元化，甘薯逐渐向鲜食、食品加工、保健等多功能转变。鲜食甘薯近年来发展迅速，生产上取得显著经济效益和社会效益，绿色、优质产品成为甘薯生产的主要目标，也是丘陵区乡村产业振兴的有效途径。鲜食甘薯产品有其特殊要求，外观、颜色、味道要佳，商品价值要高，还要达到薯形匀称、薯皮光滑、肉色美观、耐储运等。2016 年以来，邹城市农技专家针对性开展了鲜食甘薯培育健康种苗、发展水肥一体化、安全储运等环节关键技术研究与开发，解决了当前鲜食甘薯生产技术管理粗放、产量低、品质不佳等难题，集成了一套适合鲁西南丘陵区鲜食甘薯生产的水肥一体化栽培技术规程，对于甘薯生产提质增效意义重大。

一、选择适宜地块

选择土层较厚、排灌良好的壤土或沙壤土地块，最好 3 年以上未种过薯芋类作物，或与花生、小麦、玉米等作物轮作，以减轻 SPVD、黑斑病等病害的发生程度。

二、选用优良品种

根据市场需求、土壤肥力、水浇条件、栽培技术水平等，选择高产、多抗、商品性好、通过国家或地方登记的优质专用甘薯品种。选用品种薯形美观，表皮光滑、色泽鲜艳，薯肉黄色或橘红色，熟食味佳，鲜薯含糖量 3% 以上。鲁西南地区土壤肥力较好地块可选用济薯 29、齐宁 18、龙薯 9 号等，瘠薄地块可选用济薯 26，轻沙壤土可选用烟薯 25、普薯 32 等。

三、培育健康种苗

健康种苗是鲜食甘薯生产提质增效的基础关键环节，是后期栽培管理不可逆转的措施。健康种苗标准：具有本品种特性，苗龄 30 ～ 35d，百株重 500g

以上，节数为 5 ～ 7 节，节间长 3 ～ 5cm，茎粗 0.5cm±0.1cm，顶 3 叶齐平、叶色浓绿、无气生根、全株无病斑。

（一）洁净苗床集中育苗

育苗基地应建在远离甘薯主产区 5km 以上，排灌方便、土壤疏松、肥沃，至少 3 年没有种过薯芋类作物的地块。附近没有密集设施蔬菜种植，除草剂使用较少。采用大拱棚集中育苗，选用耐老化、防雾、流滴膜作棚膜。种苗快繁育苗时，大拱棚膜上覆盖 60 目纱网隔离传毒昆虫灰飞虱、蚜虫等，降低病毒病发生概率。育苗苗床每平方米施充分腐熟的有机肥（5 ～ 7）kg+ 硫酸钾复合肥（N : P_2O_5 : K_2O=15 : 9 : 21）（100 ～ 150）g，肥料与洁净的苗床土均匀混合后平铺在苗床上，厚 5 ～ 8cm，再用 1.8% 阿维菌素乳油（800 ～ 1 000）倍液+50% 多菌灵可湿性粉剂 500 ～ 600 倍液喷施。

（二）选用试管苗或脱毒种薯

种薯快繁可使用试管苗繁殖，一般大田用苗用脱毒种薯繁殖。要求种薯无病虫、无冻伤、机械损伤，品种特性明显。排种前用 58% 甲霜 · 锰锌可湿性粉剂 600 倍液浸种 10min 消毒。

（三）合理排种并加强苗床管理

济薯 26 等萌芽性较好的品种采用平排法，种薯首尾相连，间距 5 ～ 6cm，每平方米用种量 20 ～ 25kg，烟薯 25 等萌芽性较差品种采用斜排法，首尾相压不超过 1/3，间距 3 ～ 4cm，每平方米用种量 25 ～ 30kg。育苗前期覆盖地膜保温，使床温迅速上升到 29 ～ 32℃，保持 5 ～ 7d，提高地温，确保快出苗、出壮苗。中期保持温度 27 ～ 30℃、土壤湿度 70% ～ 80%，催炼结合，平稳长苗。栽插前 3 ～ 4d 降温至 20 ～ 25℃通风炼苗，通风口由小到大，夜晚不再关闭通风口以培育壮苗。

（四）高剪苗采苗

在离地表面 3 ～ 5cm 处，用消毒后的剪刀剪苗，避免拔苗造成种薯伤口，减少黑斑病等传染，促进剪苗后的基部出芽，增加苗量。剪苗后 2 小时内不要浇水，促进采苗伤口愈合。

四、深耕整地，适期适法栽插

甘薯种植区多在丘陵旱地，土层较浅，要深耕整地，培创深厚疏松的土壤条件。耕翻深度 20 ～ 30cm，深耕结合起垄，加大垄距、提高垄高，垄距 90 ～ 95cm，垄高 25 ～ 30cm，垄距均匀，垄面平整，垄沟深窄，便于机械操作。耕翻时亩基施充分腐熟的有机肥 3 000 ～ 4 000kg 或生物有机肥（有机质 ≥ 45%，$N+P_2O_5+K_2O$ ≥ 5%）50kg，化肥全部采用水肥一体化生育期追施。

（一）栽插时间

根据品种特性和市场需求合理确定栽插时期，早收地块 4 月 15 日前后，日平均气温稳定在 15℃时栽插，春薯 5 月上中旬适期晚栽，避免过早栽插生育期延长，薯块过大或易感病，商品性降低；夏薯抢时早栽，减少小薯数量，提高商品薯率。

（二）栽插方法

栽植以船型栽插、斜插法为宜，春薯地表以上不超过 4 个叶（包括顶叶），夏薯 1 ～ 2 个叶，其余部分连同叶片全部埋入土中，栽插深度为（5±2）cm，每穴浇水 500 ～ 700mL，水干后用细土封掩。

（三）合理密度

掌握“肥地宜稀，薄地宜密”原则，丘陵旱薄地密度适当提高，水浇地种植密度适当降低。春薯亩栽插密度一般 3 000 ～ 3 500 株，夏薯亩栽插密度 3 500 ～ 4 000 株。

（四）布设肥水一体化设施，覆盖地膜

选用 16mm 单翼迷宫式滴灌带，薯苗栽植后顺甘薯垄向铺设，开孔方向朝向薯苗，单支滴灌带长度不超过 80m；主管用 650mm PE 滴灌管，按照滴灌带间距开孔用旁通开关与滴灌带连接牢固。布设滴灌设备后，垄沟用厚度（0.01±0.002）mm 黑色地膜覆盖，边覆膜边掏苗，用土压实薄膜四周，避免薯苗烫伤。机械栽插可使用黑白双色地膜，起垄、铺管、覆膜、栽插一次性完成。为适应甘薯种植区水源缺乏条件，滴灌设备按 20 ～ 25 行分组安装，便于后期追施肥水轻便、实用。水源不充足时可用水车拉水，将肥料按目标使用量兑入水中，使用电瓶车电瓶做动力进行追肥浇水。

五、水肥一体轻简化管理

水肥一体化管理，水、肥、药耦合一体化施入，平衡各生育期需水需肥

量，控制前期旺长，提高甘薯商品性，省水、省肥、省工、高效。要抓好苗期和薯块膨大期两个关键时期，简化管理措施，优化水肥供应。

（一）苗期

甘薯栽插后30～45d，进入分枝结薯期，结合浇水追肥1次。亩用大量元素水溶性肥（N∶P_2O_5∶K_2O=16∶6∶36）（5～7.5）kg，浇水5～8m^3，促进甘薯结薯和秧蔓生长。

（二）薯块第2次膨大期

8月上旬后薯块进入第2次膨大期，是甘薯需肥、需水高峰期，随水施肥2～3次，间隔10d左右。共亩追施大量元素水溶性肥（N∶P_2O_5∶K_2O=16∶6∶36）（20～30）kg，用水量视田间水分状况而定，干旱严重时亩用水量8～10m^3，正常年份亩用水量5～8m^3。

（三）化学调控旺长

春薯栽植后50～60d，夏薯栽植后35～40d出现旺长趋势，可亩用5%烯效唑可湿性粉剂（80～100）g+50%多菌灵可湿性粉剂（80～100）g+98%磷酸二氢钾（40～50）g，兑水30kg左右，喷洒茎叶控制旺长，避免早衰。旺长严重地块，间隔3～5d再喷1次，连喷2～3次。尽量减少药液喷到地面上，避免土壤中积累残留危害下茬作物。

六、病虫草害绿色防控

甘薯主要病害有病毒病、茎线虫病、根腐病、黑斑病、白绢病等病理性病害和生理性黑皮等生理性病害，主要害虫有金针虫、蛴螬、斜纹夜蛾等，杂草单、双子叶共生，苋、马齿苋、铁苋菜和莎草科等杂草防治难度大。防治实施封闭除草，病虫以预防为主、综合防治、绿色防控，全面控制病虫草害。

（一）栽插后封闭除草

栽插覆膜后，可亩用96%精异丙甲草胺乳油90～100mL，或330g/L二甲戊灵乳油（150～200）mL+240g/L乙氧氟草醚乳油20mL，兑水60～75kg，喷施垄沟封闭除草。

（二）生态防治

实行净地、净薯、净苗，与非薯芋类作物轮作3年以上，培育健康种苗，高剪苗采苗，适时栽插和收获，强化田间管理，减轻病理性、生理性病害发生。

（三）物理防治

4月下旬至5月上旬，田间安装频振式杀虫灯，诱杀鞘翅目、鳞翅目等主要害虫成虫，降低田间落卵量，减轻幼虫为害程度。

（四）化学防治

1. 栽插期防治

移栽前薯苗用50%多菌灵可湿性粉剂50g+30%三唑磷乳油500g与过筛的细土掺和均匀，加水适量，搅拌成泥浆蘸根，立即栽插，可预防甘薯根腐病、黑斑病，防治地下害虫。栽植时亩用10%噻唑磷颗粒剂（1～1.5）kg+70%吡虫啉可湿性粉剂100g定植水浇穴后穴施，可防治甘薯茎线虫、地下害虫。也可在栽植时亩用6%精甲·咯·噻呋悬浮种衣剂100g+ 20%噻唑膦水乳剂500g，兑入定植水中，栽秧后穴施。

2. 生长期防治

根据害虫种类和发生程度，选用20%氯虫苯甲酰胺悬浮剂8～10mL或4.5%高效氯氰菊酯乳油25～30mL，兑水30～45kg叶面喷雾，防治斜纹夜蛾、甘薯天蛾等。

七、适期收获，安全储藏

（一）适期收获

根据市场需求、价格效益适时收获，早春栽植掌握栽后120d左右收获，春薯10月择期收获，夏栽留种薯栽在地温12℃、气温10℃时收获完毕，保证薯块生活力，减少储存期损失。鲜食甘薯收获时剔除破伤、病虫为害薯块，用周转箱盛放，避免表皮破损，影响商品性和耐储力。

（二）安全储藏

使用大型恒温库或井窖储藏。甘薯入库前，储藏库（窖）要全面清扫消毒，用50%咪鲜胺锰盐可湿性粉剂500～600倍液消毒。入库应选择无病、无损伤、无冻害薯块，用50%咪鲜胺锰盐可湿性粉剂500～600倍液杀菌，储藏量一般占整个储藏窖空间的2/3。窖温以11～14℃为宜，窖内湿度以80%～90%为宜。不同品种甘薯由于储藏温度、湿度存在差异，要分开储存，提高储存安全性。

第七章　其他谷物

第一节　谷子绿色优质生产技术

一、整地施肥

（一）选地

谷子对茬口反应比较敏感，忌重茬，谷子重茬易造成病虫害加重、草荒、土壤养分失衡等问题。因此，在地块选择上要求地势平坦，保水保肥，排水良好，肥力中等的地块，避免选择重茬地块。

（二）整地

农谚道“不怕谷粒小，就怕坷垃咬”。如果不精细整地，种子幼根不易与土壤结合，同时坷垃多，土壤水分易蒸发，因此，要精细整地，防旱保墒，保全苗。前茬作物收获后，要立即灭茬深耕，耕深 20 ～ 25cm，耕后及时耙耱保墒，消除坷垃。干旱年份，为了保墒和出苗，可只耙不耕，直接播种。

（三）增施磷钾肥

由于金谷种植是耧播等行距，中后期施肥比较困难，要求整地前亩基施过磷酸钙 15kg、硫酸钾 10kg，提高作物的抗倒伏性。

二、科学播种

（一）精选良种

选用适宜本地栽培的优良品种，如济谷13、鲁谷10号、菠菜根、拔谷子、晋谷21等，引用外来品种需经两年试种后方可推广应用。

（二）种子处理

1. 晒种

播前选晴好天气进行翻晒2～3d，以杀死病菌，减少病源，提高种子发芽率。

2. 选种

播前2～3d，将种子放在浓度为10%～15%的盐水中，捞出漂在水面上的秕谷、草籽及杂质，然后将下沉籽粒捞出，用清水洗2～3遍，晾干。盐水选种，能较好地提高种子发芽率和出苗率。

3. 药剂拌种

防治地下害虫如蛴螬、蝼蛄、地老虎，可用50%的辛硫磷乳油按种子种量的0.2%拌种，闷种4h后晾干播种。防治谷子白发病、黑穗病，可播前用62.5%精甲咯菌腈（亮盾）10mL兑水30mL拌1～1.5kg，或25%甲霜灵可湿性粉剂按种子重量的0.2%～0.3%拌种，防治效果良好。

（三）适期播种

根据品种生育期，气候条件合理确定播期，一般芒种节气左右播种，使孕穗期正好处于7月中下旬，避免“卡脖旱”。旱情严重时可提前5～6d播种，雨多墒足时应延后7～8d播种；如缺墒严重，可“豁干深墒”，即先空耧开沟扒开干土，再带籽探墒播种，播后及时踩压，防止晾墒。

（四）科学播种

亩播种量0.75kg为宜。等行距播种，行距23～25cm，播种深度3～5cm，土壤含水量小于13%时，可适当深播，但不宜超过6cm。播后要随耧镇压，但土壤过湿时应晾墒后再镇压。

三、田间管理

（一）砘压

播后 2 ～ 3d，当种子发芽后还未出苗时，午后顺垄砘压，俗称“黄芽砘”，破除板结，帮助出苗，避免烧芽，但土壤过湿时不宜进行。当谷子长到 1 叶 1 心即猫耳朵时，在 11：00—16：00 再顺垄砘压一次，称“压青砘”，可控上促下，使小苗茁壮，根系发达，增强抗倒能力。

（二）补苗

出苗后发现缺苗断垄，可在谷苗 4 ～ 5 叶时雨后移苗补栽，移栽后要连续 3d 早晚浇水保苗，保证成活率。

（三）间苗

俗语“苗间一寸，等于上土粪”，谷苗 4 ～ 5 叶时间苗，6 ～ 7 叶时定苗，留苗密度应根据土壤肥力、施肥情况以及地势、地形、通风透光等情况掌握，一般株距 6 ～ 8cm，亩留苗 3 万～ 4 万株。中等肥力田宜稠，上等肥力田宜稀。

（四）清垄

8 叶龄时，要逐垄检查，清除病株、虫株、杂草，并去掉分蘖，减少水肥消耗，使植株整齐一致，苗脚清爽，通风透光。

（五）中耕

在清垄时或清垄后进行深中耕，深度 8 ～ 12cm，刨断部分侧根，促进根系发育，控制基部茎节伸长，使茎秆粗壮，防止后期倒伏。

（六）追肥

拔节期至抽穗期的一个月内，于雨后亩追施 8 ～ 10kg 尿素，追肥后及时覆盖。为防“夹秋旱”，防治早衰，减少秕粒，增加粒重，抽穗期用 150g 尿素、18g 磷酸二氢钾、18g 硼酸兑水 7.5kg，配成溶液进行叶面喷施，亩用量 150 ～ 150kg。

（七）合理化控

在谷苗拔节初期株高30cm左右时，使用谷子化控专用剂及时进行第1次化控。在株高70cm左右时，如有旺长现象，可补喷一次专用化控剂。

（八）排水防涝

谷子后期最怕雨涝积水，雨后要及时排出积水并浅中耕松土，改善土壤通气条件，有利于根系呼吸，灌浆成熟。

（九）去杂去劣

收获前去掉病穗、杂穗。

四、防治病虫害

（一）防治原则

根据病虫害的发生规律，结合天气预报，做到以预防为主，重点采用抗病品种、轮作倒茬、拔除病株等农业措施，以及灯光、枝把、糖醋液诱杀等物理措施，防治病虫为害。尽量使用生物源农药、植物源农药、矿物源农药防治，如确需使用化学药剂防治，应选用高效低毒农药，做到对症、适时、限量、轮换，严格控制安全间隔期。

（二）主要病虫害防治措施

1. 白发病

谷子常见病害，定苗时拔除“灰背、白尖”病株，齐穗后拔除“枪杆、刺猬头”，防止病害蔓延；适期播种，促早出苗、出壮苗，实行3年以上轮作；用种子重量的0.3%的甲霜灵·锰锌58%可湿性粉剂（瑞毒霉）拌种。

2. 谷瘟病

用种子重量的0.3%的甲霜灵·锰锌58%可湿性粉剂（瑞毒霉）拌种。

3. 黑穗病

用种子重量0.2%的40%拌种双可湿性粉剂拌种。

4. 粟灰螟

在拔节期至抽穗期间，用50%辛硫磷乳油0.3～0.5kg加细土300～500kg，拌匀后顺垄撒在谷苗上；或用2.5%溴氯菊酯或20%氯戊菊酯3 000倍液喷雾；或用苏云金杆菌粉 500g 加 10 ～ 15kg 滑石粉或其他细粉混匀配成 500 倍液喷雾。

5. 黏虫

用 2.5% 溴氰菊酯或 20% 氯戊菊酯 3 000 倍液喷雾。

五、适时收获

谷子适宜收获期在蜡熟末期至完熟期。当谷穗背面没有青粒，谷粒全部变黄、硬化后及时收割。连秆割倒，在田间“歇腰”3 ～ 5d 使谷子充分熟后，再切穗脱粒，也可机械收获。

脱粒后及时筛选、晾晒使含水量降至 13% 时入库储藏。在避光、低温、干燥、无污染条件下保存，严禁与有毒、有害、有异味的物品混存。

第二节　高粱夏直播绿色高产栽培技术

高粱是 C_4 作物，抗旱、耐涝、耐盐碱、耐贫瘠、耐高温性较强，抗病抗逆性好。高粱生育期光温需求与玉米相近，非常适合规模化、机械化、标准化种植。高粱作为小品种作物，种植面积较少，邹城酒企以调入外地高粱为主。为丰富当地粮食种植结构，为酒企提供优质原料，提高农民种植效益，2021—2022 年，邹城市农技专家连续 2 年引进济粱系列酿酒高粱品种开展试验示范，筛选适应当地种植的高粱品种并探索配套绿色高效栽培技术。试验表明，2 年平均亩产量为 647.92kg，丰产性良好，按当年销售价格 3.2 元 /kg 计算，亩产值达 2 225.88 元，较玉米种植亩纯效益增加 183.45 元。随着白酒新国标的出台，高粱在原来食用 + 酿造用的基础上，在酿造方面优势凸显。山东省作为白酒酿造大省，高粱需求量高，产业前景广阔。

一、优选品种

引进品种为济粱 4 号，由山东省农业科学院作物研究所以晋长早 A×R1235 选育的半糯型酿造高粱杂交种，登记编号为 GP 天高粱（2022）370071。

二、适应性表现

2021年示范种植15亩，2022年种植150亩。2年均为小麦贴茬种植，6月13日播种，10月13日收获，播种、田间管理、收获全程机械化操作，生育期为120d左右。2年试验示范结果表明，济梁4号出苗整齐，田间长势一致，茎秆粗壮，收获时植株中上部叶片仍为深绿色，抗倒性和适应性强，综合性状好。邹城平原地区种植该品种株高略高，千粒重增加，增产潜力较大。

（一）耐旱涝性

该品种出苗期不耐旱，若播种后无降雨，需喷灌浇水。2022年播后干旱，未浇水地块出苗率为52.3%～58.7%，浇水地块出苗率为78.6%～86.4%。出苗后耐旱耐涝，2021年8中旬至9月中旬和2022年6月下旬至7月邹城地区连续降雨，田间积水，济梁4号生长正常，而相邻地块玉米受淹，对生长发育和灌浆影响较大。

（二）抗病虫能力强

2年种植过程中，秋季叶部病害高粱煤纹病、大斑病、条纹病发生较轻；丝黑穗病发生轻；蚜虫发生重，该品种受害较轻。但由于高粱种植面积小，高粱条螟、玉米螟集中为害，受害较重，2021年高粱条螟大面积发生，籽粒被啃食较多。

（三）对除草剂敏感

前茬麦田使用禾本科除草剂氟唑磺隆、炔草酯等应用较晚、用量较大，影响高粱出苗和生长发育，导致出苗率降低，开花结籽、成熟延迟。

（四）丰产性好

种植密度适应范围广，丰产性好。2021年收获时平均密度为9 634.8株/亩，平均株高为184.22cm，穗长为34.43cm，穗粒重为54.91g，每穗粒数为2 575.32粒，千粒重为24.18g，实收产量为589.66kg/亩。2022年平均密度为7 337.08株/亩，平均株高为168.51cm，穗长为36.25cm，穗粒重为99.48g，每穗粒数为3 805.16粒，千粒重为28.11g，实收产量为706.18kg/亩。

三、栽培技术

（一）整地施肥

前茬小麦机械化收获，秸秆长度≤ 5cm，不进行土壤耕翻，贴茬播种高粱。采用农哈哈 2BXF-12 高粱专用播种机精量播种，结合播种亩施生物有机肥 100 ～ 150kg、三元复合肥（$N:P_2O_5:K_2O$=15∶15∶15）（40 ～ 50）kg，种肥同播。

（二）种子处理

播种前种子要进行预处理、晒种及包衣。选择籽粒饱满、表面光滑的种子，发芽率不低于 85%，播种前选择晴朗天气，将种子在平整地面上晒种 3 ～ 4d，晒种时要及时翻种，防止种子晒伤。播种前 6 ～ 12 h ，每千克种子用 31.9% 戊唑·吡虫啉悬浮种衣剂 3 ～ 6g 或 27% 苯·咯·噻虫悬浮种衣剂 3 ～ 5g 进行包衣处理，在阴凉处风干后播种，预防茎腐病和丝黑穗病、散黑穗病等，防治高粱苗期害虫，提高种子发芽率。

（三）抢时早播

前茬小麦收获后抢时早播，坚持抢时不等墒原则，一般在 6 月中旬播种完毕。亩播种量在 0.35 ～ 0.5kg，播种行距为 50 ～ 60cm，高温干旱适当加大播种量，采用密植栽培。播种深度为 3cm 左右，要求播种深浅一致，种子不外露，播种过深容易造成缺苗断垄。播后使用专用镇压机镇压 1 ～ 2 遍，注意压干不压湿，压沙不压黏。

适宜高粱出苗的土壤含水率为 65% ～ 70%，若天气干旱或播种期气温过高，播后要浇灌出苗水，切忌大水漫灌，可采用喷灌浇水，保护种子有效出苗。

（四）间苗定苗，合理密植

出苗后及时查苗补苗，缺苗较多时，可催芽补种或带土移栽补苗，可趁雨天移栽或栽后浇足水。幼苗长到 3 ～ 4 叶时间苗，间苗时去强去弱，保留长势均匀一致的幼苗，避免大苗欺小苗，提高幼苗整齐度。 5 ～ 6 叶拔节前定苗，结合间苗、定苗，留苗密度为 8 000 ～ 10 000 株 / 亩，肥地宜稀，薄地宜密。

（五）苗期除草

高粱播种后往往遭遇干旱天气，播后苗前除草效果较差，可以采取苗期除草。在幼苗 3 ～ 5 叶期，使用 40% 二氯·喹啉酸·莠去津悬浮剂 160 ～ 180mL 或 66% 氟吡·莠去津可湿性粉剂 60 ～ 75g 兑水 30 ～ 45kg，全田均匀喷雾，可有效去除马唐、牛筋草、藜、苋、马齿苋、龙葵、苍耳等常见杂草。也可结合中耕，人工除草，松土保墒。

（六）肥水管理

高粱耐旱耐涝，需肥量大。8 ～ 12 叶高粱拔节孕穗期后，进入需肥高峰期，在播种期施肥的基础上，可亩追施尿素 10 ～ 15kg，促穗大粒多；田间土壤水分应保持在 75% 以上，低于 70% 应及时浇水。

（七）综合防治病虫害

高粱茎腐病、叶斑病和高粱条螟、玉米螟、桃蛀螟等害虫为害重，是影响高粱产量和品质的重要因素，应切实做好病虫调查，采取物理、生物、化学防治措施，及时开展防治。

1. 物理防治

高粱播种的同时，在田间安装频振式杀虫灯，按照单灯控制范围为 25 ～ 30 亩的标准进行棋盘式布局，可杀灭鞘翅目蛴螬、金针虫和鳞翅目蛾类害虫成虫，减少田间落卵量，减轻幼虫密度。

2. 生物防治

选用枯草芽孢杆菌、中生菌素、春雷霉素等防治高粱茎腐病、炭疽病、叶斑病等，选用阿维菌素、苦参碱、藜芦碱、印楝素等防治高粱条螟、玉米螟、桃蛀螟等害虫。

3. 化学防治

高粱抽穗后亩使用 40% 氯虫苯甲酰胺·噻虫嗪悬浮剂（4 ～ 5）g+75% 戊唑醇水分散粒剂（4 ～ 5）g+98% 磷酸二氢钾（80 ～ 100）g 兑水，使用植保无人机田间喷雾防治病虫害，促进籽粒形成、灌浆成熟。视田间病虫发生情况，间隔 7 ～ 10d 防治 1 次，最后一次防治应确保大于安全间隔期，以保证粮食安全。

（八）适时机械收获

10月上旬高粱籽粒蜡熟末期，由白色转为红褐色，稍有黄色，变硬而有光泽，穗下部籽粒内含物凝结成蜡状，含水量降到20%左右为最佳收获期，使用高粱专用联合收获机或小麦、大豆联合收获机改装的高粱收获机进行收获。收获时机械行进速度控制在6km/h以下，尽可能减少机械损失和破损、杂质。收获后及时晾晒或烘干，当含水量降到14%以下时进行精选、储藏或加工。

中篇

经济作物

第八章　蔬　菜

第一节　设施蔬菜高效栽培新模式及配套技术

济宁市自 20 世纪 90 年代初引进设施蔬菜种植技术，经过 30 多年的发展，设施蔬菜产业已成为现代高效农业发展的重要标志。全市实现了蔬菜周年供应，设施种植极大地提高了蔬菜产量和种植效益，是当地农民增收致富的重要途径。但是由于长期单纯考虑种植效益，茬口安排不合理，尤其茄果类、瓜类和豆类等蔬菜进行长期连作，加上设施覆盖阻隔，造成设施蔬菜连作障碍、病虫害加重，导致蔬菜产量和品质下降，甚至出现食品安全等严重的问题。

采用合理的套、间、轮作方式是解决设施蔬菜连作障碍的有效方法。为了促进设施蔬菜高效持续发展，济宁市农技专家探索总结了一些适合本地生产的高产高效多茬栽培新模式，结合温室一大茬栽培模式，在不影响经济效益的情况下，进行轮作换茬。以下栽培模式可供济宁市乃至山东省蔬菜种植户选择应用。

一、设施蔬菜周年栽培模式

（一）日光温室周年栽培模式

日光温室保温效果好，茄果类、瓜类和豆类等喜温蔬菜可安全越冬生产。这类蔬菜采收期长、产量高、效益好，生产上一般将它们作为日光温室主要茬口来安排全年蔬菜生产。

1. 日光温室秋延后番茄—深冬短季叶菜类—冬春茬番茄—鲜食玉米

茬口安排：秋延后番茄 7 月上旬播种育苗，8 月上旬定植，9 月中旬开始采收，11 月中下旬拉秧；深冬绿叶菜（小油菜、皱叶生菜、小白菜等）10 月下旬播种育苗，11 月下旬定植，翌年 1 月上旬收获；冬春茬番茄 11 月中下旬育苗，翌年 1 月中下旬定植，3 月上中旬开始采收，6 月上旬拉秧。鲜食玉米 4 月中旬点播在番茄行两侧，7 月上旬采收上市。

产量与效益：秋延迟番茄亩产 4 000kg、亩产值 20 000 元左右，绿叶菜亩产 2 000kg 、亩产值 8 000 元左右，冬春番茄亩产 4 000kg、亩产值 15 000 元左右。鲜食玉米按穗售卖，每穗售价 1 ～ 1.5 元，亩产值 4 000 元左右。该模式年亩产值 47 000 元、亩纯收益 36 000 元左右。

2. 日光温室冬春番茄—豇豆—夏秋小白菜

茬口安排：冬春番茄 9 月中下旬育苗，10 月下旬定植，翌年 1 月底开始收获，3 月中旬收获结束；豇豆 3 月初点播于番茄行两侧，5 月中旬采收，7 月中旬收获结束；夏秋小白菜 7 月中下旬直播，9 月上旬收获结束。

产量与效益：冬春番茄亩产 5 000kg 、亩产值 20 000 元左右，豇豆亩产 4 000kg，亩产值 20 000 元左右，夏秋小白菜亩产 3 000kg、亩产值 6 000 元左右。该模式年亩产值 46 000 元、亩纯收益 35 000 元左右。

3. 日光温室西葫芦—茄子—秋花椰菜

茬口安排：西葫芦 9 月中旬育苗，10 月下旬定植，12 月上旬开始采瓜，翌年 3 月底收获结束；茄子 1 月上旬育苗，4 月初定植，5 月中旬门茄上市，7 月下旬采收结束；秋花椰菜 6 月中旬育苗，7 月下旬定植，10 月中旬收获结束。

产量与效益：西葫芦亩产 6 000kg 、亩产值 35 000 元左右，茄子亩产 3 000kg、亩产值 8 000 元左右，秋花椰菜亩产 1 500kg、亩产值 4 000 元左右。该模式年亩产值 47 000 元、亩纯收益 36 000 元左右。

4. 日光温室冬春茄子—豇豆—秋甘蓝

茬口安排：冬春茄子 8 月上中旬育苗，9 月中旬定植，翌年 1 月底开始采收，4 月下旬收获结束；豇豆 4 月初点播于茄子行两侧，6 月上旬始收，7 月下旬收获结束；秋甘蓝 6 月中旬育苗，7 月下旬定植，10 月中旬收获结束。

产量与效益：冬春茄子亩产 6 000kg、亩产值 30 000 元左右，豇豆亩产 3 000kg、亩产值 12 000 元左右，秋甘蓝亩产 2 000kg、亩产值 4 000 元左右。该模式年亩产值 46 000 元、亩纯收益 35 000 元左右。

（二）大拱棚周年栽培模式

大拱棚保温效果不如日光温室，通过多层保温可以进行喜温蔬菜早春季、秋延迟栽培或耐寒蔬菜越冬栽培。根据这一特点，合理安排茬口，充分利用大棚内空间，提高经济效益。

1. 大棚早春马铃薯—夏小白菜—秋延后芹菜

茬口安排：早春马铃薯 2 月中旬定植，5 月中下旬收获；夏小白菜 7 月初直播，9 月上旬收获结束；芹菜 7 月底育苗，9 月中旬定植，元旦前后收获。

产量与效益：早春马铃薯亩产 2 500kg 、亩产值 5 000 元左右，夏秋小白菜亩产 3 000kg、亩产值 6 000 元左右，芹菜亩产 5 000kg、亩产值 10 000 元左右。该模式年亩产值 21 000 元、亩纯效益 16 000 元左右。

2. 大棚早春茄子—夏白菜—秋延迟黄瓜

茬口安排：早春茄子 12 月下旬育苗，翌年 3 月下旬定植，5 月上旬始收，7 月上旬收获结束；夏小白菜 7 月初直播，9 月上旬收获结束；秋延迟黄瓜 8 月中旬育苗，9 月上旬定植，11 月中旬收获结束。

产量与效益：早春茄子亩产 3 000kg 、亩产值 8 000 元左右，夏秋小白菜亩产 3 000kg、亩产值 6 000 元左右，秋延迟黄瓜亩产 4 000kg、亩产值 7 000 元 。该模式年亩产值 21 000 元、亩纯收益 16 000 元左右。

3. 早春番茄—秋菜花—越冬菠菜

茬口安排：早春番茄 12 月下旬育苗，翌年 3 月下旬定植，5 月上旬始收，7 月上旬收获结束；秋菜花 6 月中旬育苗，7 月下旬定植，10 月中旬收获结束。菜花 7 月初直播,9 月上旬收获结束；越冬菠菜 9 月下旬播种，翌年 1 月底开始采收。

产量与效益：早春番茄亩产 5 000kg、亩产值 10 000 元左右，秋菜花亩产 1 500kg、亩产值 4 000 元左右，越冬菠菜亩产 3 000kg、亩产值 6 000 元。该模式年产值 20 000 元、纯收益 15 000 元左右。

4. 早春黄瓜—豇豆—雪里蕻

茬口安排：早春黄瓜 1 月中旬育苗，3 月下旬定植，4 月中旬上市，5 月下旬采收结束。豇豆 5 月上旬点播于黄瓜行两侧，6 月下旬上市，7 月下旬采收结束；雪里蕻 8 月上旬播种，11 月上旬采收。

产量与效益：早春黄瓜亩产 5 000kg、亩产值 10 000 元左右，豇豆亩产 2 500kg、产值 7 500 元左右，雪里蕻亩产 2 000kg、亩产值 4 000 元。该模式年产值 21 500 元、纯收益 16 500 元左右。

（三）小拱棚及地膜覆盖周年栽培模式

在以露地蔬菜生产为主的地区，通过运用高产早熟品种、小拱棚、地膜、育苗移栽等一系列早熟栽培技术，对蔬菜作物进行合理搭配组合，可以提高菜田复种指数和土地利用率，显著增加蔬菜产量和效益。

1. 春鲜食玉米—夏小白菜—越冬菠菜

茬口安排：春鲜食玉米 3 月中旬直播，小拱棚覆盖，7 月上旬收获；夏小白菜 7 月上旬直播，9 月上旬收获；越冬菠菜 9 月下旬播种，可用小拱棚覆盖，提前收获。

产量与效益：春鲜食玉米按穗售卖，亩产值 4 000 元左右；夏小白菜亩产 3 000kg 、亩产值 6 000 元左右，越冬菠菜亩产 3 000kg、产值 4 000 元左右。该模式年亩产值 14 000 元、亩纯收益 11 500 元左右。

2. 春花椰菜—夏豇豆—薹菜

茬口安排：春花椰菜 3 月上旬定植，5 月上旬收获；夏豇豆 5 月上旬直播，6 月下旬上市，7 月下旬采收结束；薹菜 8 月上旬播种，10 月下旬采收。

产量与效益：春花椰菜亩产 1 500kg 、亩产值 4 000 元左右，豇豆亩产 3 000kg、亩产值 6 000 元左右，薹菜亩产 2 000kg、亩产值 4 000 元。该模式年亩产值 14 000 元、亩纯收益 11 500 元左右。

3. 春萝卜—鲜食玉米—秋芹菜

茬口安排：春萝卜 3 月上旬直播、小拱棚覆盖，4 月中旬收获；鲜食玉米 4 月中旬播种，7 月下旬收获；芹菜 7 月下旬播种，10 月中下旬收获。

产量与效益：春萝卜亩产 1 500kg、亩产值 4 000 元左右；鲜食玉米按穗售卖、产值 4 000 元左右，芹菜亩产 4 000kg 、亩产值 6 000 元左右。该模式年亩产值 14 000 元、亩纯收益 11 500 元左右。

4. 春甘蓝—豇豆—秋大白菜

茬口安排：春甘蓝 3 月上旬定植，5 月上旬收获；豇豆 5 月上旬定植，6 月下旬上市，7 月下旬采收结束；秋大白菜 8 月上旬播种，11 月中下旬采收。

产量与效益：春甘蓝亩产 2 000kg、亩产值 4 000 元左右；豇豆亩产 3 000kg、产值 6 000 元左右；秋大白菜亩产 5 000kg、亩产值 4 000 元左右。该模式年亩产值 14 000 元、亩纯收益 11 500 元左右。

二、设施蔬菜周年栽培技术要点

（一）选择合适的优质品种

日光温室冬春季节栽培的茄果类、瓜类、豆类蔬菜，要选择耐低温、耐弱光、抗病性强、节间短、雌花率高、对肥水要求不高的早熟品种；夏季高温季节栽培的蔬菜，要选择耐热、耐湿、抗病、适合消费者需求的品种。

（二）育苗或订购种苗

随着集约化育苗产业的兴起，鼓励农户向育苗企业订购优质种苗，降低种植失败的风险。没有条件的农户可以自育苗，冬春季育苗关键技术是保温防病，预防猝倒病、立枯病，采取苗土混药、苗床喷药的措施，同时加强灾害性天气管理；夏秋季节育苗关键技术是降温防虫，采取遮阳网覆盖降温、防虫网全程封闭覆盖防虫。

（三）整地施肥

每茬作物之间尽量有修整土地的时间，减少病虫害的发生。前茬收获后，及时清洁田园，整地施肥。每茬作物都要施足基肥，以腐熟的有机肥或商品有机肥为主，减少化肥的施用量，全年亩施优质有机肥 10 000kg 以上，每茬作物定植前随整地施入。

（四）加强田间管理

1. 设施微环境调控

在设施内温度管理上，秋冬茬、冬春茬和早春茬栽培要进行多层覆盖保温，确保蔬菜正常生长。日光温室及时覆盖保温被，冬季在不影响光照的前提下，尽量晚揭早盖；早春和秋延后茬口的大拱棚可以采用大棚套小棚，在小棚上再加盖草帘，小棚内覆盖地膜的措施保温。夏秋季采取覆盖遮阳网进行降温栽培。设施内温度管理应根据所种蔬菜适宜温度进行调控，辣椒、番茄、黄瓜、茄子的适温标准分别是：25 ～ 30℃、20 ～ 25℃、23 ～ 28℃、30 ～ 35℃。

在湿度管理上，通过起垄覆膜、膜下暗灌或滴灌、行间铺稻壳或麦秸等措施，尽量降低设施内湿度。

在设施内光照管理上，冬季要尽可能延长光照时间，日光温室覆盖透光率高、流滴消雾功能好的 PO 膜，拱棚覆盖透光好的 PE 膜，每天注意清扫薄膜上的灰尘，11 月下旬至翌年 2 月可在温室后墙张挂反光幕，根据天气情况，尽量早揭晚盖草帘。夏秋季栽培通过覆盖遮阳网降低光照强度。

冬季有条件的设施内可使用二氧化碳施肥技术，晴天上午提高设施内二氧化碳浓度到 1 200 ～ 1 500mg /kg，增产效果显著。

2. 肥水管理

以基肥为主，追肥为辅；有条件的地方建议采用滴灌，节约用肥用水。

3. 植株调整

设施蔬菜植株调整包括吊蔓、整枝打杈、摘心、疏花疏果、保花保果等工序。

（五）病虫害综合防治

设施内温度高、湿度大、光照弱，易于蔬菜病虫害发生蔓延，生产上要采取综合措施进行防治。选用抗病品种；培育壮苗；嫁接育苗；合理轮作换茬；增施有机肥，清洁田园；加强设施内微环境调控，增温降湿；加强肥水管理促使蔬菜生长健壮，提高抗病能力。要坚持预防为主，发生病虫害后要合理用药，推广应用生物农药、高效低毒低残留农药，把土壤消毒、种子处理、药剂喷雾、喷粉、熏烟等方法有机结合，提高病虫害防效。

第二节　现代农业产业园采摘型樱桃番茄绿色高效无土栽培技术

现代农业产业园是集农业生产、科技、生态、观光采摘等多功能于一体的综合性示范园区，是优化农业产业结构、促进三产深度融合的重要载体。樱桃番茄因果形近似樱桃，被称为樱桃番茄，其果实颜色丰富，色泽艳丽，方便市民采摘而备受休闲农业产业的青睐，是发展高效生态种植和观光农业的首选品种之一，具有较高的经济效益。

济宁牛楼现代农业产业园以休闲采摘为主，为进一步提升该产业园水平，济宁市农技专家从 2021 年开始连续 2 年在玻璃智能温室中采取椰糠条无土栽培模式，成功种植越冬茬樱桃番茄，取得了良好的经济、社会、生态效益。牛楼产业园樱桃番茄种植面积 5 000m^2，种植 2.2 万株，单株平均年产量 5kg，采取休闲采摘和线上订单的销售模式，采摘价格 60 ～ 80 元 /kg，网上订单售价 40 ～ 60 元 /kg，产品供不应求，效益十分可观。

一、设施选择

牛楼现代农业产业园樱桃番茄温室为山东德州豪达瑞科温室设备科技有限公司建造的玻璃智能温室。

二、品种选择

选择适合温室种植、品质佳、产量高、连续坐果能力强的樱桃番茄品种。产业园通过济宁市番茄创新团队和山东省农业科学院合作，引进 27 个新品种示范种植，加上自主订购的 9 个优质品种，产业园共种植 36 个颜色、形态、口感各有特色的樱桃番茄品种。

三、育苗

8 月 15 日左右，在温室内采用 72 孔穴盘和育苗专用基质进行育苗。育苗前，穴盘用 0.1% 高锰酸钾溶液喷雾消毒，晾干后备用。基质中加入 50% 百菌清可湿性粉剂 200g/m^3 和 68% 精甲霜 · 锰锌水分散粒剂 100g/m^3，充分拌匀，同时用 25% 噻虫嗪对基质喷雾。用清水将基质拌潮，用手抓不溢水即可装盘播种。穴盘装满基质，刮平。5 ～ 10 盘一摞叠起，向下按压，压出 1cm 左右深度的播种穴。把穴盘平铺到育苗床上，干籽播种，每穴播 1 粒种子，播后覆基质厚度 1cm。喷水至穴盘底部渗出水即可。穴盘表面可覆盖薄草帘保湿。

育苗期间正值高温，要注意控温控湿，防止幼苗徒长，促进花芽分化。出苗前控制育苗室内温度 28 ～ 30℃ ，70% 的种子出苗后适当降温，以防徒长，白天温度 25 ～ 28℃ ，夜间温度 15 ～ 16℃ 。苗期尽量控水，基质不干不浇水。

四、定植前准备

（一）检查智能温室计算机参数及物联网系统

复查重设通风曲线、加温曲线、水肥一体化灌溉系统、内外遮阳幕参数。检查水肥机、滴灌系统、过滤器、环境监测器、管道、滴剑、水泵、各种电磁阀、水阀等水肥一体化设备是否运行良好。检查温室降温系统、加温系统幕布、天窗、电机、循环风扇、温室玻璃、轨道采摘车等设施是否运行正常。

（二）温室消毒

定植前对温室所有空间喷施百菌清 800 倍液和杀虫剂 2 000 倍液，封闭温室高温闷棚 3 ～ 4d。同时用 0.3% 的消毒液对育苗盘和播种工具进行消毒，晾干后备用。

（三）椰糠条泡发及缓冲

选用梵代糠（上海）农业技术有限公司出品的 Forteco 产品系列的 Profit 椰糠种植条。规格为 100cm×20cm×7.5cm。定植前严格按照产品说明进行椰糠种植条泡发及缓冲。

五、定植

越冬茬樱桃番茄一般 9 月中旬定植。定植前进行穴盘苗处理，用 25% 噻虫·咯·霜灵50mL+含氨基酸水溶肥料（益施帮）50mL兑水20～25kg，蘸1 500～2 000棵苗。蘸盘后将苗盘放置在温室内遮阴冷凉处1～2h后即可定植。通过蘸根，可以促进快速缓苗，促进根系健壮生长，为番茄丰产丰收奠定良好基础，还可以较好地防治白粉虱、蓟马、蚜虫等前期害虫，预防病毒病的发生。

定植前将椰糠条先裁好定植孔，每条4个定植孔，间距25cm。穴盘苗栽在岩棉块中，将岩棉块直接放置在定植孔内，定植后将滴剑头垂直插入岩棉块，插入深度为岩棉块的2/3为宜。

六、营养液管理

选择上海永通生态工程股份有限公司普乐收无土栽培番茄A、B肥来配制营养液。

（一）营养液EC值和pH值调整

根据樱桃番茄不同生长阶段的营养需求，及时调整营养液浓度。定植到开花前，营养液电导度控制在2.0ms/cm，开花到第一穗果采收，营养液电导度采用2.5～2.8ms/cm，开始采收后营养液电导度以2.8～3.5ms/cm为宜。整个生育期内pH值变化不大，一直保持在6.2左右。

（二）灌溉时间、次数和水肥量

通过水肥一体化灌溉系统调控营养液滴灌时间和滴灌量。基本原则是春秋季日出后1h开始浇灌，上午每1.5h浇灌1次，每次3min；11：00后每1h浇灌1次，每次3min；16：00后每2h浇灌1次，每次3min，日落前1h停止。冬季在日出后2h开始浇灌，可全天每1.5h浇灌1次，每次3min，日落前1.5h停止。应随时根据植株长势和天气情况调整灌溉次数和灌溉量。

七、田间管理

（一）温室微环境调控

1. 温度调控

9月中旬定植后，白天外界气温高，设施内温度高于30℃时，要适时放风降温，保持白天温度25℃左右。10月中旬前后，外界气温开始下降，夜温要保持在15℃以上。开花坐果期温度要求：白天20～25℃，夜间12～15℃；

第一穗果坐果至采收期温度要求：白天 25 ～ 28℃，夜间前半夜 15 ～ 18℃，后半夜 10 ～ 12℃；采收期温度要求：白天 25 ～ 28℃，夜间前半夜 15 ～ 18℃，后半夜 8 ～ 10℃。在冬季根据日出日落时间使用保温幕（内遮阳网），日落展开，日出合拢。

2. 湿度调控

随着植株不断生长，滴灌量增加，植株蒸腾量增加，温室相对湿度不断增大，所以要常通风排湿，特别是冬天更要注意温室湿度调控。2：00—6：00 每 1h 间歇性使用循环风扇 5min，预防结露水。

3. 空气调控

从第一穗花坐果开始到最后一穗果采收，番茄对 CO_2 需求量持续增长，要加强通风换气。中午温室温度高于 30℃时自动打开循环风扇，使空气形成对流，达到降温，增加 CO_2 浓度作用。

4. 光照管理

光照强度是决定番茄果实大小和品质的因素之一，适宜的光照可促进果实成熟，着色均匀。当光照过强时，可通过温室内、外遮阳网控制温室内光照强度；冬春季节遇到连续阴雨天气，温室内光照不足，气温偏低时，采用补光灯进行补光。

（二）植株调整

番茄的植株调整包括吊蔓、盘头打杈、摘心、疏花疏果等工序。定植后，使用轨道升降车将带有吊秧绳的“M”形吊蔓钩挂在温室上方的钢丝上；按照营养钵位置，将绳子放至营养钵底部。待植株长至 20cm 高，将绳子系在番茄基部。

每周要进行一次盘头打杈，先盘头后打杈，将植株头部绕在吊秧绳上，盘头时将侧枝、侧芽全部打掉。要在晴天上午进行，以利于伤口愈合。结合整枝，去除老叶、病叶等，以利于温室内通风透光，减轻病害发生。

每株留 5 穗果摘心换头。在每穗花开前，将复穗花、花前叶、花前枝疏去，避免争夺植株养分。为确保果实大小一致，提高商品果，在坐果后将畸形果和多余小果疏去。根据不同品种，采收方法（个收、串收），果实大小，需要留的果数不一样。

植株开花期间，温室内放置熊蜂进行授粉，提高番茄植株坐果率。每只熊蜂可授粉面积约 $20m^2$，一般 1 个蜂箱装 80 只蜂，能保证 1 $500m^2$ 番茄授粉。

（三）应用生物激活剂

在番茄缓苗后、开花前、坐果期分别用含氨基酸水溶肥料（益施帮）

300 ～ 600 倍液喷施，可有效激活植物生长潜能，增强抵御不良环境的能力，促进植株健壮生长，提升番茄果实品质。

八、病虫害绿色综合防治

樱桃番茄通过绿色食品认证，必须按照绿色食品生产标准进行生产。在智能温室无土栽培模式下病虫害发生较轻，重点防控烟粉虱、蚜虫，防止传播番茄黄化曲叶病毒病。通过采取温室消毒、育苗播种时用噻虫嗪喷雾处理基质、定植时用噻虫嗪蘸穴盘苗，同时结合温室内张挂黄带诱杀、防虫网阻隔等措施，较好地控制了温室内的病虫害，生产过程中没有开展其他化学药剂防治。

九、适时采摘与物流配送

12 月中旬前后，樱桃番茄陆续成熟，应结合休闲采摘需要及订单需求，及时开园采摘和物流配送，确保经济收益。

第三节　日光温室番茄越冬长季节高产高质创新栽培关键技术

番茄是山东省济宁地区设施栽培的主要蔬菜之一，是当地农民增加收入的重要来源。经过二三十年的发展，番茄生产规模已日趋稳定，高品质栽培成为当前设施番茄生产的一个重要发展方向。随着种植年数的增加，番茄生产连作障碍逐步显现，表现为定植后长势不佳甚至出现死棵现象，病虫害增加，严重影响番茄的产量和品质，一定程度上影响了全市番茄产业的持续健康发展。

2021 年以来，在济宁四丰农业科技有限公司蔬菜基地日光温室内有针对性地展开番茄越冬长季节种植技术研究，通过引进优新品种、实施根部精准用药、微生物菌剂改良土壤和生物激活剂应用等一系列措施来提升番茄产品品质，实现了番茄优质高效生产的目的。基地及周边大棚区番茄越冬长季节栽培在 9 月中下旬定植，翌年 1 月下旬上市，6 月拉秧。每亩产量 12 000 ～ 15 000kg，亩效益达到 6 万～ 8 万元。

一、棚型选择

选择跨度大、仰角高、结构优良、抗风雪能力强、保温好的日光温室或联栋温室。生产上建议推广山东Ⅳ、Ⅴ日光温室、寿光第五代机打土墙结构下挖式日光温室或新型组装式日光温室。济宁四丰蔬菜基地选择的是寿光下挖式日光温室，下挖 1m，南北跨度 12m，棚长 80m。

二、选择优良品种

应选用连续结果能力强，耐低温、弱光，抗病、抗逆性强的品种，尤其应选用抗番茄黄花曲叶病毒的品种。济宁地区设施番茄以硬粉果为主，种植的品种主要有尊悦、宝地 6 号、凤凰 518、天宇、天宝等。济宁四丰蔬菜基地引进醉红颜和番如蜜两个新品种进行示范种植。

三、订购优质种苗

集约化育苗能够很好地保证秧苗质量，减轻个体农户育苗的技术压力，大大降低育苗成本。建议有条件的农户向信誉良好的育苗企业订购优质种苗，壮苗标准为苗龄 25 ～ 35d，4 ～ 5 片叶展开，株高 15 ～ 20cm，茎粗 0.3 ～ 0.5cm。济宁四丰蔬菜基地选择向育苗场订购优质适龄壮苗。

四、定植前准备

（一）高温闷棚

休棚期（夏季 7—8 月）前茬蔬菜拉秧后及时清除残株。清洁温室后，每亩均匀撒施 75% 氰氨化钙 40 ～ 75kg，麦秸 800 ～ 1 000kg，深翻土壤 30cm，灌大水，然后用塑料薄膜全面覆盖后，高温闷棚 10 ～ 25d，使 10cm 土壤内土温高达 50 ～ 60℃以上，可有效预防枯萎病、青枯病、软腐病等土传病害，同时高温也能杀死线虫及其他虫卵。消毒完成后，揭膜晾棚，翻耕土壤，2 周后定植番茄苗。

（二）整地施肥

一般每亩施腐熟有机肥 5 000kg 或商品有机肥 1 000kg；硫酸钾型复合肥 50 ～ 70kg，或磷酸二铵 30 ～ 40kg、硫酸钾 20kg；硝酸钙或硝酸铵钙 25 ～ 35kg；硫酸亚铁和硫酸锌各 2.5 ～ 3.0kg，硼砂、硫酸钼各 1.0 ～ 1.5kg。60% 有机肥结合整地基施，其余有机肥和复合肥沟施，沟上作垄。

越冬茬番茄进行高垄双行栽培，垄间距 80cm，垄内小行距 45cm，株距 35cm，每亩定植 3 000 株左右。在垄上铺设 1 条塑料微喷软管。

（三）温室消毒

定植前，每亩用硫黄粉 1kg 加锯末混合，拌匀后分放在温室各处，将所用农具一并放入温室内消毒。暗火点燃后密闭温室熏蒸 12h。还可用福尔马林 300 ～ 500 倍液对温室内的墙体骨架及角落喷洒消毒，一周后打开通风口通风，15d 后即可使用。

五、定植

根据当地种植户多年种植经验，9 月中下旬是越冬茬番茄定植的最佳时期，元旦后春节前上市，这一时期价格高，效益好。

（一）根部精准用药："一蘸二灌"防死棵

定植前进行穴盘苗处理，用 25% 噻虫 · 咯 · 霜灵 50mL+ 含氨基酸水溶肥料（益施帮）50mL 兑水（20 ～ 25）kg，蘸 1 500 ～ 2 000 棵苗。蘸盘后将苗盘放置在棚室内遮阴冷凉处 1 ～ 2h 后即可定植。蘸苗时，不要用太凉的井水，注意不要浸没幼苗的生长点。

定植后 5 ～ 7d 和 12 ～ 15d，用 25% 嘧菌酯 10mL+62.5% 精甲 · 咯菌腈 10mL+ 含氨基酸水溶肥料（益施帮）25mL，或 68% 精甲霜 · 锰锌 30g+ 益施帮 25mL，兑水 15kg，灌 200 ～ 300 棵苗，连续灌 2 次。

上述"一蘸二灌"的处理方案，不仅可以有效预防死棵病害的发生，还可以较好地防治前期白粉虱、蓟马、蚜虫等害虫，减轻病毒病的为害；同时，还可以促进快速缓苗，壮苗早发，促进根系健壮生长，为番茄丰产丰收奠定良好基础。

（二）高效微生物菌剂壮根防病

第一次随定植水亩冲施解淀粉芽孢杆菌（岱波路）8L，第二次在番茄第三穗果膨大时随膨果水亩冲施解淀粉芽孢杆菌（岱波路）4L，可以有效抑制土壤和作物根部有害菌群生长繁殖，促进根系及植株生长，提升作物抵御外部不良环境的能力。

六、定植后的管理

（一）铺设地膜

缓苗后用 1 ～ 1.2m 宽银黑两面地膜覆盖，银面朝上。把地膜拉成与垄同长，一端固定，用刀片在每个植株位置东西向划一字形口，将苗从口中掏出，然后拉紧地膜，用土压严。垄间铺麦秸或稻壳，降低温室内湿度。

（二）温度管理

定植到缓苗期间，白天温度保持在 30℃左右，夜间 15 ～ 20℃，白天棚内气温达 35℃时适当放风；缓苗后温度控制在白天 20 ～ 25℃，夜间 15 ～ 18℃；进入开花结果期白天温度控制在 20 ～ 30℃，夜间 15℃，低于 15℃易引起落花落果。特别是 12 月中旬至翌年 1 月中旬气温低的季节，应加强保温，室内最低气温不低于 8℃，地温最低不低于 13℃。

（三）肥水管理

浇足定植水和缓苗水后，不是特别干旱一般不再浇水，等到第一穗果长至核桃大小时再浇水。12 月下旬至翌年 1 月下旬期间尽量不浇水，以防降低地温和增加空气湿度。进入盛果期和高温期应增加浇水次数，经常保持土壤湿润。初果期 10 ～ 12d 浇 1 次水，盛果期 5 ～ 7d 浇 1 次水。

第一穗果膨大期开始随水追肥，亩追施平衡水溶肥（N∶P∶K=20∶20∶20）10kg；第二穗果膨大时第二次追肥，亩追施 10 ～ 12kg；第三穗果膨大时追施高钾肥水溶肥（N∶P∶K=15∶5∶30），亩追施 12 ～ 15kg；第四穗果膨大时追第四次肥，亩施 15kg 左右；第五穗果膨大时追第五次肥，亩施 15kg，从第三次追肥开始补充中量元素肥 5kg。冬春季节 15 ～ 20d 冲施 1 次，春末 7 ～ 10d 冲施 1 次。

（四）光照调节

选择透光率高、流滴消雾功能好的 PO 膜。每天注意清扫薄膜上的灰尘，11 月下旬至翌年 2 月可在后墙和山墙上张挂反光幕。根据天气情况，尽量早揭晚盖草帘。

（五）植株调整

番茄的植株调整包括吊蔓、整枝打杈、摘心、疏花疏果等工序。

吊蔓一般在第一序花开花时进行。先在植株上方，拉一南北向铁丝，将塑料绳一头拴于植株基部，另一端拴在铁丝上。以后操作，可以用绳绕蔓。

整枝与打杈同时进行。越冬茬采用单干整枝，只留主干，把所有侧枝全部去掉。打杈不要过迟，掌握在侧芽长到 6 ～ 7cm 时为宜，要在晴天上午进行，以利于伤口愈合。

每株留 5 穗果摘心换头，第一、第二穗留 2 ～ 3 个果，第三穗果以后留 4 ～ 5 个果，摘除果形不整齐、有病虫害的畸形果，这样可促进养分运输集中，果大质优，提高商品性。及时摘除病老叶，第一穗果转色后，打掉第一穗果下的部分或全部叶片。

（六）保花保果

设施番茄需要采取一些措施来促进坐果。可应用番茄振荡授粉器、生长调节剂混合颜料喷花或蘸花或熊蜂授粉。当第一穗花有 1/3 开放时，可在晴天 9：00—11：00，13：00—15：00 用振荡器授粉，将振荡棒接触至穗柄处振荡 1 ～ 2s 即可完成。

2,4–D 使用浓度为 10 ～ 20mg/L，高温季节使用低限浓度，低温季节使用高限浓度，涂抹花梗弯曲处或雌花柱头。

当有 10% 的植株第一穗花开放时就可以放熊蜂进行授粉，授粉大棚的通风口应用防虫网全部密闭，防止熊蜂逃脱，每亩放 1 箱熊蜂（每箱 80 只），蜂箱离地高度为 80 ～ 100cm，并将上方完全遮阴，避免阳光直射，棚内如需打药，在打药前让蜂回巢移至没有农药污染的环境，施药后加大通风量，连续通风 2 ～ 3d，待农药味散去，再将蜂箱搬回原位置。

（七）生物激活剂提高果实品质

在番茄缓苗后、开花前、坐果期分别用含氨基酸水溶肥料 300 ～ 600 倍液喷施或 1L/ 亩冲施，可有效激活植物生长潜能，增强抵御不良环境的能力，促进植株健壮生长，提升番茄果实品质。

（八）异常天气管理

冬春季节温室生产常会遇到寒流、连续阴雨（雪）天气，对日光温室番茄越冬生产带来威胁。遇到连续阴雨天气，只要温度不是很低，就要揭开草帘，如有短时间露出太阳，棚室内温度就会升高。久阴乍晴后要注意遮盖草帘，防止闪苗。降雪天气时，白天降雪，一定要把草帘卷起，雪停后立即清扫棚膜上积雪；夜间降雪，更要注意及时清除草帘上积雪，应提前用塑料膜把草帘包好，防止草帘吸水造成棚体负担过重使拱架扭曲，甚至倒塌。大风天气时要立即拴紧压膜线或放下部分草帘压在温室前屋面的中部。夜间遇到大风，最好在温室前底脚横盖一层草帘，并用石块压牢。

七、主要病虫害防治

（一）农业防治

通过清洁田园、选用抗病品种、嫁接技术、轮作换茬等方法，增加番茄植株抗病性。

（二）物理防治

在大棚通风口及人员出入口设置 30 ～ 40 目防虫网，防止害虫的侵入。棚内悬挂黄板诱杀白（烟）粉虱、蚜虫、茶黄螨及蓟马等害虫。

（三）生物防治

利用生物制剂、天敌等方法防病治虫。

（四）化学防治

越冬茬番茄主要病害有灰霉病、晚疫病和灰叶斑病，主要虫害有烟粉虱、蚜虫和蓟马等。

1. 灰霉病

（1）开花前，定期喷施 25% 嘧菌酯 1 500 倍液 + 氨基酸叶面肥，既可预防灰霉病，又可预防晚疫病等其他真菌病害的发生。

（2）药剂喷花或蘸花：在用激素喷花或蘸花促进坐果的时候，加入 250 倍液的 50% 咯菌腈，既可以减少灰霉病的人为传播，又可以保护花朵不受病菌的侵染，对预防灰霉病烂果的效果非常好。

（3）进入开花期，及时摘除开败的花瓣，同时用咯菌腈、嘧菌环胺、啶酰菌胺、嘧霉胺、双炔酰菌胺等进行全棚喷雾，间隔 7 ～ 10d，连喷 2 ～ 3 次。喷雾时要注意交替选用药剂，以防产生抗性。喷雾时，加入氨基酸等叶面肥，可以促进植株健壮生长，增强抗病性能。

（4）遇连续阴雨天气不宜进行喷雾防治时，可以采用腐霉利烟雾剂进行熏蒸预防。

2. 晚疫病

（1）番茄定植后，定期（尤其是在每次浇水前一天）喷施嘧菌酯 1 500 倍液、双炔酰菌胺 1 500 倍液，预防病害的发生。

（2）病害发生后，及时选用精甲霜灵·锰锌、氟菌·霜霉威或氟噻唑吡乙酮进行喷雾，间隔 3 ～ 5d，连喷 2 ～ 3 次，以控制病害的扩展蔓延。

3. 番茄灰叶斑病

番茄灰叶斑病发生流行快，定期预防和初期发现病斑后及时用药非常关键。可以选用 32.5% 苯甲·嘧菌酯悬浮剂 1 500 倍液、20% 氟酰羟·苯甲唑悬浮剂 750 倍液、43% 氟菌·肟菌酯悬浮剂 1 500 倍液等进行喷雾防治。施药时要注意喷匀喷透，一般情况下，间隔 7 ～ 10d 喷 1 次，病情较重或遇阴雨天气时，可缩短至 3 ～ 4d 喷 1 次，连喷 2 ～ 3 次。可以同时预防番茄早疫病、叶霉病等病害的发生。

4. 烟粉虱、蚜虫、蓟马

可用 25% 噻虫嗪水分散粒剂 2 000 ～ 5 000 倍液喷施或淋灌，或联苯肼酯、螺虫乙酯喷雾防治。

八、采收

越冬茬番茄在 1 月中下旬开始采收。采收时要轻摘轻放，不要带有果蒂，避免装运过程中损伤番茄果实的外观，影响商品品质。根据不同的销售渠道，分期采收，远距离运输销售的番茄在均匀着色、达到食用标准时即可采收，在当地或者近距离地区销售的，则在果实完全成熟时进行采摘。

第四节　大拱棚夏季黄瓜种植技术

2020—2022 年，农技专家连续 3 年在山东省济宁市泗水县金庄镇官园村大拱棚开展了夏季设施黄瓜栽培试验，平均亩产 7 500kg，亩效益 2.3 万元以上，比露地黄瓜采收期延长 30d，亩收入增加 1.2 万元。

一、品种选择，种子处理及育苗

（一）品种选择

品种选择是夏季大拱棚黄瓜稳产丰产的基础，应选择采摘期长、耐高温、综合抗性强、品质优的黄瓜品种，如强驰油亮998、津优40等。

（二）种子处理

高温晒种，将种子摊放在铺有报纸的木头桌子上，在阳光下晒种1～2d，做到边晒种边翻种，切实做到晒种均匀一致，杀灭种子表皮病原菌，同时提高种子的发芽势；温水烫种，采用55℃温水进行烫种，边烫种边搅拌，水温降低到30～32℃时继续浸种6～8h，烫种所用器械无油污、非金属，否则易降低发芽率或导致烂种现象发生。50%种子发芽后，即可播种育苗。

（三）育苗

4月上旬用规格为8cm×8cm营养钵育苗。育苗基质的配制：草炭与蛭石的比例为1∶1，掺和均匀后装入营养钵内，每钵1粒，种子上覆盖育苗基质，厚1.0～1.2cm，营养钵内育苗基质含水量保持75%～80%，将营养钵移入大拱棚或日光温室内，靠紧排齐，宽度以100cm为宜，四周通风，通风口采用70目白色防虫网全覆盖，预防刺吸式口器害虫如白粉虱、灰飞虱等侵入为害。幼苗长到3叶1心时，于晴天的早晨或傍晚喷施增瓜灵颗粒剂（$N+P_2O_5+K_2O \geqslant 50\%$，$Cu+Mo+Zn \geqslant 10\%$）200～250倍液，5叶1心时再喷施1次，预防高温导致黄瓜结瓜不集中。

二、设施及设施处理

（一）栽植设施

设施黄瓜种植以日光温室及顶高4m的大拱棚为宜，定植前做好设施内消毒，其方法为采用高锰酸钾500～800倍液喷施墙壁及棚架，要求喷施均匀。

（二）土壤采取生物消毒法

生物消毒法，即结合耕地每亩施含哈茨木霉菌、寡雄腐霉菌的木质素菌肥

200～250kg，通过施用有益生物菌，抑制土壤中致病菌的活性，为设施夏季黄瓜生长创造良好的土壤生态环境。

三、耕作施肥及起垄

（一）耕作施肥

黄瓜定植前7～10d耕地，耕深23～25cm，耕作时及时清除前茬作物遗留在田间的病残体及根系，带离设施黄瓜种植田集中深埋，每亩使用硫酸钾型复合肥（N∶P∶K=15∶15∶15）50～75kg、12%过磷酸钙50kg、64%磷酸二铵12.5～15.0kg，其中2/3于耕地时撒施，1/3起垄时条施。

（二）起垄

与设施黄瓜越冬栽培不同。鲁西南地区夏季高温多雨，应采取加大行距、缩小株距的栽培方式，按行距80～85cm起垄，垄高33～35cm，宽40～42cm，要求垄内垄面无大坷垃，垄面平整。

四、定植时期及方式

（一）定植

黄瓜幼苗长到3叶1心时，选择晴稳天气的早晨或傍晚定植，每垄定植1行，株距25～28cm，每亩定植2 800～3 000株，定植深度以埋严植株根茎即可。

（二）定植方式

采取“按穴点水稳苗，滴灌促进缓苗”的方式，既可避免定植后大水漫灌，出现土壤板结、缓苗后植株生长缓慢现象的发生，又可满足缓苗期间幼苗对水分的需求。结合定植铺设滴灌带，要求每垄铺设1条，定植后1～2d早晚各滴灌1次，根部土壤持水量维持在80%～85%，促进缓苗，培育壮苗。

五、定植后管理

（一）水肥管理

植株缓苗后至根瓜坐住前，缓苗后至第1瓜坐住前，水肥管理以控为主，土壤含水量保持在 70% ～ 75%，如出现植株叶片大、节间长等旺长现象，可叶面喷施 0.3% 磷酸二氢钾溶液控旺，2 ～ 3d 1 次，连续喷施 2 ～ 3 次；瓜条膨大期，根据植株生长点、叶片及卷须情况，确定浇水量及浇水间隔期，卷须挺立、生长点饱满、8：00 左右叶片有露珠，说明植株不缺水，否则可采取晴天下午或早晨勤浇小水的方式，满足黄瓜植株对水分的需求。如卷须细弱、颜色发黄，顶部卷曲说明缺肥；叶片薄且颜色淡，是土壤缺氮素的表现；根系不强，畸形瓜多，下部叶片呈暗红色，说明土壤中缺乏磷素；叶片边缘鲜黄色，俗称“金镶边”是缺钾素的症状。针对植株生理特征，采取“少量多次”的方式追施相应的水溶肥。中微量元素如铁、硼、钙等，采取缺什么补什么的方式，宜叶面追肥。

（二）吊蔓

黄瓜秧蔓长到 30cm 以上时，选用耐老化塑料细绳吊蔓，吊绳下端系在植株根茎部，要求不要系太紧，茎基腐病发生严重的地块，在系绳处用 80% 福美双水分散粒剂 500～800 倍液涂抹，防止因湿度大，成为致病菌的滋生场所，引起茎基腐病或青枯病发生与蔓延，影响设施夏季黄瓜的安全生产。

（三）植株调整

夏季黄瓜最主要的生长发育特点是植株生长速度快、侧蔓多，通过植株调整，不仅可提高结瓜率，而且可改善黄瓜果实品质。植株调整“以主蔓结瓜为主，侧蔓结瓜为辅，兼顾植株营养生长及生殖生长”的原则，对于第 7 片叶结瓜的植株，留 1 条侧蔓，见瓜后在瓜上 2 片叶处打顶，采取“以瓜坠蔓”的方式，平衡植株营养生长与生殖生长。老叶、黄叶、机械损伤叶、病叶及卷须等选择晴天中午及时去除，集中带离设施黄瓜栽植田，远距离深埋。当黄瓜植株秧蔓长到 1.7m 左右时，选择晴稳天气上午落蔓，要求落蔓高度一致。

六、病虫害综合防治

（一）生理性病害

生理性病害与管理措施及肥料运筹等因素有关，常见的生理性病害有畸形瓜（尖嘴瓜、蜂腰瓜、弯瓜、大头瓜等），不仅影响黄瓜的食用品质，还会对黄瓜的质量、效益造成不利影响，畸形瓜的产生与水肥管理不善导致的植株营养生长与生殖生长不协调以及植株早衰等因素有关。

对营养生长过旺的植株，采取延迟黄瓜采摘时间，以瓜坠蔓，叶面喷施0.30%～0.35%磷酸二氢钾溶液，利用“氮钾相互拮抗”的原理，达到抑制植株生长过旺的目的；出现单株结瓜多，商品率低时，及时疏掉畸形瓜，于晴天下午叶面喷施生物菌液100～150倍液，2d 1次，连续喷施3次。因早衰引起畸形瓜增多，则采取“勤浇水，不浇空水”的管理措施，植株叶片小且薄，颜色发黄，生长点萎缩，卷须细弱且顶部卷曲，是黄瓜早衰的表现，可结合浇水追施含氮量较高的水溶肥，每亩每次用量为10～15kg，根系生长势变弱的植株则追施生物发酵菌液，每亩用量10～15kg，7d1次，连续追施2次。

（二）病害

越夏设施黄瓜常见的病害主要有霜霉病、白粉病及软腐病等。霜霉病从结瓜初期即可发生为害，发病植株叶片背面初呈水渍状病斑，随着病害的发生及蔓延，发病叶片干枯死亡。白粉病多发生在苗期及生长发育中后期，长势弱的植株发病重，发病植株叶片出现白点，严重时叶片上覆盖一层白色粉状物，叶片干枯死亡。软腐病在鲁西南地区多在7月中下旬发病，感染软腐病的幼瓜呈水渍状腐烂，并伴有异常气味。

坚持科学管理，提高植株综合抗性，采取生物防治为辅，通过科学合理的配方施肥，增施生物菌肥，精准运筹黄瓜各个生长发育阶段的水肥管理，通过培育壮苗，提高黄瓜植株的综合抗性；黄瓜结瓜后，如抗病性降低，可采用叶面喷施1 000亿/g枯草芽孢杆菌可湿性粉剂1 000～1 500倍液及生物发酵菌液的方式进行预防，一般每生长2～3片叶喷施1次，综合预防霜霉病、白粉病及软腐病等病害。

霜霉病，发病初期可亩用50%烯酰吗啉可湿性粉剂40～50g与53%精甲霜灵·锰锌可湿性粉剂110～120g交替喷雾，3d 1次，连续喷施3次，并及时摘除病叶，封闭带出黄瓜种植田。白粉病发生初期，叶面喷雾70%甲基硫菌灵可湿性粉剂800～1 000倍液进行防治，3d 1次，连续2～3次，发病较为严重的地块，每亩用43%露娜森（氟菌·肟菌酯）悬浮剂5～10mL兑水30kg喷雾叶片防治。软腐病，可采用77%可杀得（氢氧化铜）水分散粒剂2 000～2 500倍液全株喷雾。

（三）虫害

越夏设施黄瓜虫害较少，主要有蚜虫及棉铃虫。蚜虫，每亩可用70%吡虫啉水分散粒剂1～2g兑水30kg，叶面喷雾防治；棉铃虫，每亩用4.5%高效氯氰菊酯乳油20～25mL兑水30kg，叶面喷雾防治。

七、采收

黄瓜达到商品成熟时，选择晴天 15：00—16：00 采收，采收时一定不要伤害植株的叶片或茎，采收后放入泡沫箱并用塑料薄膜盖严后上市。

第五节　冬暖大棚茄子优质高产栽培技术

山东省汶上县是设施蔬菜生产大县，设施蔬菜年播种面积 5.3 万亩，其中茄子是主要栽培作物之一，主要设施类型为日光温室、大中拱棚、小拱棚等，形成了日光温室、大中拱棚与小拱棚配套栽培种植模式。

一、茄子的植物学特性

茄子根系发达，成株根系可深达 1.3m，主要根群多分布在 33cm 内的土层中。茄子根系木质化较早，不定根的发生能力弱，伤根后根系再生能力差。在起苗定植时，应注意避免伤根，以防定植后的植株生长迟缓，影响早熟丰产。

茎圆、直立、粗壮、色泽为紫色或绿色。茄子茎和枝条木质化程度比较高，从幼苗期开始，茎轴及枝条的干物质逐渐增加，但对结果期起主要输送养分和水分的主茎来说，在苗成龄期至结果初期，木质化程度才逐渐增强。因此，在冬暖大棚栽培时，采用二杈留枝法，必须吊秧，1 株 2 条吊绳，以防植株增高、茄果加重而造成枝杈劈裂。

单叶互生，卵圆形或长椭圆形。叶紫色或绿色。温度低时肥料充足，叶色深；温度高时，湿度大则叶色绿，叶小、叶薄，上部茎亦绿色。

花为两性花，单生或簇生，花冠紫色，花瓣 5 ～ 6 片，基部合生成筒状。开花时花药顶孔开裂散出花粉。花萼宿存。根据花柱长短，可分长柱花、中柱花和短柱花。中、长柱花为正常花，有结果能力，花柱高出花药，能正常授粉。短柱花一般不能坐果。茄子为自花授粉作物。果实为浆果，卵圆、圆形或长筒形。

在发育过程中，茄子果实由于种种生理障碍，常出现畸形果、裂果和僵果。

二、茄子生长发育过程及其特性

茄子生育期可分为发芽期、幼苗期和开花结果期。

（一）发芽期

从种子吸水萌动到第1片真叶破心为发芽期。茄子发芽要求较高的温度，出苗前，白天控制在25～30℃，夜间16℃左右，发芽期间，温度若低于20℃，则发芽率降低，且发芽慢。出苗后，要防止温度过高或过低，以免造成植株徒长或生长受抑制。

（二）幼苗期

从第1片真叶显露到门茄现蕾为幼苗期，50～60d。幼苗期温度白天控制在22～25℃，夜间控制在15～18℃，主茎具3～4片叶时开始分化花芽。在适温范围内，温度略低，花芽发育略慢，但长柱花多；反之，如温度略高，花芽发育快，但中柱花及短柱花增多，尤其是夜温高影响更加显著。因此，在培育壮苗过程中，从出苗至全幼苗期应适当控制夜间温度。在9～12h短日照和强光照条件下，则茄苗发育较快，花芽出现早。

（三）结果期

门茄现蕾后标志着幼苗期结束，进入结果期。但在门茄瞪眼之前的阶段还是处在营养生长与生殖生长的过渡阶段，这时应适当控制营养生长，促进养分向果实内运输。结果期适温为白天25～30℃，夜间16～20℃，一般情况下，果实生长15～18d即可采摘。

三、茄子对环境条件的要求

（一）温度

茄子具有较强的耐热性，性喜高温，生长发育的适宜温度为20～30℃，气温降至20℃以下，受精和果实发育不良。17℃以下则易导致落花，低于13℃时生长停止。7～8℃茎叶受害，-1～0℃即受冻害。茄子在花芽发育及受精期易受高温危害，温度高达35～40℃，易出现畸形果。气温高达45℃以上时，可使茎叶发生日灼、叶脉间叶肉和部分茎坏死，导致植株死亡。

（二）光照

茄子属短日照作物，喜强光。若日照延长，则生长旺盛，尤其在幼苗期，日照延长，花芽分化快，开花早。茄子光饱和点为 4 万 lx，光补偿点为 2 000lx。栽培过程中，茄子群体的光强分布变化较大，一个茄子群体最上面叶层的自然光强在露地夏季晴天的中午能达 6 万～ 7 万 lx，但是距上层 2cm 叶层的光强仅有 1 万 lx。因此，茄子在冬暖大棚栽培时对设施的采光性能要求较高，在植株的调整上更为严格。

（三）水分

由于茄子分枝多，叶片大而薄，蒸腾作用强，开花、结果多。虽然茄子根系较深，但它的耐旱性较差，因而在栽培过程中不仅要求土壤含水量大，而且空气湿度要稍大，以保持根系吸收水分和叶面蒸腾间的平衡。不然，则生长缓慢；但空气湿度长时间在 80% 以上，易导致各种病害的发生和蔓延，而且开花、授粉困难，造成落花落果。另外，茄子正常生长时对土壤含水量的要求也很严格。结果期缺水坐果少，且易出现僵果，果实硬，表面粗糙，品质差。如果结果期田间积水，加之排水不良，土壤通气性差，易造成茄子烂根。因此，土壤含水量以 15% ～ 18% 为宜。

（四）土壤营养

茄子适应性较强，但以土质疏松肥沃的沙壤土为好。较耐盐碱，pH 值 6.8 ～ 7.3 生长良好。茄子对氮肥要求较高，苗期氮素营养不足，长柱花减少，花的质量差，结果初期氮素缺乏，易导致植株基部叶片老化、脱落。结果中后期缺氮，容易造成开花数减少，花的质量差，结实率下降，产量明显降低。茄子生育周期长，根系发达，需肥量大，因此，应尽量多施、深施底肥。在苗期，如果地温偏低或者土壤肥力差的情况下，可采取叶面追肥的方法，改善幼苗的营养状况，如用 0.2% 磷酸二氢钾和 0.3% 尿素，在傍晚进行喷施。

四、培育优质壮苗

优质壮苗是冬暖大棚茄子栽培丰产的基础，是 1 月进入结果期、2 月进入盛果期的关键。所以，在定植时必须培育出优质壮苗。茄子壮苗的标准是：具有 8 片左右真叶，叶色浓绿，叶片肥厚，茎粗壮，节间短，根系发达完整，株高不超过 20cm，花蕾长出待开放。

（一）播种期

冬暖大棚茄子丰产栽培，以 9 月中下旬播种为最佳播期，棚外育苗期 30 ～ 35d，10 月中下旬进行大棚内分苗，分苗期 35 ～ 40d，11 月下旬定植。

（二）苗床建造

50m 长大棚需准备 10m 长、1.5m 宽的床面。备好腐熟圈粪和无菌肥沃土各 $1m^3$，过筛后加磷酸二铵 2kg、50% 多菌灵 150g 掺匀，铺在床面上（留出一部分）疏松土壤，提高地温。

（三）苗床管理

分苗床幼苗生长中期，白天温度 25 ～ 30℃，夜间不低于 15℃。白天敞开拱棚膜，增加光照，满足茄苗强喜光的要求。遇到阴雨雪天乍晴时，要盖棉被，防止“闪苗”；中午出现高温时，也要由小到大逐渐通风，防止大通风“闪苗”。同时注意防病和叶面追肥，分别喷 1 次 75% 百菌清 600 倍液、1 次含氨基酸水溶肥料 300 ～ 600 倍液、1 次糖氮液（白糖 : 尿素 : 水 =0.4 : 0.4 : 100）。定植前，喷 1 次益施帮 25mL 兑水 15kg。

当茄苗叶片长到 8 叶左右时，定植前 7 ～ 8d 进行低温炼苗。白天温度控制在 18 ～ 20℃，夜间 10 ～ 12℃。白天揭开小拱棚膜，夜间也不覆盖，在大棚内生长，以适应大棚内环境条件，最后达到壮苗标准。

若管理不善，分苗床出现弱苗、生长缓慢的现象。要加强温度的管理。傍晚放下棉被，提高夜温。每个苗床于晴天上午浇施磷酸二铵 15kg（0.5kg 兑水 15kg），促使弱苗升级、植株顶部绿茎出现，然后再进行低温炼苗，最后达到壮苗标准：植株叶色浓绿，叶片肥厚，茎粗壮、节间短、根系发达完整，株高 18 ～ 20cm，门茄花蕾长出待开。壮苗定植后缓苗快，能保持不间断地生长，获得早熟高产。

五、冬暖大棚茄子定植

（一）定植前的准备

茄子分苗时间一般在 10 月中下旬，茄子分苗畦建在大棚内，10 月中旬前后要对冬暖大棚半无滴膜进行扣棚，提高棚内气温和地温。同时大棚地面造足底墒，进行整地施肥，深翻 25cm 左右。结合深翻施入底肥。50m 长大棚施腐熟鸡粪 4 ～ 5m^3、圈肥 4 ～ 5m^3、磷酸二铵 50kg、硫酸钾 50kg。深翻 2 遍，土、粪混匀。然后耙平耙细起垄，垄高 20 ～ 25cm，垄底宽 50cm。

（二）定植

于 11 月下旬，把大棚温度升至 25 ～ 30℃，地温 20℃以上，选晴天上午进行。大小行定植，大行 70cm，小行 50cm，株距 40cm。50m 长大棚定植茄子 1 400 余株。

从垄中间开穴，穴深 12cm，穴内浇水，待水渗下后，将带坨大苗栽入穴中，埋土稍高于土坨 1 ～ 2cm。随后覆盖地膜，从南往北覆盖 50cm 的小行，地膜幅宽 1.3m。拉紧地膜时，在苗埯处用刀割一东西方向切口，将茄苗从膜内取出。地膜两边扯紧，压在 70cm 的大行内。定植结束后，于晴天上午膜下浇缓苗水，一次浇足，浇满沟，湿透土坨。

（三）定植后的管理

1. 温度管理

茄子喜温、耐热、怕霜冻，茄子定植后的缓苗期正值寒冷季节，应重点掌握提高棚温，白天保持 28 ～ 30℃、夜间 15 ～ 20℃，促使秧苗尽快缓苗。5 ～ 6d 秧苗新叶开始生长后，白天温度保持 26 ～ 28℃，超过 30℃通风，降至 25℃关闭通风口。如果遇连续阴天，至 20℃时打开通风口通风 1h 左右，排除棚内有害气体，换进新鲜空气。这时的保温措施是夜间棚内每间加盖一层拱棚膜，每间拉 4 ～ 5 道 20 号铁丝，南边拴在横扦上，北边拴在后立柱 1m 高处，于下午盖棉被前上边盖上白塑料薄膜，次日拉上棉被后揭去薄膜。紧贴横梁从东至西挂 1m 高的白薄膜作防寒裙，紧贴后立柱从东至西挂 1m 高的白薄膜。进入 2 月中旬，大气温度开始回升，门茄已经采收，对茄及以上茄果开始迅速生长，需要进行植株吊秧。这时的白天温度 25 ～ 28℃，夜间 15 ～ 17℃，一般 28℃时开始通风，22℃时关风口。进入 3—4 月，一般上升至 20℃开始小通风，控制温度不能超过 28℃，以 25 ～ 27℃为宜，下午 20℃时关闭通风口。

2. 光照管理

棉被拉放，一般年前太阳照射到全棚时拉棉被，在 15：30 棚温 20℃时放棉被，以保持夜间最低温度不低于 15℃。拉起棉被后紧接着拉开大棚内小拱棚薄膜。下午盖棉被时，先盖小拱棚膜，再放盖棉被。2 月中旬后，棉被要适当早拉晚放，延长光照时间。遇到阴雨天气，也要拉起棉被见光，以防植株叶片萎蔫。

3. 湿度管理

棚内湿度要求在 70% ～ 80%，土壤含水量 15% 以上。棚内空气干燥，生长缓慢，紫茎到顶，顶尖及叶片黑紫色，叶片小。可以掀开大行内地膜，中耕松土，释放出土壤潮气，增加棚内空气湿度。

4. 水肥管理

当门茄开始膨大并长到同鸡蛋大小时，于晴天上午进行第 1 次浇水，闭棚浇水，浇满小沟。浇水后提温到 32℃以上，然后通风排湿，防止病害出现。半个月之后浇第 2 次水，亩施磷酸二铵 20kg、硼镁肥 2kg。进入 2 月后每 10d 冲施 1 次混水，3 月后 7 ～ 8d 冲施 1 次混水，2—3 月每次浇水亩施磷酸二铵 20 ～ 25kg、磷酸二氢钾 4kg。5 月亩施磷酸二铵 20kg、尿素 5 ～ 10kg。1 次带复合肥，1 次带腐熟鸡粪或大粪 500kg。共冲施混水 16 次左右，亩施尿素 100kg、磷酸二铵 200kg、磷酸二氢钾 12kg、硼镁肥 6kg、腐熟鸡粪 $23m^3$。

5. 植株调整

茄子栽培多采用二杈留枝法，即保留主枝和第一花序下第一叶腋的一个较强壮的侧枝，将多余的侧枝去除。进入结果中期后植株封行，其下部老叶变黄，逐渐失去光合能力，且易感病，还影响通风透光，要及时摘掉并带出棚外深埋。每株 2 个枝条并列生长，用 2 根吊绳吊起。从 2 个枝条生长出来的杈子都要及时抹除。每 1 个花序只留 1 果，摘去其余花蕾。大棚南边植株顶棚时要往北倾斜吊秧。

6. 涂抹 2,4–D 保花保果

冬暖大棚茄子在生长过程中常常碰到低温阴雨、高温高湿引起花蕾败育，或留果过大或涂抹的 2,4–D 激素失效也引起落花落果。除加强管理、改善植株营养状况外，要正确使用 2,4–D 激素。在花蕾含苞待放或刚刚开放时使用，以当日涂抹、次日开花为宜，使用浓度为 20 ～ 30mg/L，温度低时用高浓度，随着温度升高降低浓度。使用方法：在 2,4–D 溶液中加入白粉土，用毛笔涂抹茄花蕾梗部（柄部），可全天进行。加入白粉土是做白色标记，防止重抹；还可以加入 0.1% 的速克灵，预防病害。注意 2,4–D 药液不宜浓度过大，以防裂果，也不要溅在叶片或茎上，以免发生药害。

7. 采收

茄子应适时采收，如果门茄留果过大，易造成二层茄生长缓慢、三层茄落果。因此，要及时采收门茄，门茄达到 200g 时即可采收。门茄及以后茄果生长过程中，观察萼片下不露白时，即茄果停止生长或生长非常缓慢，应立即采收，达到二层茄生长较大、三层茄带花生长、四层茄开花大而鲜艳的标准。

第六节　绿色高产优质甘蓝种子设施繁育关键技术

蔬菜温室大棚一年四季都可以生产新鲜蔬菜，蔬菜的产业化程度高。由于市场需求、生产基地及栽培茬口都发生很大的变化，近年来消费者对口感好、形态好、货架期长的甘蓝比较青睐。甘蓝的生产基地和外销基地逐年扩大，同时市场对甘蓝的性状要求也不断提高，不仅要有很强的抗逆性，而且品质性状突出，对甘蓝的叶球球型、球色、球面、叶球大小等商品外观品质，叶球紧实度、中心柱长度、耐裂球性和耐储运性等方面都有较强的要求，因此农户为了追求更大的种植效益，不惜成本购买甘蓝良种。目前日本、荷兰、韩国、美国等发达国家的品种在国内种子市场占有率较高，中国甘蓝种业面临激烈挑战。

为适应市场和生产的需求，优良的甘蓝品种应具有绿色、高产、优质的特性。通过设施农业科学繁育，能够生产出绿色、优质和高产的甘蓝良种。绿色体现在甘蓝种子的抗逆性上，春甘蓝耐未熟抽薹、无干烧心；夏秋甘蓝抗病性强，耐高温性好。优质主要体现在叶球外观好，结球紧实，无爆裂，脆嫩爽口，帮叶比小，球内中心柱短。高产不仅指甘蓝高产，而且指设施繁育的甘蓝种子产量也高。在温室大棚中采用雄性不育系进行种子繁育，亩产150～200kg，种子回收价格50～120元/kg，亩效益一般在0.8万元以上。种子的纯度和发芽率均高于国外的种子，填补了国内市场的空白，深受农户欢迎。

一、设施选择

选择南北走向光线充足，具备机械通风的日光温室或拱棚，能够通过通风来实时调节棚内温度。棚内土壤富含有机质，地势平坦，灌溉便利，隔离条件好，可以采用水肥一体化设备对种苗进行施肥和浇水。

二、播种育苗

鲁西南地区6月中下旬进行设施育苗。设施育苗前，温棚和苗床的消毒工作很关键，要先将育苗棚密封，用杀菌剂嘧菌・百菌清进行全面消毒并扣棚，使温度升至50℃左右，进行全面消毒，保持2d左右。然后浇透水，继续高温焖棚，彻底灭杀一切病菌，同时促使耕层营养物质分解与转化，持续14d为宜。消毒焖棚后通风2d即可进行育苗工作。采用穴盘育苗，发芽率高，出苗整齐，移栽时伤根小，定植后缓苗快，有利于培养壮苗。育苗的穴盘采用128穴，育苗基质中珍珠岩、泥炭土、菇渣的配比为1∶2∶1。基质中添加浓度为2.5mg/kg的有效成分含量50%的国光牌矮壮素。播种前采用温汤或药剂处理种子，可有效杀死种子携带的病菌，提高发芽率，增强发芽势。

三、苗床管理

越冬温室大棚内的温湿度不可太高，湿度过高种苗易腐烂，湿度过低易风干，温度要保持20℃左右为宜。采用工厂化穴盘基质育苗，苗期分为4个过程，重点要做好4个过程的肥水及病虫草害管理。

（一）种子萌芽期

种子的萌发需要充足的氧气和水分，基质维持95%～98%的湿度为宜，适时喷雾供水，不可大水漫灌。

（二）出苗期

苗期土壤湿度以60%～80%为宜。此阶段需要增加介质的通气量，利于种苗的根部吸收氧气，有效控制土传病害如猝倒病等的发生。选用氮、磷、钾含量为20∶20∶20的复合肥50mg/L进行水肥一体化滴灌即可。为保证种株的纯度，在幼苗第1片真叶展开后，根据雄性不育系及父本自交系的植物学特性严格去杂，淘汰病苗、杂苗、弱苗和杂草等。

（三）真叶期

供水随植株的生长不断加大，通过水肥一体化滴灌的复合肥用量可以增加到125～300mg/L。

（四）成苗期

重点做好炼苗工作，提高适应移栽环境。水分要加以限制，减少施肥，增加硝酸钙$Ca(NO_3)_2$用量，使植株健壮。

选择优质种苗移栽，叶质肥厚，叶色深绿，子叶对称均匀，6片叶子，无病虫害，根系将基质紧紧缠绕，从穴盘中拔出时无散坨的作为选择移植标准。

幼苗太小营养积累不足，花期会导致枝条少，长势弱；幼苗太大，缓苗慢，冬化期间需要多次切球，增加工作量。

苗期重点防治甘蓝常见病虫害，如炭疽病、霜霉病、蚜虫、小菜蛾等。防治炭疽病、霜霉病等真菌性病害可用嘧菌·百菌清，按 80 ～ 120mL/ 亩，发病前或初期用药，叶面均匀喷雾，一季最多使用 2 次，安全间隔期为 7 ～ 10d；蚜虫可用 40% 啶虫脒 3 ～ 3.75g/ 亩兑水喷雾，也可用 70% 吡虫啉 3.3 ～ 4.3g/ 亩兑水喷雾，2.5% 高效氯氟氰菊酯 20 ～ 30g/ 亩兑水喷雾等；小菜蛾可用 1.8% 甲维·高氯氟 40 ～ 60mL/ 亩兑水喷雾，也可使用 5% 甲氨基阿维菌素 4 ～ 6mL/ 亩兑水喷雾、1.8% 阿维菌素 33 ～ 50mL/ 亩兑水喷雾防治。

四、定植

（一）准备耕作

选择的田块不仅富含有机质，地势平坦，灌排方便，而且最好不要连作，深翻土壤 20cm，施入农家腐熟有机肥 4 000kg/ 亩、无机复合肥 15.5kg/ 亩，耙平起垄。

（二）杀菌和喷施除草剂

定植前需要对温棚大田密闭杀菌，2d 后通风，喷施除草剂，3d 后可以定植。

（三）定植

8 月上旬进行定植，按照 2 800 ～ 3 000 株 / 亩定植，行距 90 ～ 100cm，株距 30 ～ 35cm，开沟深 10 ～ 15cm，按照父本、母本比例为 1∶2 进行定植。定植后压实土壤，进行滴灌，浇缓苗水，不可大水漫灌，以提高地温，促进植株根系发育。同时，应及时切开叶球以利于抽薹。

五、栽培管理

温室大棚繁育甘蓝种子，制种田需要与其他甘蓝作物严格隔离。

（一）种苗抽薹时要适时追肥浇水

使用烯腺·羟烯腺 800 ～ 1 000 倍液进行喷雾，应在甘蓝定植缓苗后至结球前施药，注意均匀喷雾。整个生长期一般用药 2 ～ 3 次，每 7 ～ 10d 施药 1

次。避免中午高温施药，大风天或预计 1h 内降雨，请勿施药。每季最多可使用 3 次。同时将下部老叶、黄叶、枯叶去掉。冬季温室应保持冷凉，根据具体的天气情况开关上风口、下风口、后窗，保持室内温度在 2 ～ 5℃。一般可在外界最低气温为 –5℃左右时，夜间只关闭风口，不盖棉被，白天打开上下风口和后窗；外界最低气温低于 –6℃及以下时，夜间需加盖棉被，白天可开上风口和部分后窗。

（二）花期管理

花期严禁喷药。可在花期浇水前随肥料掺入地菌净或根腐宁或速克灵等杀菌剂，进行杀菌处理。花期要保持土壤水分，在始花期和盛花期根据墒情进行浇水，一般浇水 1 ～ 2 次即可。初花期浇水前施肥，追施复合肥（N∶P∶K=10∶20∶25）5 ～ 10kg/ 亩。3 月下旬，温室种株陆续开花，最高温度达 20℃以上时，可以安排蜜蜂授粉。温度太低或太高，会导致花粉发育不良，不易结实。为了提高授粉率，提高繁育种子的质量和产量，要保证有充足的授粉蜂源，每亩 2 箱蜜蜂进行授粉。在种株始花期前用竹竿或木棍搭架，距地 60 ～ 80cm 拉铁丝，用三脚架固定植株，防止倒伏。父本花期结束授粉完毕，拔掉父本，移到设施大棚外。

（三）结荚期

喷施 0.2% 的磷酸二氢钾 +0.2% 硼肥，亩用量 50g 兑水 15 ～ 25 L，每隔 5 ～ 7d 喷 1 次，连喷 3 次，提高种子产量。根据实际情况用 70% 吡虫啉、甲氰菊酯、虫酰肼、1.8% 阿维菌素防治蚜虫、菜青虫、甜菜夜蛾和小菜蛾；用 50% 乙烯菌核利水分散粒剂 600 ～ 800 倍液 +70% 代森锰锌可湿性粉剂 600 ～ 800 倍液或 50% 异菌脲悬浮剂 800 ～ 1 000 倍液 +25% 戊菌隆可湿性粉剂 600 ～ 1 000 倍液防治灰霉病和菌核病发生，每隔 5 ～ 7d 喷 1 次，连喷 2 次。在末花期，水肥控制不当会出现第 2 茬花枝，要及时掐除主干和侧枝顶端花芽。结荚期适当减少肥水，促进生殖生长。如遇天气干旱，墒情不好，要及时浇水。

六、种子采收

从定植到种子成熟需要 210d，当种荚变黄，剥开种荚，种子发黑，即可采收，此时种荚易于爆裂，需及时采收。在每天 9：00—10：00 采收为宜，以免种荚炸裂，造成种子弹落。脱粒的种子要及时晾晒，不要把种子放在口袋内过夜，以免不干的种子发热，在高温高湿的环境中发霉。脱粒晾干后风选。晾晒种子时禁止在塑料薄膜或水泥地上暴晒。在整个采收过程中，无论风选、脱粒都要由专业人士来完成，避免混杂，确保种子的纯度、净度、水分、芽率和芽势达到国际标准。

在田间病虫害管理期间，要在开花前喷药，花期禁止施药；种子采收后，要放到布料上碾磨、晾晒，不能在土地上、水泥地上加工种子。整个过程要在33℃以下进行，33℃以上要进行遮阴防护。种子要割青不割熟，待种皮发青，剥开种皮后，种子变黑或红色变硬即可采收，不要等到发黄再采收。

第九章　中草药

中医药是传承千年历史的宝贵财富，是我国传统文化的杰出代表。山东省位于我国东部，东临黄海，北接华北平原。地形以山地、丘陵和平原为基本类型，大致可分为鲁东山地丘陵区、鲁中东山地丘陵区、鲁西北平原区 3 个一级地貌区。由于自身地理优势，拥有辽阔的土地资源和海域资源，覆盖中药材资源众多。根据山东第三次中药资源普查统计，全省中药材资源 1 487 种，占全国中药资源种类的 10% 以上。其中，植物类药材 1 299 种。同时，山东种植中药材历史悠久，也是中药材种植大省。截至“十三五”末，全省中药材栽培面积 380 多万亩，品种达到 110 个，总产值 200 多亿元。有 26 个品种种植面积过万亩，其中金银花、丹参、酸枣仁、柏子仁的面积和产量均占全国的 60% 以上。近年来，中药材生产区域化、规模化、标准化、规范化水平提升较快，为农业增效、农民增收和现代农业高质量发展提供了重要支撑。

第一节　丹参绿色高效生产技术

丹参为唇形科鼠尾草属多年生草本植物，其干燥根和根茎入药，春、秋二季采挖，具有活血祛瘀、痛经止痛、清心除烦、凉血消痈等功效，是我国大宗中药材之一。丹参入药历史悠久，始载于《神农本草经》，列入上品。丹参资源分布广泛，主要分布在安徽、河北、河南、湖南、山东、山西、陕西、江苏、浙江、江西等地。山东丹参野生于荒坡、路旁，全省山区均有分布，人工种植历史较长，栽培面积较大，主要于临沂、潍坊、济南、日照、青岛、泰安等地，济宁泗水、曲阜、兖州、邹城、微山、嘉祥、梁山等山地丘陵地区多有种植。

一、栽培技术

丹参适应性较强，耐寒、怕旱、怕涝，喜温暖湿润、阳光充足的环境，选择土层深厚、肥力中等的沙性壤土为好，不宜在低洼或盐碱地种植。

（一）选地整地

选择土层疏松肥沃、排水良好的壤土地块，忌黏土。整地前将地块上的枯草、藤本等杂物清理干净。每亩结合整地施腐熟好的农家肥 2 500kg，磷酸二铵 15kg 或复合肥 50kg，机耕深翻 30cm 以上，土壤上松下实，耙细、整平。大田四周修建排水沟。

（二）起垄覆膜

于霜降后至封冻前或解冻后，结合土壤墒情，及早起垄覆膜，垄宽 90cm，垄高 25cm，垄面宽 90cm。垄面保持平整覆膜，选用黑灰双层可降解地膜，膜宽 100cm。铺膜时紧贴地面、拉紧，薄膜边缘埋土压实。

（三）种苗准备

丹参可用种子繁殖或根茎繁殖。生产上多采用种子繁殖，部分产区用根茎繁殖。种子繁殖，植株根系发达，生长迅速，抗病性强，产量高。根茎繁殖虽然容易成活，但后期根系生长缓慢且容易老化，还容易携带病原体，抗病性差，产量不高。

1. 苗床选择

选择土层深厚、疏松肥沃、排水良好的沙性壤土地块进行育苗。施足基肥，深耕细耙，按垄面宽 120cm、垄高 30cm 进行起垄。

2. 播种育苗

丹参种子无休眠期、寿命较短，存放 9 个月的种子发芽率极低，育苗用种宜采用当年收的新鲜种子。选择抗性强、适应性广、丰产、品质优良的丹参品种，种子收获后即可播种，最晚不迟于 8 月上旬。播种前，浇透苗床，保证土壤湿润。将丹参种子和细土按 1∶5 比例拌匀，均匀撒播于垄面上，覆土 0.5cm，覆盖麦草 5cm，播种量 5 ～ 7.5kg/ 亩，随播期推迟可适当增加。一般 20d 左右即可出苗。

（四）移栽方法

丹参的移栽可分为秋栽和春栽，秋栽产量较高。春栽一般在春天土壤解冻后移栽，不迟于 4 月中下旬，栽后浇透生根水。秋栽一般在每年的 10 月至 11 月上旬，土壤封冻前可在丹参植株上覆 1cm 厚的细土，保证安全越冬。

1. 种苗选择

选用根长 15cm，上部直径 0.5cm 以上，颜色朱红，无病虫害、无机械损伤、均匀一致的健壮种苗。

2. 移栽定植

采用膜上移栽，垄面膜上按行距20cm顺垄交叉种植2行，株距15～20cm。穴栽，穴深15～20cm，将种苗斜放于穴内，栽后及时浇水稳根，用细土将穴边地膜四周土壤压实。亩栽6 000～8 000株。

（五）田间管理

1. 中耕除草

覆盖地膜能有效减少杂草为害，根据杂草情况必要时进行中耕除草，保持田间清洁。

2. 追肥

4月中下旬，丹参进入初花期，生长速度加快，结合浇水，进行追肥，肥料以钾元素含量高的为宜，每亩追肥20kg。7—8月，视植株长势，可每亩喷施磷酸二氢钾叶面肥。

3. 浇水

丹参生长早期怕旱，根据墒情及时浇水能够促进缓苗，防止干旱对丹参生长发育造成的不利影响，出现缺苗断垄现象。7—8月，丹参根部开始迅速生长，是药材产量和质量形成的关键时期。此时雨水较勤，要注意及时排水，避免田间积水，防止烂根。

4. 摘花除蕾

4—5月，丹参开始陆续抽薹开花，为保证养分集中于根部，促进根条发粗膨大，除留种的植株外，在开花之前摘除花蕾。

（六）病虫害防治

1. 病害

常见的病害有根腐病、根结线虫病、叶枯病等。根腐病高温多雨季节容易发病，多为害植株根部，受害植株细根先发生褐色干腐，逐渐蔓延至粗根，根部横切维管束断面有明显褐色病变。后期根部腐烂，地上部萎蔫枯死，一旦发生病害，严重影响丹参产量。根结线虫病为害丹参根部，被害主根、侧根和须根上都生有瘤状虫瘿，主根和侧根变细，须根变多。虫瘿上生有细毛根。线虫寄生后，根系功能受到破坏，使植株地上部明显矮化，叶片色变黄，生长瘦弱，严重影响植株的生长和品质。叶枯病多为害叶部，发病初期，植株的叶面会产生褐色圆形小斑，病斑不断扩大呈现灰褐色，叶片焦枯，植株死亡，病情严重时会影响丹参产量。除了在移栽时用杀菌剂浸泡消毒外，与禾本科作物实行 3 年以上的轮作，可减轻土壤中的线虫密度。轮作及使用生物菌肥的措施，同时注意雨季及时排水，也能一定程度缓解病害的发生。发病时喷施健根宝、氨基寡糖素、多抗生素等绿色生物农药，能很好地抑制病害的发生。

2. 虫害

常见有蚜虫、银纹夜蛾、蛴螬等。蚜虫主要危害叶片和嫩茎，成虫、若虫吸食茎叶汁液，严重时造成叶片卷曲、变形，植株生长缓慢。银纹夜蛾主要为害叶片，幼虫咬食叶片，严重时叶片只剩网状叶脉，影响植株生长。蛴螬主要危害根部，幼虫咬断苗或啃食根部，容易造成缺苗或根部空洞。发生虫害时可采用粘虫板、杀虫灯、性诱剂等捕杀工具进行捕杀，也可利用害虫天敌进行灭虫，必要时利用烟碱、除虫菊素、鱼藤酮、苦参碱等低毒、残效期短的植物杀菌剂进行毒杀。

二、采收加工

（一）采收

1. 种子采集

在 6—7 月，选择健壮丹参植株，果穗 2/3 果壳变枯黄时剪下，晾晒，脱粒，精选出色泽光亮，籽粒饱满的种子，风干备用。

2. 根茎采收

鲁西南地区丹参收获分为两个季节，秋末冬初地上茎叶枯萎后收获或早春萌发前采挖。隔年采收商品品质下降。选择晴朗天气，土壤含水量 60% 左右时收获最为适宜。根茎采收分为人工采收和机械采收两种方式，人工采收由于丹参根条入土较深，质脆，容易折断，必须小心挖掘，采收时将地上茎叶除去，在栽植垄的一端开挖，顺沟挖出完整的参条。

（二）产地初加工

丹参挖出后，就地晾晒至变软，抖掉泥土，集中到晒场晾晒或放入烘箱干燥。其他细小、断碎参根集中另地晾晒至干燥。晾晒、挑拣分级过程，应保证场地空气流通顺畅，清洁，无污染物。干燥后的丹参根条用编织袋或麻袋包装，放置到阴凉干燥的仓库进行储存，切记防止参根受冻、过雨霉变。

第二节 凤丹绿色高效生产技术

凤丹为毛茛科芍药属多年生落叶灌木，花为单瓣白色，以根皮入药，具有清热凉血，活血化瘀功效。用于温毒发斑、吐血衄血、夜热早凉、无汗骨蒸、经闭痛经、痈肿疮毒、跌扑伤痛等。凤丹适应性强、抗性强、栽培范围广，全国各地均有种植。山东省凤丹栽培主要分布在菏泽、济宁、聊城等地，其中菏泽市凤丹栽培历史悠久，主要分布在牡丹区、郓城、鄄城、单县、曹县等地。济宁市嘉祥、邹城、梁山等县（市）多有种植。

一、栽培技术

（一）选地整地

凤丹喜温暖、凉爽、干燥的环境，耐寒、耐干旱、耐弱碱，忌积水、忌烈日暴晒，忌重茬，可与小麦、玉米、芝麻进行轮作。适宜在疏松、深厚、肥沃、地势高、排水良好的中性沙壤土中生长。配合深耕，每亩施 1 500 ～ 2 000kg 腐熟有机肥和 40 ～ 50kg 复合肥，整平耙细起垄，垄高 30cm、垄宽 90cm，垄间距 60cm。

（二）繁殖方法

凤丹一般采用种子育苗的繁殖方式，1 ～ 2 年后进行移栽，也可将 3 年以上的植株分根移栽。

1. 种子育苗

（1）种子的采集

7 月上旬至 8 月初，当种壳由黄色逐渐变为褐色时即可进行采收，采收后的果荚放在通风阴凉处，待果荚慢慢开裂后取出种子，即可播种。

（2）苗床处理

选择疏松肥沃、排水较好的地块，施足基肥、深耕细耙，按垄面宽 100cm、垄高 30cm 进行起垄，垄间距 30 ～ 50cm。

（3）种子处理

去除干瘪的种子及杂质，选择籽粒饱满、黑色光亮、无霉变的种子放在 50℃

左右的温水中浸泡 24 ～ 36h，然后用 300 倍的甲基托布津浸种 3 ～ 4h。

（4）播种

8—9 月，采用条播或畦播。条播法将处理后的种子均匀播入开好的浅沟中，沟深 5 ～ 8cm，行距 20 ～ 25cm，种子间距 3 ～ 4cm，播种后覆土盖平，稍加镇压。畦播是将种子均匀的撒播在起好的垄面上，种子间距不小于 3cm，播后覆土 5cm 左右，稍加镇压。视情况适量浇水，盖上秸秆或覆盖地膜，增加地温，保持土壤湿度。

（5）苗期管理

播种后 30 ～ 40d 开始生根，如土壤干旱，可浇 1 次透水，翌年 3 月中旬，地温上升到 4 ～ 5℃时，种子幼芽开始萌动，及时揭去秸秆或覆膜，拔草并浅松表土。5 月下旬至 6 月上旬，浇 1 次水，雨季要及时排除田间积水，注意田间病虫害防控。一般以二年生苗作为生产种苗，9—10 月幼苗地上部分枯萎，将种苗移栽到大田。

2. 分株繁殖

9 月下旬至寒露前，选择健壮、无病虫害的种株 3 年以上的凤丹挖出，剪去根颈上部的老枝只保留萌蘖芽和当年萌蘖新枝，去掉泥土和伤根，晾晒 1 ～ 2d 后待根部失水变软，顺势将植株分成数丛，每丛带有部分细根和 2 个以上萌芽，伤口处用杀菌剂涂抹，即可移栽。然后在整好的地块上按株距 60 ～ 70cm 挖穴，将植株移入，栽种时注意保持根系舒展，栽植深度以根颈低于地面 2cm 左右为宜，填土压实，冬季封土呈土堆状，以安全越冬。

（三）移栽

1. 种苗选择

选择生长健壮、无病虫害，根与芽头完整、无侧根的 2 年生苗或 3 年以上分株苗作为种苗。

2. 定植

一般在 9—10 月进行移栽。移栽前先将种苗修剪后用杀菌剂浸泡消毒。在整好的垄上按株距 50cm、行距 60cm 开穴，穴深 20cm 左右，穴直径 25 ～ 30cm，每穴 1 株，填土至半穴时轻轻向上提苗并左右摇晃，使根部舒展，然后填满踏实。

（四）田间管理

1. 中耕除草

移栽后的前两年，植株冠幅较小，不能遮住地面，容易滋生杂草，生长期间应经常松土除草，尤其是雨季来临要及时中耕松土，避免表土板结，防止发生草荒。中耕时，注意避免伤及凤丹根部，入冬后对外露的凤丹根部要加强培土，防止冻伤。

2. 浇水

干旱天气应及时浇水，定植 1 年的苗地可铺盖稻草等防止水分蒸发。雨季应及时清理排水沟，做好排涝工作，防止积水，避免涝害的发生。

3. 追肥

移栽后的第 2 年起，每年分 2 次进行追肥，主要是花肥及冬肥。花肥主要是在土壤解冻之后至春季苗木抽芽之前，每亩施 50kg 左右的复合肥，促进苗木的花芽分化及叶片生长。冬肥是在秋季凤丹落叶后施入，以饼肥及腐熟有机肥为主，每亩施腐熟的有机肥 1 000 ～ 1 500kg。施肥时注意稍稍离开根部，以免烧根。

4. 摘花除蕾

定植后的第 3 年开始，每年春天开花前摘去花蕾，使养分集中到植株和根系的生长，以提高丹皮的产量。

（五）病虫害防治

1. 病害

常见病害主要有猝倒病、根腐病、灰霉病、早疫病、炭疽病、白粉病等。及时清洁田园，清除病株，集中销毁，可防止病菌蔓延。必要时喷施邻烯丙基苯酚、木霉菌等高效、广谱、低毒生物杀菌剂进行防治，对真菌、细菌引起的病害有效。

2. 虫害

常见虫害主要为蛴螬、地老虎等。主要为害幼苗顶芯嫩叶，成虫咬断幼苗或嚼食苗根，造成断苗或根部空洞，严重时造成植株枯萎。播种前深翻晒地，清理田边杂草可以有效减少成虫和虫卵，移栽时土中撒入杀虫剂，人工捕捉或铺设杀虫灯、性诱剂也可防治虫害，早发现早防控是控制虫害的关键。

二、采收加工

（一）采收

凤丹一般在栽种后 3 ～ 5 年即可采收，9 月下旬至 10 月上旬选择晴朗的天气，采用人工或机械采挖，将主根全部挖出后，清除掉根部泥土，割下根部，尽量保证根系完整。

（二）产地初加工

将采收的根部清洗掉泥沙，除去细根，用手工或机器除去木芯，将剥好的根皮进行晾晒。采收的根部应及时抽芯，太干会导致木芯不容易抽出。将干燥后的根皮包装后放入通风干燥的库房储存，注意防潮、防虫。

第三节　黄精绿色高效生产技术

黄精为百合科黄精属多年生草本植物，以根茎入药，具有补气养血、健脾、润肺、益肾的功效。按根茎形状不同可分为大黄精、鸡头黄精、姜形黄精。黄精喜阴、喜湿、耐寒、怕干旱，多野生于林下、灌木丛或阴湿草坡等地。黑龙江、辽宁、河北、山东、安徽、浙江、湖南、贵州、福建、广西、云南等省多有栽培。山东省黄精栽培最早开始于泰山山脉周边地区，随着黄精的人工驯化种植，黄精产业在泰安、威海等市快速发展，在济宁曲阜、邹城等地始有种植。

一、栽培技术

（一）选地整地

1. 林下种植地块选择

黄精对种植土壤要求较高，应选择土层深厚、土壤肥沃、表层水分充足、隐蔽、上层透光充足的林缘、灌木、谷地、阴坡、丘陵等地。可以选择核桃、榛子、板栗、皂角等阔叶林郁闭度在 30% ～ 70%，利于保水的砂质或腐殖质层深厚的林下。

2. 大田种植地块选择

大田种植黄精以疏松肥沃、土层厚度≥ 30cm、pH 值 5.5 ～ 7.5 的黄壤土为宜，所选地块周围水源充足、排水通畅，周边植被较好，空气湿度大，光照充足，前茬不能种植茄科作物如辣椒、茄子等，最好选择生荒地或前茬为玉米、荞麦等禾谷类作物的坡地。

3. 整地

林下种植应先将树上的老枝、枯枝、病枝和林下的枯草、藤本等杂物清除干净，既可减少病虫害的病原，也可提高林地的透光率。结合耕地每亩地撒施 2 500 ～ 3 000kg 腐熟农家肥，中耕深翻 30 ～ 40cm，然后耙细、整平、起垄。黄精采取起垄种植，垄距 150cm，垄面 90cm，垄高 10 ～ 20cm。

4. 搭建遮阴网

大田种植应搭建遮阴网或与禾本科作物间作套种。若采用遮阴网种植，应在播种或移栽前搭建，按起垄宽度选择合适的间距打穴栽桩，可用木桩或水泥桩，桩的长度为 2.5m，直径为 10 ～ 12cm，桩栽入土中的深度为 40 ～ 50cm，桩与桩的顶部用铁丝固定，边缘的桩子都要用铁丝拴牢，并将铁丝的另一端拴在小木桩上斜拉打入土中固定。在拉好铁丝的桩子上，铺盖遮光率为 30% ～ 70% 的遮阴网，11 月中下旬可把遮阴网收拢，翌年 2—3 月出苗前，再把遮阳网展开盖好。

（二）品种选择

根据气候和土壤条件选择适宜当地种植的黄精品种，鸡头黄精性状稳定、产量高、品质好，适应性强，比较适宜在山东地区种植。

（三）繁殖方式

黄精的繁殖方式分为种子繁殖和根茎繁殖。根茎繁殖成活率高，生产周期短，产量高，所以生产中大多采用根茎繁殖。

1. 种子繁殖

选择健壮、无病虫害的黄精植株作为母体，在 9 月果实成熟后进行种子采摘，精选后的种子先进行消毒，采用低温催芽法立即进行沙藏，以种子与沙土按 1∶3 的比例进行混合，再拌入种子量的 0.5% 的多菌灵可湿性粉剂，拌匀后装入纱网袋，放置于阴凉背光处深 30cm 的坑中，沙土湿度保持在 30% 左右（用手抓一把沙子紧握能成团，松开后即散开为宜），翌年 3 月播种。

2. 根茎繁殖

每年的 10 月下旬至翌年的 3 月末前后，挑选 2 年以上的健壮植株，选择种茎顶端至少有 1 ～ 2 个有效新芽、有 2 个以上茎结、大小均匀、重量在 20g 以上的优质新鲜块茎作为种茎，切口用草木灰进行处理或用多菌灵浸泡 2 ～ 3min 消毒，捞出沥干，即可栽种。

（四）播种

黄精种子一般在 3 月中下旬播种，根茎可在 3 月进行春播也可在 10 月上旬进行秋播。

1. 种子播种

宜采用点播或条播，每亩约需种子 50kg（带果皮和种皮时的鲜重），可育 10 万株苗。在整好的垄上按株距 15cm、行距 25cm 进行开沟点播到垄面的浅沟中，覆土 1 ～ 2cm，稍微镇压，浇水后盖上一层 5cm 左右的碎秸秆，保持土壤湿润，利于出苗，5 月开始出苗，8 月苗可出齐，苗高 6 ～ 10cm 时，进行适当间苗，留下健壮苗用于定植或移栽。

2. 块茎播种

在整好的垄上按照行距 30cm 进行开沟，每垄 3 行，沟深 10cm 左右，将块茎按照株距 40cm，芽头朝上，均匀平放在沟底，然后覆土 5 ～ 6cm，稍加镇压后浇水，最后垄上覆盖一层圈肥或碎秸秆，保持土壤湿润，利于保暖越冬。

（五）田间管理

1. 中耕除草

为防止杂草争夺营养，2—3 月苗逐渐长出，发现杂草应及时拔除，除草要注意不要伤及幼苗和地下茎，影响黄精生长。从 4 月开始，每月进行一次除草，中耕除草时要结合培土，避免根状茎外露吹风或见光。由于黄精的根茎比较浅，为了避免伤到根茎，最好采用人工拔草或浅锄，禁止使用除草剂进行除草。

2. 追肥

以有机肥为主，辅以复合肥和各种微量元素肥料。有机肥应为充分腐熟的农家肥、圈肥、作物秸秆等，根据生长情况勤施、薄施追肥，春季和夏季是多花黄精快速生长阶段，结合中耕除草进行 3 次施肥，每亩施生物有机肥 100 ～ 150kg，10 月下旬地上茎枯萎倒苗后，清除枯苗和杂草，按照每亩 1 000 ～ 1 500kg 腐熟农家肥进行施肥，施后覆土盖肥，顺行培土。

3. 浇水

黄精喜湿、怕涝、怕旱，种植后应根据土壤湿度及时浇水，使土壤水分保持在 50% 左右。出苗后，按照“少量多次”的原则及时浇水，有条件的地方可采用喷灌，以增加空气湿度，促进黄精的生长。雨季来临前要及时疏通水沟，以保持排水畅通，忌畦面积水。黄精怕水涝，遭水涝时根茎易腐烂，导致植株死亡，造成减产。

4. 摘花除蕾及打顶

黄精以根茎入药，花果期持续时间较长，并且每一茎枝节腋生多朵伞形花序，开花结果使生殖生长旺盛，消耗大量营养成分，影响根茎生长。为提高黄精的产量，应及时摘花除蕾。4月初黄精开始现蕾，开花前应分批进行摘除，同时把植株顶芽摘除，使植株高度保持在1m以下，促使地下根茎养分积累，进而提高根茎产量。

5. 留种

在摘除花蕾前，选择健壮、无病虫害的植株作为母本，在果实成熟后采收种子，将优选的种子消毒之后储存备用。

（六）病虫害防治

1. 病害

常见病害为叶斑病。该病多在5月初发生，主要为害植株的叶片，发病初期受害叶片从尖端出现深褐色病斑，近圆形或不规划形，后逐渐融合成大斑，严重时病叶片枯死，雨季更严重。越冬前及时清除园地的枯枝杂草，减少寄生在枯枝败叶上的病原。发病初期可用1 : 100倍波尔多液或氨基寡糖素进行叶面喷施。

2. 虫害

常见虫害有蛴螬和地老虎。多为害幼苗和根部，成虫咬断幼苗或嚼食苗根，造成断苗或根部空洞。可用黑光灯或毒饵诱杀成虫，也可在清晨进行人工捕杀，严重时可喷施植物杀虫剂，如苦参碱、茼蒿素、鱼藤酮等，可以很好地毒杀害虫。

二、采收加工

（一）采收

黄精种子繁殖最佳采收年限为4年，根茎繁殖最佳采收年限为3年，每年的11月底至翌年的2月初，地下根茎营养成分全部积累转换完毕，此时根茎肥厚、饱满，表面泛黄、断面呈乳白色或淡棕色。宜选择阴天采收，采收时土壤湿度保持在30%左右，便于块茎与土壤分离，抖掉泥土，不伤害茎块。

（二）产地初加工

将新鲜的根茎用清水洗净泥沙，除去须根，放在蒸笼内蒸至出现油润时或放入水中煮沸后，取出晒干或烘干。将干燥好的黄精成品密封包装，存放在通风干燥的仓库内，注意防霉、防虫。

第四节　济菊绿色高效生产技术

济菊，又称嘉菊，为菊科菊属多年生宿根性草本植物，主要分布于济宁市嘉祥县纸坊镇周边的山区丘陵地带。济菊是济宁市特有的传统道地药材，独特的气候和土质条件，形成了济菊花大、色白、香味浓烈、质优效佳的特点，具有疏散风热、平肝明目、清热解毒、舒心养肺等功效，被无数的中医临床实践所证实，是我国八大主要药茶两用菊花之一。

一、栽培技术

（一）选地整地

济菊喜光、耐寒、耐旱、怕涝，宜选择中性偏碱、富含腐殖质、疏松肥沃的土壤，周围有灌溉水源、阳光充足、排水良好、远离污染源的平地或向阳坡地均可种植。地块选好后每亩施腐熟农家肥 2 000kg、复合肥 50kg 作为基肥，机械深翻 30cm 以上，耕平耙细后起垄，垄宽 50cm，垄高 30cm、垄间距 50cm，四周建排水沟。

（二）繁殖方法

济菊通常采用分株和扦插的繁殖方法。分株繁殖虽然容易成活，但根系容易携带母株病原体，植株长势弱，花的产量低；扦插繁殖根系发达，植株生长更旺盛，抗病性强，花的产量高。所以生产中多采用扦插的繁殖方式。

1. 分株繁殖

11 月下旬—12 月上旬，选取健壮、开花多、无病虫害的植株作为种苗，将茎秆在离地面 10cm 处剪掉，把剪掉的地上部枯枝干叶清理出大田。翌年 4—5 月，待种苗上的脚芽长至 30cm 以上，挖出种苗进行分根，抖掉泥土，选取健壮无病虫害且须根多的脚芽从母株分离，立即栽种或放置阴凉潮湿处待用。

2. 扦插繁殖

4—5 月，在济菊健壮无病虫害植株上剪取约 10cm 的枝条或顶芽作为插穗，将插穗下部的叶子剪掉，只留上部的 2 ～ 3 片叶，插穗下端切成斜面，用生根剂浸泡后小心地插入苗床上提前扎好的洞中，插入深度约为插穗长度的1/3。插好后浇透水，搭设拱棚，覆上遮阴网，根据气温情况适时遮盖塑料薄膜，保持苗床湿润，15 ～ 20d 即可生根，40d 后即可移栽定植。

（三）移栽

济菊一般在春季进行移栽定苗。采用分株繁殖时在 4—5 月将分离出的健壮脚芽直接进行田间移栽。采用扦插繁殖时需在扦插苗生根后，进行定植。在整好的地块上按照株距 50 ～ 60cm 进行垄上开穴，每穴 2 株。

（四）田间管理

1. 中耕除草

移栽成活后根据情况适时进行中耕除草，保持田间无杂草。生长中期正值雨季，杂草生长旺盛，防止草荒可适当增加除草次数。现蕾后至花期结束一般不再需要除草。为避免伤到根部，中耕除草不宜过深，以地表下 3 ～ 4cm 为宜，同时进行培土，防止植株倒伏。

2. 追肥

济菊根系发达，为喜肥作物，除施足基肥外还应进行适时追肥。移栽返苗后应及时追施尿素或复合肥每亩 10 ～ 15kg，进行催苗。7—8 月间，植株进行分枝时再次追肥，每亩施复合肥 20 ～ 25kg，促进植株生长，多分花枝。济菊刚现蕾时，每亩追施复合肥 20 ～ 25kg 或尿素 15kg 及过磷酸钙 25 ～ 30kg，促进多结蕾开花。施肥时可配合中耕除草同时进行。

3. 浇水

移栽结束后要及时浇水，保持地面湿润，提高幼苗成活率。幼苗成活后要适当控水，使植株地上部缓慢生长，防止枝叶过于茂盛引发病虫害。雨季注意排水，防止涝害发生。蕾期根据天气情况适时进行浇水，促进多结花蕾，提高产量。

4. 打顶

菊苗长到 30cm 左右时进行第一次打顶，促使植株主干粗壮、分枝。当植株分枝后，侧枝长到 15cm 左右时进行侧枝打顶。打顶时间最迟时间不超过 8 月底，以免影响现蕾时间，造成花期推迟，影响产量。

（五）病虫害防治

1. 病害

济菊常见病害有霜霉病、叶枯病、枯萎病等。霜霉病主要为害叶片、嫩茎，发病初期叶片表面出现不规则斑点，严重时叶片病斑背面出现白色的霉层，茎叶逐渐呈黑褐色，最后干枯死亡。叶枯病主要为害叶部，一般下部叶片先发病，叶片表面出现褐色小点，后扩展成不规则病斑，严重时叶片枯黄、脱落。枯萎病是由真菌中的半知菌引起的主要为害根和茎部，发病前期出现叶片发黄，局部枯萎下垂，后期植株根系变黑、腐烂，植株逐渐枯死。栽种前选择无病菌地块作留种地，选择健壮无病植株作种苗，清理菊园的残枝枯叶，可以减轻发病。栽植时用杀菌剂浸泡种苗也可很好地预防病害发生。发病后及时摘除病叶、病枝并带出地块集中销毁。也可选用微生物源药剂木菌属进行喷施，使用后可迅速消耗发病点附近的营养物质，致使病菌停止生长和侵染，起到防治作用，对霜毒病有很好的疗效。还可选用生物杀菌剂氨基寡糖素或健根宝，对叶斑病、枯萎病均能起到很好的防治作用。

2. 虫害

常见虫害有蚜虫、菊天牛、地老虎等。蚜虫主要为害叶片、嫩茎、花蕾等，使嫩梢卷缩，叶片卷曲、畸形，植株生长发育迟缓，发病时期分布较广，从苗期到花期均有发生，4—5 月为高发期。菊天牛要为害花茎和主干的木质部，发病时主干出现虫洞、伤口，严重时花茎断枯、萎折。地老虎主要为害幼苗顶芯嫩叶，严重时造成植株枯萎。发病后夜晚可用黑光灯进行诱杀，早晨在被害作物旁进行人工捕杀，也可用新型植物杀虫剂鱼藤酮、烟碱、除虫菊素、苦参碱、茼蒿素等进行喷施，对蚜虫、菊天牛、地老虎等虫害均能防治。

二、采收加工

（一）采收时间与方法

10 月下旬至 11 月中旬，选择花蕊散开 60% ～ 90%、花瓣完全展开、花色鲜亮的头状花序分批采摘。选择晴天早上露水干后采摘。

（二）产地初加工

采摘后的济菊应及时进行杀青处理，通过杀青可以分解叶绿素和生物酶，杀死细菌，可以保留花蕾的颜色及营养成分，延长保存时间。菊花常见的杀青方式有蒸汽和微波杀青，蒸汽杀青成本低，易操作，微波杀青快速、高效、成本高，两种方式杀青后的花蕾品质相差不大。杀青后的花蕾放入烘干箱内铺平，在 30 ～ 65℃内逐步升高分段烘制，烘干时间一般不超过 24h，当含水量达到 14% 时即可。烘干后的花蕾去除碎叶和杂质后，用塑料袋进行密封包装，必要时放入适量的防潮剂，存放在干燥通风的仓库中。

第五节 金银花绿色高效生产技术

金银花初开时为白色，后变为黄色，故名金银花，属忍冬科忍冬属半常绿藤本植物。多以花蕾或带初开的花入药，具有清热解毒、消炎、抗菌的功效，对于外感风热、肺热咳嗽等病症具有很好的疗效，是我国大宗中药材之一。金银花生命力强、适应性广，具有喜阳、耐寒、耐旱的特性，对土壤要求不高，常野生于山坡、丘陵的灌木丛或边缘地带，全国除西藏、新疆、青海、宁夏、内蒙古、黑龙江和海南无自然生长外，其他各地均有分布。山东、陕西、河南、河北、湖北、江西、广东等省均有大面积种植。山东省临沂市平邑县金银花种植历史悠久，野生品种较多，种植面积最大，是我国著名的金银花主产区之一，济宁地区金银花的种植主要分布在泗水、邹城、曲阜等县（市）山区丘陵地带。

一、栽培技术

（一）选地整地

金银花适应性强，对土壤的要求不严格，一般选择排灌良好、光照充足的沙性土壤，山坡、梯田、堤堰、丘陵均可栽种。地选好后每亩施腐熟的农家肥 2 000kg，氮磷钾复合肥 50kg，深翻 30cm 以上，整平耙细。

（二）繁殖方法

金银花一般通过种子、扦插、分根和压条进行繁殖。种子繁殖费工，成苗慢；分根、压条不利大量繁殖，费时费工，所以实际生产中多以扦插繁殖为主。

1. 苗床选择

选择土质疏松、肥沃、排水良好的沙质壤土和灌溉方便、有水源的地方作为育苗地。将地块深翻 30cm 以上，整平耙细，施足基肥，扦插前将床面用水浇透。

2. 插条选择

选 1 ～ 2 年生健壮、无病虫害的金银花枝条，截成长 30cm 左右的插条，约保留 3 个节位。摘去下部叶片，留上部 2 ～ 4 片叶，将下端削成平滑斜面，扎成小捆，用生根剂浸泡后立即进行扦插。

3. 扦插时间

金银花春、夏、秋3个季节都可进行扦插，为了保证成活率一般选择在春季或秋季进行扦插。

4. 扦插方法

在整好的苗床上，按行距20cm开沟，按株距3～4cm用小木棒在畦面上打引孔，然后将插条下端15cm插入孔内，按紧压实后立即浇水，根据温度条件搭设拱棚，覆上塑料薄膜和遮阴网进行保温保湿和遮阴，其间适时浇水，保持土壤湿润。半个月左右便可生根。

（三）移栽

金银花的移栽一般在早春或秋冬季进行。在整好的地块上，按行距200cm、株距150cm开穴，穴直径30～50cm、穴深50cm，把足量的基肥与底土拌匀施入穴中，选择健壮的种苗移栽至穴中后填细土压紧、踏实，浇透定根水后培土保墒。

（四）田间管理

1. 中耕除草

在春季枝条萌发出新叶片至雨季来临前，根据杂草生长情况适时进行除草。进入雨季后杂草生长旺盛，为保证金银花的正常生长，每10d左右进行一次除草。秋季来临，雨量减少，杂草生长缓慢逐渐枯萎，期间除草时间间隔可适当延长。避免伤到根部，金银花植株根部周围宜浅耕，其他地方宜深耕。最后一次中耕除草时应在植株根部培土，避免根部冻死冻伤，便于越冬。

2. 追肥

结合中耕除草在早春萌芽后及每茬花采摘后应分别进行追肥，春季和夏季主要施撒腐熟的有机肥，同时可配合追施适量的无机肥。施肥时在植株根部四周开沟，将肥料撒入沟内，然后覆土将肥料完全掩埋。秋季末追肥也采用同样的方法每亩施尿素30～40kg。

3. 浇水

根据季节和降水量合理安排浇水次数。春季和秋季植株生长旺盛，对水的需求量较大，但天气往往比较干旱，可根据干旱情况及时适量浇水，否则会影响植株正常生长及着花量。夏季雨水较多，应做好排涝工作，防治烂根。

4. 修剪

金银花一般修剪为伞形，幼苗时期的修剪以整形为主，培育出一级、二级、三级的主要枝干。5 年以上的金银花基本有了树形，为了提高产量和品质修剪时应考虑到植株的生长状况、花期、透气性等多方面因素，所以修剪时可将枯枝、病枝、杂枝、密枝、弱枝等去除。20 年以上的金银花开始进入老化阶段，修剪时一般将上部的老枝全部剪掉，促使新枝萌发。金银花一年四季都可进行修剪，一般每年秋末冬初至来年春季萌芽前进行休眠期的修剪，生长期内每茬金银花采摘完后即可剪掉分生营养侧枝的尖部，以轻剪为主。

（五）病虫害防治

1. 病害

常见的病害有白粉病和叶斑病。白粉病多为害新枝和嫩叶，发病初期在叶片表面出现小白点，逐渐蔓延整片叶片，随后叶片发黄脱落，感染的茎秆呈褐色。叶斑病多发生在 7—8 月，发病初期叶片出现褐色小圆点，后逐渐扩大成不规则病斑，严重时叶片枯黄脱落。发病后及时清理带病枝叶，带出园区集中销毁，必要时选择新型广谱、高效、低毒的生物杀菌进行喷施，例如氨基寡糖素，通过诱导植物产生抗病因子，短时间内产生抗病物质，对白粉病和叶斑病均有很好的防治效果。

2. 虫害

常见的虫害有蚜虫、天牛、尺蠖等。蚜虫多发生在蕾期和花期，主要为害叶片，造成叶片萎缩花蕾畸形。天牛主要为害花茎和主干的木质部。尺蠖主要为害叶片和花蕾，严重时可吃光叶片。除进行人工捉虫或铺设杀虫灯等农业、物理防治方法外，必要时可使用药效快、残留期短的植物杀虫剂，例如烟碱、除虫菊素、苦参碱、茼蒿素等多种新型植物提取杀虫剂，对害虫具有触杀、胃毒和杀卵作用，对人、畜低毒，对蚜虫、天牛、尺蠖等虫害能起到很好的防治作用。

二、采收加工

（一）采收

金银花一般在 5—10 月均可采摘，品种不同、地区不同开花的茬数与时间略有不同。注意观察花的外部形态变化，当花蕾由绿变白、顶部膨大、含苞待放时为最佳采摘时期，上午采摘的花质量最好，此时的花蕾养分足、气味浓、颜色好，品质有保证。

（二）产地初加工

金银花的加工方式较多，可以直接晒干，也可以机器烘干或微波干燥。传统直接晾晒受天气影响较大、时间长、产量较低、质量无法保证。实际生产中一般选用机器烘干法或微波干燥，这样生产出的产品干度均匀、色泽鲜亮、外形饱满、不破坏自然药效、营养成分不流失，质量和产量都有保证。

第六节　猪牙皂绿色高效生产技术

猪牙皂来源豆科皂荚属植物皂荚，因受外伤、气候等影响而结出的畸形不育小荚果，其不育荚果形似猪牙，故名猪牙皂。具有祛顽痰、通窍开闭、祛风杀虫、抗肿瘤等功效，是我国传统中药材，具有悠久的生产、栽培和应用历史。全国大部分地区有分布，河北、山西、河南、山东等省为主产地。山东省各市均有分布，多野生于山间或散布栽植于房前屋后、村边院内。济宁邹城市栽培猪牙皂的历史源远流长，1 500 年前晋代陶弘景编著的《名医别录》中就有：“皂荚，生雍州及鲁邹县，如猪牙者良”的记载。明代李时珍在《本草纲目》中将邹城柳下邑称为“牙皂之乡”，并对牙皂形状、习性、功能、药理、价值等详加描述。邹城猪牙皂以看庄镇的“柳下邑猪牙皂”最为有名，具有较高业内认可度及知名度，被《中草药大典》收录为中草药植物图鉴。2017 年，国家市场监督管理总局批准“柳下邑猪牙皂”为国家地理标志保护产品、地理标志证明商标、农产品地理标志产品。

一、栽培技术

（一）选地

猪牙皂具有喜光、耐干旱瘠薄的特性，对环境条件要求不高，各种土壤均可生长，以腐殖质多、pH 值呈中性的棕壤土质为最佳。园地应选择土层深厚，疏松肥沃，排水良好的地块，山地应选择南向坡为佳。结合深耕，每亩施腐熟的农家肥 3 000 ～ 4 000kg，整平耙细待用。

（二）嫁接繁殖

采用大皂角实生苗作为砧木，猪牙皂枝条作为接穗进行嫁接。

1. 砧木选择

选择1～2年生径粗0.8cm以上，生长健壮、根系发达、无病虫害的实生大皂角苗作为砧木。

2. 接穗采集和处理

在枝芽萌芽前两周，采集健壮、芽饱满、无病虫害的柳下邑猪牙皂一年生枝条作为接穗，剪取长度为10～15cm，粗0.8cm左右，保留3～4个芽。将采集的接穗完全浸泡到500～800倍高锰酸钾溶液中，浸泡约30min后捞出晾干，对接穗进行蜡封处理后，立即包扎成捆装入麻布袋放入湿沙中储藏。

3. 嫁接时间

每年4月上旬至5月上旬为邹城猪牙皂适宜的嫁接时期，此时天气回暖，植株生长旺盛，利于接口的愈合和再生。

4. 嫁接方法

猪牙皂多采用芽接法或劈接法。

（1）芽接法

芽片削取长1.5～2.0cm、宽0.7cm，捏住芽头轻轻扭下。在离地面10～20cm处用嫁接刀将树皮切出长1.5cm、宽0.5cm的“T”形切口，将树皮轻轻撬开，把取好备用的芽片插入切口中一侧靠紧，用塑料薄膜带包扎密封，芽要外露。

（2）劈接法

在离地面3～10cm处锯断砧木，用嫁接刀在砧木切面上开一个垂直的接口，将接穗下部两侧削成楔形，插入砧木接口，用塑料薄膜带包扎密封，接穗上面保留长度5～6cm、芽头2～3个，将砧木地上部同接穗一起埋入土堆中，成活后去掉覆土。

5. 嫁接后管理

嫁接后15d左右查看成活情况，如果发现未活，应及时补接；嫁接30d后可解除接口的塑料绷带，并将接芽上部留少量枝叶用作营养；经常注意将砧木上的萌芽及时去除，促使接口快速生长，同时还应注意防风，防止新生枝条被风折断；适时中耕除草，加强水肥管理和病虫害防治。

（三）移栽

猪牙皂秋末冬初土壤封冻前或春季苗木萌芽前均可进行移栽。秋栽，在秋末冬初土壤封冻前进行移栽，栽后灌足水，根部培土堆，注意保墒防寒；春栽，在土壤解冻后到春季苗木萌芽前进行移栽，栽后灌足水，根部培土堆。

1. 选苗和起苗

选择 2 年生、茎秆粗壮挺拔、无病虫害、无机械损伤、根系发达、发育健壮的嫁接苗。苗木标准为秆高 1.2m 以上、径粗 1cm 以上。在落叶后，直至翌年春季萌芽前起苗。过程中应保持根系完整，无机械损伤。

2. 根部处理

先将苗木根部放入石灰水中浸泡 1 ～ 2min 消毒杀菌，再放入浓度为 50 ～ 200mg/kg 生根粉溶液中浸泡 10min，然后捞出准备栽植。

3. 开穴

根据立地条件，株距控制在 3 ～ 4m，行距控制在 5 ～ 6m。栽植前先按株行距定点，然后以定植点为中心挖穴，深 80 ～ 100cm，直径 100cm。

4. 定植

将苗木放入穴中央，扶正苗木，边填土边提苗保证树的根全部朝下，层层踏实，使根系与土壤密切结合；栽植深度以颈部与地面相平为宜。栽植完毕后，在树苗周围做直径 80cm 的圆形土坝，及时浇定根水，确保土壤充分吸水并与根系紧密接合，促进根系发育。

5. 定干

栽后立即定干，定干高度为 80cm，同时进行清干修剪，剪去所有的二次枝，减少树干失水。

（四）田间管理

1. 中耕除草

及时中耕除草，提倡行间生草或树盘覆草，增加土壤透气性和保水力，防止土壤板结，减少土壤养分和水分流失。

2. 追肥

7 月下旬度过缓苗期后，以氮肥为主，每株穴施尿素 150g，晚秋落叶后进行追肥，每株施有机肥 5kg 左右。

3. 灌溉、排水

根据墒情、天气、苗木生长发育情况，适时适量浇水，旱时勤浇，雨季注意排水防涝，防止积水。

4. 补苗

调查苗木成活情况，根据死株、次株情况，及时进行补栽。

（五）病虫害防治

1. 病害

常见病害有根腐病和叶枯病。根腐病多发生在 5 月，叶枯病多发生在 7—10 月。越冬前清理掉树上的枯枝、落叶及杂草，集中焚烧，减少病原。发病时及时清除带病枝条，减少病原传播，必要时可喷施生物杀菌剂氨基寡糖素或仿生物杀菌剂腈嘧菌酯，对根腐病、叶枯病等真菌、细菌引起的病变有很强的防治作用。

2. 虫害

常见虫害有草履介壳虫、食心虫及桑天牛。草履介壳虫多发生在 4 月，食心虫主要发生在 4—7 月，桑天牛多发生在 5—8 月。可采用粘虫板、杀虫灯、性诱剂等捕杀工具减轻病虫害的发生，也可利用瓢虫、捕食螨、寄生蜂等害虫天敌进行灭虫，必要时使用茼蒿素、鱼藤酮等植物杀菌剂进行毒杀。

二、采收加工

（一）采收

邹城猪牙皂果实成熟期在 9 月下旬至 10 月中旬，果实成熟后应及时采摘，可手摘或用钩刀剔取。

（二）产地初加工

采收后的荚果自然晾晒或烘干，含水率≤ 14.0% 后将荚果用编织袋或麻袋包装，放进干燥通风的库房中储存，注意防霉防虫。

第十章 棉 花

棉花是我国重要的经济作物，是纺织服装的主要原料。我国棉花种植区域主要为黄河流域棉区、长江流域棉区和西北内陆棉区三大棉区。随着大量农村劳动力进城务工造成劳动力短缺，我国曾经最大棉区的黄河流域棉区和第二大棉区的长江流域棉区植棉成本大幅度增加，另外棉花价格低位徘徊，植棉的经济收益大幅度下降，造成此两大棉区棉花种植面积骤减。2021 年西北内陆棉区新疆棉花种植面积 3 759.15 万亩，是黄河流域棉区和长江流域棉区棉花种植面积总和（747.3 万亩）的 5 倍多，我国棉花生产布局变化的最大特点就是由黄河流域棉区和长江流域棉区逐渐向西北内陆棉区尤其是新疆棉区的转移集聚。

黄河流域棉区的山东省是全国重要的棉花生产、消费和纺织品服装出口大省，棉花种植面积和总产多年位居全国第二。近年来，由于植棉收益下降、机械化程度低以及自然灾害频发等多种因素影响，全省棉花生产持续萎缩。目前，山东省棉花种植主要集中在以济宁、菏泽为主产区的鲁西南两熟区，以聊城、德州、济南为主产区的鲁西北一熟、两熟混作区和以滨州、东营、潍坊为主产区的鲁北及黄河三角洲滨海盐碱地区的一熟区，此三大主产棉区的棉花种植总面积和总产量均占全省的 90% 以上，其中鲁西北、鲁北植棉区棉花种植面积占全省的比例由 2011 年的 38.1%、23.0% 分别下降至 2020 年的 25.0%、16.3%；鲁西南植棉区因蒜套棉模式经济效益较高，保持了相对稳定的植棉面积，棉花种植面积占全省的比例由 2011 年的 34.5% 增加到 2020 年的 53.7%。

鲁西南植棉区菏泽市棉花种植采取蒜棉套种、大蒜与棉花和辣椒套种、棉花与花生间作、棉花与西瓜间作、小麦与棉花套种等多种模式，其中蒜棉套作种植模式是近几年该市棉花的主要套种模式，种植面积占全部套种模式的 70% 以上；济宁市棉花种植主要在金乡、鱼台和嘉祥县大蒜种植区，主要采取蒜套棉及棉椒间作种植模式。

金乡县作为著名的“中国大蒜之乡”“中国辣椒之乡”，多次承担全国棉花绿色高质高效项目，在“三区”推广应用蒜套棉“全环节”绿色高质高效生产技术、蒜后直播短季棉生产技术以及蒜棉椒三元间套作技术，取得良好效果，尤其是蒜棉椒三元间套作技术模式，经济效益显著，值得推广。

第一节　蒜套棉“全环节”绿色高质高效生产技术

一、地块选择及准备

选择土质肥沃、地力水平均匀一致，地势平坦、排灌便利、交通方便、四周无不良环境影响的区域，前茬作物为大蒜。

二、品种选择及种子处理

选用鲁棉研 40、中棉所 99 等中早熟、抗虫优质杂交棉品种，种子应精选脱绒包衣，发芽率达到 85% 以上。播前晒种 3 ～ 5d，提高种子质量。做好发芽试验。

三、适期育苗

为了提高育苗水平，大力推广纸钵育苗技术，利于培育壮苗，做到一播全苗，提高棉苗成活率，便于人工移栽。

育苗时间：鲁西南地区 4 月上旬，选择冷尾暖头，地温稳定在 8℃以上开始下种。

育苗过程：选用无病土壤作床土，床土中要混配腐熟有机肥，洇钵要透。一般每钵摆播精选种子 1 粒，覆细土 1.5cm 左右。加强苗床管理，出苗后及时通风炼苗，阴雨大风天气及时遮盖护苗，确保棉苗安全健壮生长。

四、规范移栽，合理密植

适时移栽：4 月下旬至 5 月上旬。等行距 1.1m，株距 33cm，保证亩苗量 1 800 株左右；采用等行距种植，利于棉花通风透光及后期管理。移栽前一周棉田浇透水，移栽前苗床喷洒长效防病虫药剂及叶面肥，棉苗带药肥下地，促棉苗健壮生长。移栽时，要栽大苗、壮苗，剔除小、杂、病、弱、残苗，以健苗下地，提高种植质量；按株行距打孔，摆钵后封土，埋土超过钵面 1cm，封土时，不可用力挤压。

五、田间管理

（一）肥水管理

适期追肥促苗保铃，推广增施有机肥、控释肥精量调控技术，减少化肥使用量。控释肥在棉花上的使用，大幅降低化肥使用量，其肥效利用率可达到 80% 以上，适合机械化生产需要。

大蒜基肥施用时，进行深耕细耙整地并施入腐熟有机肥 3 000kg/ 亩；6 月中旬，棉花现蕾期，一次性追施硫酸钾控释肥（氮∶磷∶钾 =19∶9∶18）40kg，做到全生育期基本不脱肥，达到化肥减量目的。棉花生育后期结合病虫统防统治进行根外追肥，亩用氨基酸水溶肥 50mL，促进后期棉铃发育。

及时抗旱、排涝，减少灾害损失。6 月中旬结合追肥进行浇水，7 月以后进入雨季，视降雨情况灵活掌握，若连续半月不降雨，需及时浇水；如遇长期阴雨，应在宽行开沟及时排出积水。

（二）病虫害防治

推广无人机统防统治技术，降低使用成本，减少农药使用量，节水节药效果明显，节省用水 90%，农药有效利用率在 35% 以上；作业效率是人工的 30 倍以上。无人机飞防作业效率高，是目前最行之有效的植保措施，主要防治棉花苗期病害以及棉铃虫、蚜虫、盲蝽象、棉红蜘蛛、白粉虱等虫害。

（1）棉花苗期病害：每亩用 30% 瑞苗清（噁・甲水剂）10mL 加望秋氨基酸 25mL，兑水均匀喷雾防治。

（2）棉蚜、烟粉虱、棉蓟马、棉盲蝽象：每亩可用 20% 噻虫胺 4 ～ 8g，加 35% 吡虫啉 6 ～ 10mL，兑水均匀喷雾防治。

（3）棉红蜘蛛：每亩可用 10% 哒螨灵 800 倍液或 1.8% 阿维菌素 2 000 ～ 3 000 倍液，兑水均匀喷雾防治。

（4）棉铃虫：用生物制剂 5% 斧邦（苏云金杆菌・茚虫威）或 5% 杀铃脲悬浮剂 2 000 ～ 2 500 倍液于卵初盛期，兑水均匀喷雾。

（三）化学调控

棉花全程化控是棉花管理的一项重要技术措施，必须与棉花品种、棉花长势、肥水状况、种植密度、气候条件等因素紧密结合，才能充分发挥作用。棉苗现蕾后，及时化调，20% 缩节胺全程调控可参考下表 10–1 的规定。

表 10–1　棉花全生育期缩节胺使用情况

生育时期	20% 缩节胺使用量（亩用量）
现蕾期	0.5g，兑水 20kg
盛蕾到初花期	0.5 ~ 1g，兑水 20kg
盛花期	1.5 ~ 2g，兑水 50kg
花铃期	2 ~ 3g，兑水 50kg

注：20% 缩节胺使用量，依据棉花长势、长相、全生育期每亩保持在 3 ~ 7g 为宜。化学调控可结合病虫防治多次进行。

（四）科学整枝

1. 去叶枝

6 月上中旬，棉花现蕾后及时去除叶枝，一定要保留主茎叶。在棉田边行或缺苗断垄处可适当保留 1 ～ 2 个叶枝，待叶枝长出 4 个果枝后，及早打去叶枝顶心。

2. 打顶

7 月中旬打顶，保留 17 ～ 18 个果枝，去除 1 叶 1 心，不可大把揪，同一棉田尽量一次打完。

3. 打边心

8 月上旬打完棉花顶部果枝边心，并及时抹去赘芽。尽量晴天整枝，以利伤口愈合。

六、及时收获

9 月中下旬，当大部分棉株有 1 ～ 2 个棉铃吐絮时开始采摘，7 ～ 10d 采摘一次，间隔期不宜超过半个月，收摘时采用棉布包，严禁化学纤维、毛发、有色纤维等“三丝”混入，棉花应按不同级别进行收获、分存、分售。10 月 1 日前后，棉株拔除，为下茬种植大蒜整地及时腾茬。

第二节　蒜后直播短季棉生产技术规程

一、播种技术

（一）品种选择

1. 品种要求

品质好，抗逆性强，早熟性好；株型矮而紧凑，叶枝弱，赘芽少，开花结铃集中，铃期短，铃壳薄，吐絮畅，易采摘，生育期 105 ～ 110d；可选择鲁棉532、中棉 425、鲁棉 2387、德棉 15 等审定品种。

2. 种子要求

种子精选并脱绒包衣，纯度 95% 以上，发芽率不低于 80%，单粒穴播时发芽率不低于 90%。种子质量应符合或优于《经济作物种子第 1 部分：纤维类》（GB 4407.1—2008）和 NY 400 相关规定。播种前晒种 2 ～ 3d。

（二）播前准备

1. 地块准备

鲁西南地区因前茬大蒜作物施基肥较多，棉花一般不需要施基肥。5 月中下旬大蒜机械收获后，将地膜带出田间，即可平整地块直接机播棉种，有条件的可结合整地每亩施农家肥 1 000 ～ 2 000kg 改良土壤、培肥地力。

2. 适播期

适宜播期 5 月 25 日左右，保证 6 月 5 日前播种结束，土壤墒情不足则随播种随浇（喷）水，保证种子发芽出苗时有适宜的墒情。

3. 播种方式

采取旋耕条播与施肥一体机播种，按照设计密度精量播种，一般生育期免除间定苗，播种深度 2 ～ 3cm。在距棉行 15 ～ 20cm 处，每亩施入优质商品有机肥 1 000kg、硫酸钾控释肥（氮 : 磷 : 钾 =19 : 9 : 18）20 ～ 30kg，覆土保墒。使用肥料应符合《化肥使用环境安全技术导则》（HJ 555 2010）、《测土配方施肥技术规范》（NY/T 1118—2006）、《肥料合理使用准则　通则》（NY/T 496—2010）要求；控释肥应符合《控释肥料》（HG/T 4215—2011）要求。需浇水补墒时，播种深度 2cm，随后喷灌补墒。

4. 行距配置与密度

采取 76cm 等行距，每亩播种 8 000 ～ 10 000 株，保证收获株数 80% 以上。实现单株成铃 8 ～ 9 个，霜前吐絮率 80% 以上。

5. 播后检查

播后检查漏播、露籽等播种质量问题，特别是沟边、地头；检查墒情变化和种子发芽出苗情况，发现问题，及时采取补救措施。

二、田间管理技术

（一）苗期管理

1. 早浇水

苗期如遇干旱，土壤 0 ～ 40cm 相对含水量为 60% 以下时可隔行在沟内浇水，适时中耕保墒。如遇暴雨，及时排出积水，开沟散墒。

2. 早治虫

及时调查与防治蓟马、盲蝽象、二代棉铃虫、棉蚜、红蜘蛛等虫害，注意调查防治立枯病、炭疽病、猝倒病等病害。化学防治按照《农药合理使用准则》（GB/T8321.1—2000）和《农药安全使用规则总则》（NY/T 1276—2007）执行。

3. 早化控

若棉株在出现三四片真叶后发生旺长，每亩应用缩节胺（98% 原粉）0.2 ～ 0.5g，兑水适量喷洒植株。

（二）蕾期管理

1. 遇旱浇水

土壤相对含水量低于 60% 以下时，应及时浇水，每亩浇水量 20 ～ 30m^3。

2. 化控

现蕾后如遇棉株旺长，每亩用缩节胺 0.5 ～ 1.0g，兑水适量喷洒棉株。

3. 防治病虫草害

注意调查防治枯萎病、红蜘蛛、盲蝽象等，结合中耕消灭杂草。

（三）花铃期管理

1. 中耕培土

初花前利用机械结合中耕进行培土。

2. 重施花铃肥

初花期结合中耕，在距棉行 20cm 左右处开沟条施尿素，每亩用量 10～15kg，施肥深度 10～15cm。

3. 饱浇花铃水

如遇干旱饱浇花铃水，使土壤相对含水量在 70%～80%。

4. 排水除涝

如遇暴雨或连续阴雨天气，田间积水应及时（24h 内）排除，并适时进行散墒。

5. 化学调控

初花期每亩用缩节胺 2～3g，打顶后 5～7d 用缩节胺 3～4g，兑水适量喷洒棉株。根据苗情、墒情、天气情况可适当调整缩节胺用量、时间和次数。株高应控制在 65～75cm。

6. 早打顶

7 月中旬，单株果枝 7～8 台时，打去主茎顶尖 1 叶 1 心并带出田外；也可适时进行化学封顶，代替人工打顶。

7. 喷洒叶面肥

盛花后应叶面喷洒（1%～2%）尿素 +（0.2%～0.4%）磷酸二氢钾 + 0.2% 硼砂水溶液，一般 7～10d 喷洒 1 次，花铃期喷洒 2～3 次（保证棉株多结铃、结大铃、少脱落）。

8. 防治病虫害

及时调查防治棉花黄萎病、棉铃虫、盲蝽象、蚜虫、白粉虱等，保证棉株多结铃、结大铃、少脱落。

（四）吐絮期管理

1. 遇旱浇水

吐絮后如遇干旱，土壤相对含水量低于 60% 时，应及时隔行浇水，既保证棉株水分需要，又避免田间湿度过大，造成下部烂铃。

2. 叶面喷肥

生长中后期，棉株易缺磷钾肥，吐絮后如发现早衰征兆，应及时叶面喷洒尿素 + 磷酸二氢钾水溶液。

3. 防治虫害

注意调查防治棉铃虫、盲蝽象等。

4. 催熟和脱叶

机采棉田，当棉株吐絮 40% 以上时（9 月下旬），每亩用 40% 乙烯利

100～200mL+噻苯隆（脱叶脲）50%可湿性粉剂20～40 g兑水适量喷洒棉株，提高机采质量和效果。非机采棉田，当棉株吐絮70%～80%时（10月上旬），每亩用40%乙烯利100～200mL兑水适量喷洒棉铃和棉株，提高霜前吐絮率。

三、收获

（一）机械采收

脱叶催熟后，当棉株吐絮率达到95%以上、脱叶率达到90%以上、水分达到机采标准时，应及时机采。机采前应进行机械检测和调试，机采时应避开露水期。采棉机应符合《棉花收获机》（GB/T 21397—2008）相关要求，机采棉花应符合《采棉机 作业质量》（NY/T 1133—2006）作业要求。

（二）人工采收

人工收摘应按照棉花不同品种、不同质量、不同吐絮期进行分摘、分晒、分藏、分售，及时收摘僵瓣花，拾净落地花；收摘时应头戴棉布帽，使用棉布兜、棉布袋，严防“三丝”和杂质混入。

下篇

间（套）作
连（轮）作模式

第十一章　间（套）作模式

第一节　大豆玉米带状复合种植高产高效栽培技术

大豆玉米带状复合种植是统筹玉米大豆兼容发展、稳步提升大豆产能、确保国家粮食安全的重要举措。该技术是在传统间套作的基础上创新发展而来，即采用2～6行大豆带与两行小株距密植玉米带间作套种，充分利用边行优势，适应机械化作业，作物间和谐共生的一季双收种植模式；包括大豆玉米带状间作与带状套作两种类型。根据农业农村部安排部署，2022年黄淮海区重点推行夏大豆夏玉米带状间作技术模式。

济宁市是山东省夏大豆、夏玉米主要产区，种粮大户常年进行玉米、大豆纯作规模化种植，因二者是同期种植，存在争地矛盾，又因玉米种植收益常年高于大豆，因此种粮大户种植玉米的热情高于种植大豆。据统计数据表明，2021年较2020年相比，济宁市粮食种植面积增加4.1万亩，总产量增加4万t，其中玉米种植面积增加6.9万亩、总产量增加3万t，而大豆种植面积减少4.3万亩、总产量减少1.1万t。因此，大豆玉米带状复合种植技术的推广应用，对于增加济宁市大豆供给、提高粮食综合产能意义重大。

为达到"玉米基本不减产、多收一季豆"的目标，济宁市农技专家积极开展大豆玉米带状复合种植适宜品种筛选、模式对比、种植密度、控释肥施用量等高产攻关试验，通过多点试验、示范和推广，确定了高产优质大豆玉米品种、高效种植模式以及配套机械化作业参数，总结了适宜本地生态条件的大豆玉米带状复合种植高产高效栽培技术，该技术做到了良种良法配套、农机农艺结合，解决了种粮大户困惑的复合种植品种搭配、高产高效模式以及除草、防病虫害等诸多问题。实践证明，在田间管理跟上的情况下，该高产高效技术每亩可收获玉米600kg、大豆120kg以上，可实现"玉米基本不减产、多收一季豆"的目标，大豆玉米复合种植亩收益高于净作玉米或净作大豆亩收益。

一、播前准备

（一）选配适宜品种

为不影响下一季冬小麦的播种，选配熟期适宜、优质高产的大豆、玉米品种是该技术核心内容之一。大豆可选用具有耐阴、抗倒、抗病、高产特性的中早熟品种：齐黄 34、安豆 203、山宁 29、菏豆 33、菏豆 12、临豆 10 号、中黄 13 等；玉米可选用株型紧凑、中矮秆、适宜密植和机械化收获的高产品种：登海 605、登海 653、德单 123、农大 372、立原 296、京科农 828、天泰 316、MC121 等。齐黄 34 和德单 123、安豆 203 和登海 653 组合是 2022 年济宁市复合种植推广中的高产典型。

（二）种子处理

播种前进行大豆、玉米种子包衣可有效防治地下害虫、苗蚜和苗期病害。每 100kg 大豆种可用 62.5g/L 咯菌腈·精甲霜灵悬浮剂种衣剂 300 ～ 400mL 拌种，玉米选用包衣种子即可。

（三）合理配置

大豆玉米带状复合种植推广中有 6∶2、6∶3、6∶4、4∶2 等多种模式。实践证明，济宁市高产高效最佳种植模式为 4∶2 模式，即 4 行大豆与 2 行玉米相间种植，带宽 2.7 ～ 2.9m，其中大豆玉米带间距 65 ～ 70cm；大豆带宽 0.9 ～ 1.2m（行距 30 ～ 40cm），玉米带宽 40cm。根据种子出芽率，适当调整播种量，每亩保证大豆有效株数为 7 000 ～ 8 000 株，玉米有效株数在 4 000 株左右。

二、播种

（一）适期播种

济宁市大豆、玉米适宜播期为 6 月 10—20 日。小麦收获后立即清茬，或先灭茬，再旋耕一遍。若墒情适宜，抢墒播种。若墒情较差，先造墒再播种。此外，因大豆是双子叶植物，播种后遇大雨极易因土壤板结造成子叶顶土困难，故应在有效播期内根据当地气象预报适时播种，避开大雨危害。

（二）种肥同播

采用玉米大豆密植分控气吸式免耕施肥播种机2+2+2型（2行玉米居中，两侧各2行大豆），种肥同播。前茬小麦亩产低于600kg的地块，每亩施大豆专用肥（N∶P∶K=12∶18∶15）5～10kg，施脲甲醛缓控释肥（N∶P∶K=28∶10∶10）40～50kg作玉米种肥。前茬小麦亩产达到600kg的地块，大豆可不施种肥，仅在鼓粒期叶面喷施磷酸二氢钾溶液即可。

（三）播种规范

单粒精播，播深3～5cm。机械播种时要匀速直线前进，速度不高于8km/h。提倡使用带北斗导航的自动驾驶系统，以提高作业精度及衔接行行距的均匀性，利于田间管理及收获时的作业，降低药害风险和机收损失。

三、田间管理

播种后，要及时科学防治病虫草害，培育壮苗、健苗，提高田间整齐度，合理化控防倒伏。

（一）化学除草

坚持“播后苗前封闭除草为主、苗后茎叶喷施除草为辅”的施用策略。

1. 播后苗前除草

选用96%精异丙甲草胺乳油50～85mL/亩，有大草时加草胺磷，兑水30～45kg表土喷雾，要保证地表有一定湿度。为保证除草效果，最好在播种后2d内完成。

2. 苗后除草

若苗前除草效果不理想，要进行苗后茎叶喷雾除草。在大豆2～3片复叶期，每亩用15%精喹·氟磺胺微乳剂（精喹禾灵5%+氟磺胺草醚10%）100～120g，兑水30～45kg；在玉米3～5叶期，每亩用27%烟·硝·莠去津可分散油悬浮剂（烟嘧磺隆2%+硝磺草酮5%+莠去津20%）150～200g，兑水30～45kg。施药前后7d内，尽量避免使用有机磷农药。

为避免除草剂漂移到邻近作物，苗后除草时要加装物理隔帘，对大豆带、玉米带隔开喷雾。喷雾器械使用前应彻底清洗，以防残存药剂导致药害。喷施要在早晚（10：00前或16：00后）气温较低、无风时进行，避免中午高温、大风天气。喷施要均匀。

（二）病虫害防治

坚持“预防为主、综合防治”的方针，及早发现、尽快防治。采取玉米初穗期“一防双减”、大豆初荚期“一控双增”统防统治，施药适期在 7 月底至 8 月上旬。每亩用 30% 唑醚·戊唑醇悬浮剂 30g、9.8% 甲维·虱螨脲悬浮剂 10 ～ 15g，保证每亩 1.5 ～ 2L 的药液量。利用植保无人机或高杆新型喷药机械一次性精准施药，防病治虫，一喷多防，达到农药减量控害效果。对蜗牛密度大的地块，每亩可选杀螺引诱剂 6% 四聚乙醛颗粒剂 500 ～ 600g 撒施根部，可有效减少虫口基数。

（三）适期化控

若长势过旺，可在大豆分枝期～初花期，每亩用 7% 烯效唑·调环酸钙悬浮剂（烯效唑 2%+ 调环酸钙 5%）30 ～ 35mL 兑水喷雾，根据化控效果，7 ～ 10d 可再增加 1 次化控；如喷施后 6h 内遇雨，在雨后可酌情减量重喷。

（四）科学应对自然灾害

济宁市大豆、玉米生长期易出现极端天气，如干旱、风雹、洪涝等，要科学应对气象灾害，最大限度地减轻损失。

1. 干旱

大豆、玉米播种时期为夏季高温时节，常面临干旱、土壤墒情差等不利条件，为利于苗齐苗壮，要及时造墒播种。大豆、玉米苗期因干旱叶片失水较重时，应及时浇水。7 月底至 8 月初出现干旱天气时，为防止大豆落花不结荚、玉米“卡脖旱”，应及时浇水。

2. 大风

大豆、玉米生长后期因大风出现倒伏，应及时喷施叶面肥，防治病虫害，延长叶片功能期，提高粒重。

3. 洪涝

如遇强降水形成田间渍涝，应及时排涝并适当喷施叶面肥。

四、适期机械收获

济宁市大豆、玉米成熟期在 9 月下旬至 10 月上旬，经过筛选确定的大豆、玉米品种成熟期基本一致，可同期收获，在大豆、玉米完熟期收获产量最高，即大豆在叶片发黄脱落、摇动植株有响声时收获，玉米在籽粒乳线消失出现黑层时收获。大豆联合收获机在前，玉米联合收获机在后，分别收获，降低机损是收获关键。

五、推广应用

济宁市积极响应国家号召，在梁山县、汶上县、嘉祥县、兖州区、金乡县等 8 个大豆玉米种植基础良好的县（市、区）推广大豆玉米带状复合种植面积 23.2 万亩，位居山东省第三位。

第二节　大豆棉花间作高产栽培技术

大豆是油料作物，同时还和棉花一样是重要的经济作物，都是我国主要的农作物，在多数省份广泛种植。为了更好地提高大豆和棉花的单产，提升种植效益，2020 年山东省嘉祥县农技专家展开大豆棉花间作试验，结果表明：大豆、棉花间作，与二者单作相比，营养生长更快、长势更好，生殖生长表现更好；大豆的开花率、结荚率更高，落荚率降低，棉花的现蕾率、开花率、成铃率更高，棉花吐絮更为顺畅、集中，落铃、烂铃减少；棉花、大豆病虫害相对减少。特别是大豆棉花 6∶4 式间作栽培模式，大豆、棉花的生长优势和丰产性能、优良的品质品相表现尤为突出。通过优选品种，适时间作播种，及时防治病虫害、除草、中耕，适时整枝、化控、催熟等，充分发挥大豆和棉花的互补优势，充分利用光、热、气、肥资源，提升大豆和棉花的单产和品质，增加亩效益，为广大种植户带来可观的经济效益。

一、大豆棉花 6∶4 式间作高产机理

（一）充分利用生长季节和光热资源

大豆是短日照、喜暖、矮秆作物，对日照敏感，日照时间长，将延迟开花和成熟，温度过低则延迟结荚，温度在 15℃以下不开花，温度过高则抑制植株生长。棉花是高秆作物，生长前期棉叶面积小，光照充足，田间漏光较多，间作大豆能充分利用棉花前期的低温季节和光照资源。所以矮秆大豆和高秆棉花间作，既有利于大豆的短日照要求，又有利于棉花的通风透光，有利于提高大

豆的开花结荚率和棉花的现蕾开花率、成铃率。

（二）充分利用边行优势

边行优势能使棉花生长所需的水、肥、气、热、光等条件得到较好的满足，充分发挥出单株增产潜力，提高单株结铃数。

（三）充分利用不同土壤层营养，实现土地种养结合

大豆是浅根作物，棉花是深根作物，两者间作可充分利用土壤不同层次、不同种类的营养；大豆的根瘤菌可以固定空气中的游离氮素，与棉花间作可为棉花提供氮营养；另外，大豆每年可以和间作的棉花相互交换位置种植，实现地块内轮作，既有利于培肥地力，又有利于避免大豆重茬导致的病虫害。

二、大豆棉花 6∶4 式间作高产栽培技术要点

（一）选地

选择排水较好、地势较高、土壤中性或弱酸性、肥力较好的适合种植棉花和大豆的地块。

（二）选种

大豆选用分蘖力强、成荚率高、株型紧凑、抗逆性强、落黄好、丰产性好的品种，如齐黄 37、菏豆 29 等。棉花选择出苗好、生殖生长好、结铃率高、铃壳薄、吐絮顺畅而集中、衣分高、抗虫抗病抗逆性强、生长期短、丰产性好的夏播棉品种，如中棉所 50、中棉所 64、中棉所 74、鲁棉研 19 等。

（三）播种

播种采用 6∶4 式大豆棉花间作，即 6 行大豆 4 行棉花间隔播种的种植模式。播行走向为东西方向，大豆行距和株距均为 30cm，棉花行距 85cm、株距 30 ～ 35cm，大豆、棉花相邻边行间距 50cm。播种时把握好墒情，坚持适期早播、浅播、浅覆，小麦收割后，抓紧抢播。大豆、棉花播种深度一般应遵循“深不过寸，浅不露子”的原则，在土壤墒情好的情况下，大豆播种深度掌握在 3 ～ 5cm，棉花播种深度掌握在 3 ～ 4cm。遇干旱年份应先造墒再播种，争取一播全苗，实现苗齐、苗全、苗壮。播期一般在 5 月 15—25 日，最晚不迟于 6 月 10 日。

夏大豆夏播棉高产需要适宜的播种密度，夏大豆播种密度在11 000～13 000株/亩，棉花留苗密度一般在5 000株/亩以上。种植密度要因地力而定，肥水好的地块要适当稀植，肥力差的地块要适当密植。

（四）施肥

麦后直播，按照小麦施足底肥，棉花巧施追肥，棉花、大豆补施叶面肥和微肥的原则。底肥亩施碳酸氢铵40～50kg、过磷酸钙40～50kg，并根据土壤肥力情况适当多施钾肥。棉花追肥：一是轻施苗肥。苗肥以氮肥为主，苗肥可以促进根系发育、培育壮苗。对于地力差、基肥不足、长势弱的地块，亩追施尿素或高氮复合肥6～8kg；对于肥力高、地力好的地块，一般不施苗肥。二是稳施蕾肥。棉花现蕾后对养分的需求逐渐增加，蕾期合理追肥能够促进棉株发棵，协调营养生长与生殖生长的关系，促进植株的生殖生长，一般在棉花现蕾后，亩追施复合肥20kg左右。三是重施花铃肥。棉花花铃期是棉花需肥较多的时期，在棉株开花达70%以上并坐铃1～2个时，追施复合肥，一般亩施复合肥25kg左右。四是适时喷施叶面肥。叶面肥以磷酸二氢钾和尿素为主，在棉花打顶后，每周喷施1次，连喷2～3次，叶面肥能增强棉花后期的抗病、抗虫、抗早衰能力，增加秋桃数和铃重，实现棉花优质、高产、稳产。

（五）化控

根据大豆、棉花的生长发育情况，适时进行化控。大豆在分枝期至初花期，亩用50%矮壮素水剂4.5～5.5mL兑水喷雾，可促进植株矮化，茎秆变粗，叶柄缩短，叶片功能期延长，有利于通风透光，防倒伏，还可有效减少大豆花叶病的发生。在大豆初花期至盛花期、盛花期至结荚期分别用0.01%芸苔素内酯10～15mL兑水各喷洒1～2次，每次喷洒50kg/亩，可使大豆花数增加25%，花荚脱落率减少7%，增产5%以上。棉花一般在2～3叶期、现蕾期、初花期、打顶后各喷缩节胺1次。缩节胺用量：2～3叶期0.2～0.5g/亩，现蕾期0.8～1.2g/亩，初花期3.0～8.0g/亩，打顶后12.0～15.0g/亩。同时要及时整枝、打顶。棉花打顶要在7月20日之前完成，打边尖要在8月5—10日完成。在花蕾期，还应注意早中耕、多中耕、深中耕。通过化控可有效控制作物旺长，促进作物的生殖生长，提高大豆的开花率、结荚率和棉花的现蕾率、开花率、结铃率，同时提高植株的抗倒伏能力和抗逆性。

（六）除草

近几年，大豆和棉花田的三棱草、马齿苋等杂草为害严重。三棱草是一种多年生杂草，建议使用草铵膦进行根除；马齿苋适应性非常强，能储存水分，易复活，建议人工除草与化学除草相结合，化学除草剂使用精吡氟禾草灵、乙羧氟草醚。

（七）防治病虫害

大豆、棉花间作，病虫害相对较轻。在小麦收获灭茬后，田间撒施毒饵，播种时采用大豆、棉花包衣种子，可有效防治地老虎、蛴螬等地下害虫；大豆、棉花苗期喷洒 1 ～ 2 次吡虫啉防治蚜虫、红蜘蛛、蓟马等害虫。

在大豆分枝完成进入开花期之前喷洒 2 次菊酯类农药，可有效防治大豆食叶青虫的大发生；防治白飞虱可用 10% 吡虫啉 1 000 倍液、25% 扑虱 1 000 ～ 1 500 倍液、1.8% 阿维菌素 2 000 倍液喷防，喷洒时注意叶片的正面、背面和植株的全部叶片都要喷洒到，同时要注意轮换用药，防止产生抗药性；大豆开花后重点防治大豆食心虫，可用高效氯氰菊酯等菊酯类杀虫剂喷雾。大豆黄叶病如不及时防治，会对作物生长造成严重为害，大豆黄叶病发生时可喷微肥锌、铁、18% 咪鲜 · 松脂铜，配植物调节剂“半日青”。

棉花蕾铃期要注意防治棉铃虫，可用氯虫苯甲酰胺进行喷雾；棉花枯萎病、黄萎病是为害棉花维管束组织的重要病害，使棉花叶片出现变色、干枯、萎蔫脱落等症状，严重影响棉花产量。防治棉花枯萎病、黄萎病，一般在棉花蕾期用精甲霜灵 50g/ 亩兑水喷雾 3 ～ 4 次。

（八）适时做好夏棉催熟

夏播棉一般霜前花率较低，要及时进行人工催熟。一是用乙烯利催熟，一般在 10 月 5—10 日进行，用乙烯利 200 ～ 300g/ 亩。二是拔干催熟，在 10 月 10 日以后进行，做到既不影响棉花产量和小麦播种，又能提高棉花品质。

第三节　蒜棉椒三元间套作高效生产技术规程

蒜棉椒三元间套作是目前鲁西南植棉区广泛应用的高效种植模式，该模式经济效益显著，可有效缓解棉花辣椒争地矛盾，又能优化环境（ 棉花能为辣椒遮阴、防止辣椒高温灼伤），实现双双高产优质，另外，在涝灾发生年份，辣椒极易因灾绝产，而棉花则更能发挥生长优势，降低灾害损失。因此，该模式具有较高推广价值。

山东省金乡县作为“中国大蒜之乡”“中国辣椒之乡”，多次承担全国棉花绿色高质高效项目，为促进当地农业提质增效、农民增收，多年来积极示范推广应用该种植模式，在棉花收益稳定的情况下，稳定了本县辣椒种植面积，维护了“中国辣椒之乡”的声誉。

一、茬口衔接

大蒜 10 月上中旬播种，翌年 5 月中下旬收获；辣椒 2 月底 3 月初育苗，4 月下旬移栽，9 月底收获；棉花 4 月上旬育苗，4 月下旬至 5 月上旬移栽，10 月上旬拔柴。

二、间套作方式

畦宽 4.4m，大蒜行距 18cm，株距 15cm；棉花辣椒套种 2∶5 式（2 行棉花，5 行辣椒），棉花行距 108cm、株距 33cm，辣椒行距 54cm、穴距 26cm（一穴两株）（如图 11-1 所示）。

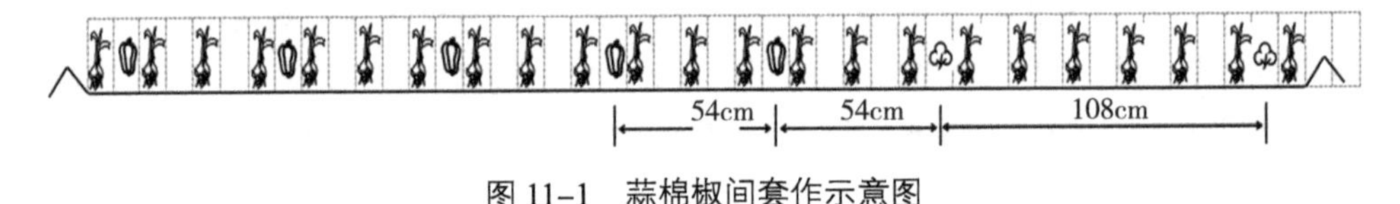

图 11-1　蒜棉椒间套作示意图

三、土壤肥力条件

选择地势平坦，土层深厚，灌排便利，土壤肥力中等以上的地块。所选地块土壤质量应符合 GB 15618 的规定。

四、品种选择

大蒜要精选具有品种特征、颜色一致、肥大圆整、蒜瓣整齐、单瓣重量 5～7g、蒜瓣数量适中、蒜瓣硬实新鲜的品种。如金乡白皮、金乡红皮。辣椒品种选用高产、优质、抗逆品种，有色素辣椒、分次采摘辣椒和一次性采摘辣椒3种类型，以金塔、天宇、三樱椒为主，种子质量应达到《瓜菜作物种子 茄果类》（GB 16715.3—2010）质量标准。棉花品种选用中熟偏早、适应性广、株型大长势强、结铃性强的高产优质抗病虫的杂交棉品种，种子质量应达到《经济作物种子第1部分：纤维素》（GB 4407.1—2008）质量标准。

五、大蒜生产技术

（一）施肥整地

1. 施基肥

针对土壤养分状况，测土配方施肥，有机无机肥配合使用。每亩用优质有机肥3～5m³或优质商品有机肥300～500kg，纯氮（N）10～12kg、磷（P_2O_5）8～12kg、钾（K_2O）15～18kg，中微量元素肥（钙≥10%，镁≥4%，硫≥4%）10～15kg，生物菌肥100kg。

2. 整地

棉花收获后，尽早进行深耕细耙，深耕20～25cm，耕翻后，要适当晒垡，然后耙透、耙平、耙实，达到上松下实。畦宽4.4m，畦埂高20cm，畦埂宽40cm，畦面宽4m，要求畦面平整。

（二）种子处理

播前晒种2～3d，打破休眠、增强发芽势，促进大蒜出苗齐、匀、壮。

（三）播种

1. 播种日期

大蒜的适宜播期为10月上中旬，大蒜幼苗露地越冬，最佳叶龄是5叶1心，株高30cm左右，根系40条左右，这时植株的抗寒能力最强，越冬不易发生冻害，有利于安全越冬。

2. 播种方法

采取开沟播种法，沟深5～6cm，将蒜瓣按株行距15cm×18cm直立栽入土中，播种深度（蒜瓣顶部距离地表）为1～2cm，最后覆土。播种时要确保蒜芽部位朝上，上齐下不齐，且蒜瓣的腹背连线与播种行的方向平行，以减少叶片间的重叠。提倡机械化播种。

3. 播种密度

大蒜的播种密度取决于品种特性、蒜种大小、土壤肥力、栽培方式等，每亩宜种 25 000 株左右。

（四）播后覆膜

播种后 2 ～ 5d 进行灌水，即“出苗水”，应灌足灌透。灌水 2 ～ 3d 后干湿适中时，进行化学除草，一般每亩选用 33% 二甲戊乐灵乳油 200mL 加 25% 噁草酮乳油 200 ～ 250mL，或亩用 44% 乙·乙氧·二甲戊乳油 200mL 加 25% 噁草酮乳油 200 ～ 250mL，兑水 30 ～ 40kg，药液均匀喷雾于地表。化学除草后立即盖膜，地膜选择厚 0.01mm、宽 2m 的规格，将地膜拉紧、拉平，压紧两侧。

（五）放苗

播种灌水后 5d 左右，蒜苗出土率 1/5 ～ 1/3 时，进行放苗。幼苗出土 3 ～ 7d 后，少量幼芽不能顶出地膜的，人工破膜放苗。

（六）田间管理

1. 肥水管理

（1）越冬水

越冬水有利于确保蒜苗安全越冬，并为早春大蒜返青提供良好的水分供应，弥补早春地温低不能浇水的不足。根据墒情和天气，一般于 11 月底前后浇越冬水。

（2）返青肥

3 月下旬喷施叶面肥，促进大蒜生长。可选用 0.5% 尿素稀释液和 0.3% 磷酸二氢钾稀释液进行叶面喷施，5 ～ 7d 喷 1 次，连喷 3 ～ 4 次。

（3）“壮苗水”和“壮苗肥”

4 月上旬，地温稳定在 13 ～ 15℃时，浇一次“壮苗水”，随水冲施“壮苗肥”，每亩冲施纯氮（N）5kg、钾（K_2O）4kg。

（4）“催薹水”和“催薹肥”

4 月下旬，应根据土壤墒情浇“催薹水”，随水冲施“催薹肥”。此时地温已高，大蒜正值旺盛生长期，浇透水，结合浇水每亩冲施纯氮（N）4kg、钾（K_2O）6kg。

（5）“催头水”

5 月上旬，蒜薹采收后，鳞茎膨大初期浇水，即“催头水”，应浇足浇透，对于早衰、缺肥地块应喷施叶面肥。

2. 病虫害防治

（1）虫害防治

3 月下旬，每亩采用 70% 辛硫磷 351 ～ 560mL、25% 马拉·辛硫磷 750 ～

1 000mL 兑水灌根，可防治地下害虫。3 月底，喷施叶面肥时加入 80% 灭蝇胺乳油 1 000 倍液或 5% 高效氯氰菊酯乳油 800 倍液，可防治种蝇。

（2）病害防治

3 月中期，可选用 50% 异菌脲可湿性粉剂 1 000 倍液或 70% 甲基硫菌灵可湿性粉剂 800 倍液喷雾，5 ～ 7d 喷 1 次，连喷 2 ～ 3 次，可防治叶枯病。4 月上旬，用 18.7% 丙环唑 · 嘧菌酯 1 500 倍液，42.8% 氟菌 · 肟菌酯 1 500 倍液，5 ～ 7d 喷 1 次，连喷 2 ～ 3 次，可防治叶锈病。

（七）收获

1. 蒜薹收获

收获时期应掌握在蒜薹抽出后发一个弯，颜色保持深绿，一般在 5 月初拔蒜薹，最好徒手拔薹。

2. 蒜头收获

一般在拔完蒜薹后 15 ～ 20d，植株的基部叶片大部分干枯，上部叶片逐渐呈现枯黄，顶部叶片 4 ～ 5 片保持绿色；观察蒜头，蒜瓣背部已凸起，瓣与瓣之间沟纹明显。收获的大蒜要严防烈日暴晒，以防蒜头糖化，并防雨防潮，及时晾晒，以防发生霉变。

六、辣椒生产技术

（一）育苗

1. 苗床选择

选地势平坦背风向阳，排灌方便，且近 3 年未种过茄果类蔬菜的肥沃壤土。每 20m^2 苗床需充分腐熟的圈肥 50kg，磷酸二铵或优质复合肥 1.5 ～ 2kg，翻耕打碎混匀整平作畦。

2. 播种技术

一般 10g 种子撒施 1 ～ 1.2m^2 苗床。用 62.5% 亮盾（精甲 · 咯菌腈）10mL 兑水 1 ～ 2kg，播种后用一半药均匀喷施在种子上，盖土后用剩余药剂均匀喷施在盖种土上，可喷施 10m^2 左右，有效预防苗期病害的发生。可用 20% 敌草胺乳油 2mL 兑水 1kg 左右，盖土后均匀喷施 7 ～ 10m^2 苗床，有效控制禾本科杂草。

3. 苗床管理

（1）温度管理

出苗前苗床温度保持白天 25 ～ 30℃，晚上 15 ～ 18℃。苗出齐后放风，晴天 9：00 后可揭开苗床两头，16：00 前盖好风口。当阳光过强，棚内温度超过 30℃时，应加大放风量，以防烧苗。定植前 10 ～ 15d，逐渐加大通风口炼苗，以免徒长。

（2）肥水管理

当幼苗 2 ～ 3 片真叶时，若土壤干旱用喷壶喷水。4 ～ 5 叶时，若干旱避开中午高温时段浇小水，浇水后应注意加大放风量。在苗期，用氨基酸水溶肥等叶面肥配合嘧菌酯 1g/ 亩喷淋。

（3）移栽前病虫害防治

辣椒移栽前 2 ～ 3d，30% 多・福 10 ～ 15g/m^2 的药量与细土混合，1/3 撒于苗床底部，2/3 覆盖在种子上面；或 30% 精甲・噁霉灵 30 ～ 45mL/ 亩苗床喷雾。

（二）定植

4 月下旬为最佳定植时期，大果类辣椒，株行距为 26cm×72cm，膜上打孔单株定植；小果类朝天椒株行距为 26cm×54cm，膜上打孔双株定植，种植深度以 7 ～ 10cm 为宜。

（三）田间管理

1. 肥水管理

（1）前期管理

6 月中旬，大蒜收获后，及时浇促棵水，每亩随水冲施尿素 4 ～ 5kg；待地面干燥后，中耕扶垄，垄高 20cm；小果类朝天椒要在 7 ～ 8 片叶摘心；株高 25cm 开花前及时用 27.5% 蓝泽（胺鲜酯・甲哌鎓）控旺长防倒伏。

（2）中期管理

7—8 月气温高，早晚进行小水勤浇，保持土壤湿润；多雨时及时排涝，雨后要及时浇清水，随浇随排。

（3）后期管理

果实膨大期，加强肥水管理，见旱浇 1 次水，追肥可与浇水交替进行，浇 1 ～ 2 次清水后追施 1 次速效化肥。

2. 病虫害防治

（1）病毒病

5 月下旬，20% 吗胍・乙酸铜 120 ～ 150g/ 亩、1.8% 辛菌胺盐酸盐水剂 400 ～ 600 倍液等药剂交替防治，每 7d 喷 1 次，连喷 2 ～ 3 次。发现严重病株及时拔除。

（2）疫病

7月上旬，50%嘧菌酯水分散粒剂20～36g/亩、50%烯酰吗啉水分散粒剂43～53g/亩、687.5g/L氟菌·霜霉威60～75mg/亩等药剂交替防治，每7d喷1次，连喷2～3次。发现严重病株及时灌根或拔除。

（3）炭疽病

7月上旬，辣椒坐果后，及时防治辣椒炭疽病。80%代森锰锌可湿性粉剂150～210g/亩、50%咪鲜胺锰盐可湿性粉剂37～74g/亩、75%的肟菌酯·戊唑醇水分散粒剂10～15g/亩、10%苯醚甲环唑可湿性粉剂65～80g/亩等药剂交替防治，每7d喷1次，连喷2～3次。雨前雨后重点防治。

（4）日灼病

主要发生在果实向阳面，发现日灼果及时摘除，并进行深埋；7月上旬，辣椒坐果后叶面喷施有机钙，每7d左右喷施1次，连喷2～3次。

（5）蚜虫、烟粉虱

5月下旬，蚜虫可用1.5%苦参碱可溶液剂30～40g/亩喷雾防治；烟粉虱可用1.5%苦参碱可溶液剂40～50g/亩、22%螺虫·噻虫啉悬浮剂30～40mL/亩、50g/L双丙环虫酯可分散液剂55～65mL/亩等药剂交替使用。7～10d防治1次，连喷2～3次。

（四）收获

大果类辣椒成熟一批收获一批。小果类朝天椒，可于9月底将整株拔除，在田间晒2～3d，此时喷一遍500倍液多菌灵，倒晒七八成干时，将辣椒头朝里根朝外堆垛阴干，闲时摘除。

七、棉花生产技术

（一）育苗

采用基质、纸筒（钵）或营养钵育苗技术。

1. 苗床选择

选择背风向阳、管理方便、靠近棉田、光照充足的地方。苗床宽度视塑料膜而定，一般为1～1.2m；长度视育苗多少而定，苗床深度以高于纸钵高度5cm为宜。

2. 苗床土准备

苗床土选用未种植过棉花的无病地块过筛细土，或用50%多菌灵可湿性粉剂 1 份、均匀混入细土 1 000 ～ 1 500 份掺拌均匀，能有效减少或杀死土壤中的病菌，减轻病害的发生。

3. 晒种

播前选择晴好天气晒种 2 ～ 3d，剔除小籽、秕粒、破损粒等，保留饱满种子。可在苇席、布包等上面晒种，不要在水泥地面暴晒，以免损伤种子。

4. 播种

以 5cm 地温连续 5d 稳定在 14℃时为播种适期，一般在 4 月上旬冷尾暖头播种。在苗床底部撒施一层草木灰，整平苗床后将纸钵从两端拉直，并用小竹签固定，填满过筛细土，从一边浇水，并淹没纸钵顶端 5cm，水下沉后，每钵播 1 粒种子，播种后覆土前用 2.5% 咯菌腈 10mL 兑水 1 ～ 1.5kg，喷 6 ～ 8m^2 苗床，晾干后覆 1.5cm 细土。

5. 盖膜

常规棚架育苗和平铺地膜相结合，出苗前及时揭去平铺的地膜，以免损伤幼苗。覆土后沿阳畦边每 50cm 放置 1 ～ 2 粒樟脑球趋避蝼蛄、蛴螬等地下害虫。最后插弓盖膜，并将四周封严保温，防止被大风刮开揭膜。

6. 苗床管理

播种至出苗阶段，掌握高温齐苗原则，出苗前棚内温度以不高于 45℃为宜；齐苗至 1 片真叶期，将棚内温度控制在 25 ～ 30℃，适时通风炼苗；1 ～ 2 片真叶期，棚内温度控制在 18 ～ 20℃；气温稳定在 18℃以上时，可昼夜通风，阴雨大风天气及时封膜保温，防止遭受低温冷害或冻害。

（二）移栽

1. 移栽时间

鲁西南地区 4 月下旬或者 5 月上旬开始移栽，移栽苗龄 30d 以上，具有 1 ～ 2 片真叶。子叶完整，叶片无病斑，根多并粗壮，移栽时红茎比达 70%。

移栽前 1 ～ 2d，用 25% 嘧菌酯 10mL 加 70% 噻虫嗪 10g，兑水 15kg 喷淋 10 ～ 15m^2 苗床，可有效防治苗期病虫危害。

2. 移栽方法

晴天时选择在 15：00 以后进行，阴天可全天进行，雨天禁止移栽。移栽时采取挖穴或用制钵器按株行距打孔等方法进行单株移栽，打孔直径 5 ～ 6cm，打孔深度 10cm，棉苗根系垂直埋入土内，深度以浇水后根系仍然全部埋没为宜。

3. 棉苗假植

移栽结束后将剩余棉苗假植在行间或地头，以备补苗之用。补苗时用假植的同品种大苗带土块移栽，补栽后及时浇水。

（三）田间管理

1. 肥水管理

（1）轻施苗肥

大蒜收获后，根据情况可每亩施尿素 4kg（施肥远离棉株 10 ～ 15cm，以免烧苗），促苗早发。同时，中耕松、培土，保持棉田土松草净，以提高地温增加土壤透气性，促进新根早发。

（2）重施花铃肥

花铃期每亩施复合肥（N：P：K=15：15：15）10 ～ 15kg。

（3）补施盖顶肥

8 月上旬，根据地力和棉花长势情况，每亩叶面喷施 1% ～ 3% 尿素液 15 ～ 20kg。

对于黏土型棉田，收蒜 7 ～ 10d 后，隔沟浇水，蕾期（6 月上中旬）结合中耕筑垄，一次性施肥，亩施 46% 控释肥（N：P：K =19：9：18）40kg。

（4）按需灌溉与及时排涝

移栽后及时浇活棵水，大蒜收获后抢浇保命水，初花期后若连续半月无有效降雨，应及时浇水，蕾期应小水轻浇。对于雨季积水棉田，要及时排净地面积水。

2. 及时整枝

6 月上旬，棉花现蕾后及时去除叶枝。7 月 15 日左右打顶，保留 15 ～ 18 个果枝，去 1 叶 1 心，同一棉田尽量一次打完。

3. 全程化控

据棉花长势及降雨情况，初蕾期每亩喷施 98% 缩节胺 0.5 ～ 1g，兑水 20kg；盛蕾期每亩喷 98% 缩节胺 1 ～ 1.5g，兑水 20kg；盛花期每亩喷施 98% 缩节胺 1.5 ～ 2g，兑水 30kg；打顶后 3d 内每亩喷缩节胺 3 ～ 4g，兑水 30kg。

4. 病虫害防治

（1）病害防治

棉花苗期病害可亩用 250g/L 吡唑醚菌酯乳油 30 ～ 40mL、1.5% 多抗霉素可湿性粉剂 75 ～ 150 倍液防治；棉花枯萎病可亩用 30% 乙蒜素乳油 50 ～ 80mL、1.8% 辛菌胺盐酸盐 300 倍液、36% 三氯异氰尿酸可湿性粉剂 80 ～ 100mL 等兑水喷雾防治；棉花黄萎病可亩用 36% 三氯异氰尿酸可湿性粉剂 80 ～ 100mL 等兑水喷雾防治。

（2）虫害防治

防治棉蚜，可亩用50%氟啶虫胺腈水分散粒剂2～4g、5%吡虫啉乳油20～30mL；防治烟粉虱可亩用10%溴氰虫酰胺可分散油悬浮剂33.3～40mL、50%氟啶虫胺腈水分散粒剂10～13g；防治棉蓟马可亩用25%噻虫嗪水分散粒剂11～15g、25g/L溴氰菊酯乳油20～40mL；防治棉盲蝽可亩用45%马拉硫磷乳油70～85g、50%氟啶虫胺腈水分散粒剂7～10g，兑水喷雾防治，药剂交替使用，每7～10d喷1次，连喷2～3次。防治棉红蜘蛛，每亩可用1.8%阿维菌素2 000～3 000倍液、15%哒螨灵乳油1 500倍液等兑水喷雾防治，药剂交替使用，每7～10d喷1次，连喷2～3次。防治棉铃虫，可亩用6%氯虫苯甲酰胺悬浮剂30～50mL、1%甲氨基阿维菌素苯甲酸盐乳油8.8～17.5mL、50g/L氟啶脲乳油100～140mL等药剂交替使用，每7～10d喷1次，连喷2～3次。

（四）收获

1. 及时采摘

棉铃开裂后7～10d采摘为宜，7～10d采摘1次，间隔期不宜超过半个月。在采摘过程中杜绝化纤、毛发及异色纤维等“三丝”的混入。8月如遇阴雨天气，可把铃期40d以上、铃壳已变微黄并开始出现黑斑的棉桃在未烂时摘收，浸蘸1%乙烯利溶液后晾晒。籽棉要分级别进行分收、分晒、分存、分售，做到优质优价，优棉优用。

2. 适当推迟拔柴

后茬种大蒜的，适宜拔棉柴时间在10月5—10日，后茬种小麦的，适宜拔棉柴时间在10月15—18日。贪青晚熟的棉田，一般在拔柴前10d左右每亩喷洒40%乙烯利300～500倍液催熟。

第四节　滨湖地区棉花间作朝天椒优质高效栽培技术

近年来，山东省鱼台县经过多点区的生产实践与不断探索，总结出了棉花间作朝天椒优质高效栽培技术模式。该模式充分利用了鲁西南地区较好的土、肥、水、光、热等资源，既充分发挥了棉花与辣椒根系群体分布不同，可吸收不同土壤层养分的特点，又实现了单位土地上的空间合理利用、相互促进的目的，实现在单位土地上一年内多种多收的良好格局，通过不同作物的合理搭配种植，提高复种指数，增加农民经济收入的目标。

一、选用适宜间作套种的朝天椒品种

应选用一次性采收的朝天椒品种，如弘士顿、兵团六号、川崎 2 号、北科系列、辣多美等品种。

二、育苗技术

（一）育苗时间

滨湖地区朝天椒种植适宜育苗时间一般在 2 月底至 3 月初，采用小拱棚加盖草苫模式育苗。

（二）精细整地、施足基肥、培育壮苗

1. 地块选择

育苗应选择地势高、土壤肥沃、排灌水方便，2 年以上没种过辣椒的土壤，并且土壤的通透性好。耕翻前应施足底肥，以利于培育壮苗。

2. 整地施肥

注重底肥的施用，每方育苗土应施用腐熟粪肥 80 ～ 100kg，磷酸二铵 1 ～ 1.5kg 或苗床肥 1 袋，施用底肥后耙匀备播。

整平做苗床，应根据地块情况，大田种植面积确定苗床的面积。为了有利于拔草和苗床管理，一般可做成 1.5 ～ 1.6m 宽苗床畦，长度可根据地块和种植面积大小确定。一般 12 ～ 15 ㎡苗床可定植 1 亩大田。

（三）播种量

一般每亩地需要 150g 左右种子。

（四）苗床的播种方法

1. 划块点播

苗床畦做好后，播种前一天浇灌苗床，要浇足、浇透，整平畦面以备第 2 天播种。播种前把苗床畦切成 4cm×4cm 的方块，然后将辣椒种子播于方块内即可。播后覆土，一般覆土深度 1 ～ 1.5cm 为宜，过薄易带帽出土，过深出苗困难且不匀。

2. 撒播

苗床浇透水，落干后第 2 天，将辣椒种子均匀地撒播在苗床上，然后覆土 1 ～ 1.5cm 即可。

（五）苗床化学除草技术

苗床播种覆土后，盖薄膜前按每亩标准苗床（12 ～ 15m^2）用 20%敌草胺乳油 1 支（2mL），兑水 1 ～ 1.5kg，在播种覆土后均匀地喷洒苗床一遍，防止重喷和漏喷，然后盖好薄膜即可。

（六）地下害虫防治

可用 3%辛硫磷颗粒剂于盖膜前一部分成墩丢放在苗床内。留一部分盖膜后撒施苗床周围。也可用 50%辛硫磷 100mL 拌炒香的麦麸制成毒饵撒施苗床周围，防治蝼蛄等为害。

（七）苗床管理

1. 通风炼苗、培育壮苗、预防高脚苗

朝天椒苗基本出齐应及时通风，防高脚苗，在通风时通风口的数量和时间的长短应根据朝天椒苗情况和天气情况进行。一般前期小通风、中期适通风、后期可大通风。

中后期苗床通风也可以采用在塑料薄膜上方打孔通气，好处是可以减少揭膜，盖膜的时间，移栽前 3 ～ 4d 可揭膜炼苗，晚上不盖膜，增加辣椒苗对露地环境的适应能力。

2. 浇水

因为朝天椒具有喜水怕涝的特点，故前期一般不浇水，苗床干旱时可以用喷壶喷水，中后期遇旱宜浇小水。

3. 提倡叶面施肥

朝天椒对钙元素敏感，补钙强壮植株，减少椒苗生病，苗期可喷沃生钙，每 15mL 沃生兑水 15kg 均匀喷雾。也可用磷酸二氢钾加芸苔素进行叶面喷施，对促壮苗有明显益处。

4. 病虫害防治

朝天椒苗期病害主要有立枯病、猝倒病等，虫害主要有蚜虫和飞虱等。

立枯病、猝倒病的防治方法：齐苗后用 70%噁霉灵 WP 5g 或 20%普力克 AS20mL 兑水 15kg 均匀喷雾。蚜虫、飞虱的防治方法：用 70%吡虫啉 3g 或 70%啶虫脒 4g，兑水 10kg 均匀喷雾，既可消灭害虫又可消灭朝天病毒病的传毒媒体。

三、选择适宜棉花、辣椒生长的间作套种模式

根据多年多点试验和探索，滨湖区棉花、朝天椒间作宜采用 3∶1 式种植模式，即每个种植带宽 1.9 ～ 2m，种 3 行朝天椒、1 行棉花，辣椒行距 40cm，棉花行距 110cm，辣椒棉花行距 55 ～ 60cm。

四、适时定植

（一）定植时间

黄淮地区辣椒定植一般在 4 月中下旬，椒苗应具有 3 ～ 4 片真叶。

（二）定植密度

棉花间作朝天椒模式一般朝天椒占地按 60% 计算，亩定植朝天椒 3 000 ～ 3 200 墩，约 6 000 株（一般双株定植），行距 40cm，株距 33cm。棉花每亩在 900 ～ 950 株。

（三）定植方法

定植前应浇水 1 次，为定植棉花、朝天椒造足底墒。棉花、朝天椒种植时间安排上应先移栽定植棉花，隔 3 ～ 4d 再定植朝天椒。移栽定植朝天椒时，按 33cm 株距，用打孔器打孔，然后将椒苗放在打好的孔中并用适量细土弥缝即可。

五、田间管理

（一）防治蜗牛

定植后，应及早防治蜗牛为害。一般是在棉花、朝天椒移栽后 2 ～ 3d 的傍晚，天黑前撒施 6% 四聚乙醛 GR 每亩 500 ～ 600g 均匀分布于棉花、辣椒行内。

（二）及时查苗补苗

定植后 3 ～ 5d 查看苗情长势情况，发现有缺苗和死苗、病苗应及时替换或补栽，确保苗全、苗匀、苗壮，打好丰产基础。

（三）适时打顶

当朝天椒苗达到 7 ～ 9 片真叶时，及早打掉顶心，利于侧枝的喷发和生长，是朝天椒高产的基础。

（四）合理化学调控

由于前茬大蒜施肥相对充足，朝天椒移栽后生长速度较快，面临后期倒伏的危险性大，所以须适时进行化学调控。化控时期应依据朝天椒现蕾至盛花结果期长势确定。一般用辣椒专用控旺剂调控，如控多收专用药剂每亩 25 ～ 30g 均匀喷雾，根据辣椒长势隔 10 ～ 15d 1 次，可连续进行 2 ～ 3 次。

（五）肥水管理

1. 施肥

生长前期因大蒜施肥较多，辣椒一般不追肥，当辣椒有 70% ～ 80% 坐果时一次性追肥。每亩追施低氮、高钾型复合肥 35 ～ 40kg，也可配施有机肥，微生物肥料等一同施入。

2. 浇水

朝天椒的特性是喜湿怕涝不耐旱。因此，干旱时朝天椒要及时浇水，特别是中后期干旱容易造成落花、落果。因此，朝天椒遇旱要及时浇水。

3. 排涝

辣椒根系分布浅，一般分布在 0 ～ 20cm 土壤中，因此，抗涝性能极差，田间积水 24h 或大雨后突然放晴容易造成成片死亡，显著减产，甚至绝收。因此应采用高畦或高垄且易于排水的地块种植辣椒。

（六）病虫害防治

朝天椒常发生的虫害主要有棉铃虫、甜菜夜蛾、烟青虫、蚜虫、飞虱、盲蝽象、烟粉虱等，要选择合适药剂进行防治。

1. 虫害防治

棉铃虫、甜菜夜蛾、烟青虫等鳞翅目害虫可用 20%氯虫苯甲酰胺悬浮剂 20 ～ 30mL 兑水 30kg 喷雾防治，也可用 50%虫螨腈乳油 20g 兑水 15kg 喷雾防治，蚜虫、烟粉虱、盲蝽象、飞虱等刺吸式口器害虫，可用 70%噻虫嗪可湿性粉剂 5g 或 70%吡虫啉可湿性粉剂 5g 兑水 15kg 喷雾防治。

2. 病害防治

朝天椒常发生的病害主要有辣椒疫病、炭疽病、病毒病、细菌性软腐病等，要选用相应药剂于发病前和发病初期及时防治。

朝天椒疫病可亩用 687.5g/L 氟吡菌胺·霜霉威悬浮剂 60 ～ 75mL 喷雾防治，防治朝天椒炭疽病可亩用 75% 肟菌·戊唑醇水分散粒剂 10 ～ 15g 喷雾防治，并能兼治其他病害。防治朝天椒病毒病可用盐酸吗啉胍等药剂喷雾。防治朝天椒细菌性软腐病、疫病可亩用 37.5% 氢氧化铜悬浮剂 36 ～ 52mL 喷雾防控。

（七）收获、晾晒、防花皮

一次性采收朝天椒一般在白露后，建议收获前 3 ～ 7d 打一遍氟吡菌酰胺 1 200 倍液或肟菌·戊唑醇 1 500 倍液，可一定程度上减轻或防控采后花皮的产生。收获朝天椒后在田间晾晒时，要多次翻动，晾晒均匀，遇雨要及早盖上薄膜预防。

六、棉花绿色高效栽培技术

棉花绿色高效技术，主要包括选择优质高产的棉花品种、营养块或基质育苗技术、适期移栽、加强各生育时期的田间管理等，与其他常规植棉管理相同。

第五节　鲜食玉米间作辣椒高产高效种植技术

辣椒是山东省济宁市重要的经济作物之一，由于夏季高温多雨，辣椒病虫害较为严重，其产量及食用品质难以得到保证。自 2019 年以来，农技专家在泗水县杨柳镇和邹城市石墙、金山等镇系统开展了鲜食玉米间作辣椒绿色高效种植技术研究。该技术模式利用鲜食玉米对辣椒的遮阴效果，能够有效预防辣椒日灼病及病毒病的发生及为害；利用为害辣椒的棉铃虫喜爱在鲜食玉米叶片上产卵的特性，能够集中杀灭棉铃虫的成虫及虫卵；通过科学合理施肥，科学防控病虫草害，实现了一季双收，比单一种植玉米亩增收 4 000 余元。

一、茬口安排

辣椒于 3 月下旬育苗，5 月下旬栽植壮苗，结果盛期正值夏末秋初，销售价格高，种植效益有保证。鲜食玉米于5月上旬起垄地膜覆盖种植，8月下旬至9月上旬收获。

（一）辣椒育苗

3月下旬用规格为8cm×8cm的营养钵育苗。选取品质优、产量高、综合抗性好的品种如辣妹子的种子，于晴朗天气晒种2～3d，做到边晒边翻动，确保晒种均匀。通过晒种以提高辣椒种子的发芽势，减少种子表皮致病菌数量。采用55℃温水烫种，边烫边搅拌，水温降低到30℃时浸种12～14h，之后捞出沥干种子表皮上的水分，用干净棉布包好，放在32～33℃的环境条件下催芽。催芽期间，每天晚上用33℃温水淘洗一遍，50%种子发芽即可播种。

育苗基质分为商品基质与自配基质。自配育苗基质制作：将发酵木质素菌肥与过筛的细土按2∶1比例配制，每1m^{3}加入0.5%阿维菌素颗粒剂0.5kg，掺拌均匀后，即可装入育苗营养钵。

播种选择晴天下午进行，每个育苗钵中播2粒发芽的种子，播后覆盖厚0.8～1.0cm的育苗基质。将播种后的营养钵移入顶高80cm、跨度1.2m小拱棚内。当白天温度高于30℃时，小拱棚四周通风，并用遮光率为70%遮阳网覆盖；夜间温度低于15℃时，则密闭小拱棚通风口。播种后的营养钵水分应保持在70%～75%。

叶面喷施70%吡虫啉水分散粒剂2 000～2 500倍液防治蚜虫、白粉虱；采用50%甲霜灵可湿性粉剂500～600倍液防治苗期猝倒病；采用80%福美双水分散粒剂800～1 000倍液防治苗期立枯病；采用生物发酵菌液100～150倍液在晴天的晚上喷施，3d1次，连喷3次，预防病毒病的发生。

（二）鲜食玉米催芽

5月上旬，选择口感好、综合抗性强的品种，如京糯928、西星白糯2号等，为了保证出苗整齐一致，采取催芽的方式，将精选后的鲜食玉米种子，采用30℃温水浸泡5h后，放在温度为26～28℃的黑暗环境条件下催芽，并保证每天用30℃的清水淘洗1次，种子发芽后即可播种。

二、整地施肥

冬初深耕，耕深20～25cm，通过冬季冻垡晒垡，改善土壤结构，减少越冬虫蛹的数量。春季结合耕耙，用40%辛硫磷乳油1 500～2 000倍液+70%吡虫啉水分散粒剂2 000～2 500倍液+80%多菌灵可湿性粉剂800～1 000倍液混合液地面喷雾，预防田间病虫害；每亩施生物发酵菌肥木质素 500kg、三元复合肥（N：P：K=15：15：15）70 ～ 75kg、64% 磷酸二铵 20 ～ 25kg、12% 过磷酸钙 100kg 作为基肥，耕深 23 ～ 25cm。

三、播种及定植

（一）起垄

鲜食玉米与辣椒采取 2 ：6 种植模式起垄，鲜食玉米起垄种植，垄高 33 ～ 35cm，顶宽 40cm；鲜食玉米与辣椒栽植垄的间距为 70cm；辣椒栽植垄距 100cm，垄顶宽 50cm，要求垄顶垄背平整、无大坷垃。

（二）鲜食玉米播种

整好土地后，若土壤相对含水量高于 75%，5 月上旬抓住农时趁墒播种已发芽的鲜食玉米种子；土壤相对含水量低于 70% 时，播后及时浇“蒙头水”。采取人工点播，株距 15cm，播深 3 ～ 4cm，播后每垄铺设 1 条滴灌带，滴灌带滴水正常后，采用宽 80cm 的地膜覆盖，要求地膜铺平、拉紧、压实，防止大风卷膜现象发生。

（三）辣椒定植

5 月下旬，辣椒 5 ～ 7 片叶时选取壮苗定植，壮苗标准为叶片厚，颜色深，节间 3 ～ 4cm，无病无机械损伤。每垄定植 2 行，每穴定植 2 株，穴距 40 ～ 45cm。

四、栽植后管理

（一）鲜食玉米播后管理

玉米出苗后及时查苗补苗，去除弱苗、病苗及伤残苗，缺苗时可在邻近的行间株间留双株，断垄地块 3 叶期移栽。鲜食玉米苗期较耐旱，一般不需要浇水，大雨过后及时排水，防止田间积水。干旱年份，长势弱的植株，结合浇水，每亩追施水溶肥（N：P：K=10：8：38）5kg。大喇叭口期是鲜食玉米水肥关键期，结合浇水，每亩追施尿素 5.0 ～ 7.5kg。

发现鲜食玉米地下节有萌发的侧枝，可在晴稳天气及时去除，并带离田园，保持田园清洁。气温 32 ～ 35℃时会影响鲜食玉米授粉，可在 9：00 ～ 11：00 进行人工辅助授粉，预防鲜食玉米秃顶及缺粒现象的发生。

（二）辣椒定植后管理

定植后，每垄铺设 2 条滴灌带，保证滴水正常无跑墒现象，用防草布覆盖垄顶、垄背及垄沟，不仅可防除田间杂草，也有利于大雨过后排出田间积水。

辣椒缓苗期间，结合浇水，每亩冲施生物发酵生物菌液 7.5 ～ 10.0kg，以促进幼苗新根生成，利用生物有益菌的占位效应，规避土传性病害的发生及为害。

门椒坐住前，以控为主，土壤相对含水量保持在 70% ～ 75%；门椒坐住后，土壤相对持水量为 80% ～ 85%，浇水时间为傍晚。辣椒开始膨大期，结合浇水，每亩冲施水溶肥（N：P：K=10：5：30）5.0 ～ 7.5kg。随着辣椒结果数量的增加，每次浇水均要冲施相应的水溶肥，满足辣椒生长发育需求。大雨过后，应及时排出田间积水。

生长势强的辣椒植株，门椒以下的侧枝全部去除，在栽培管理过程中，及时去掉病叶、病果、虫残及伤残叶片，并及时带离种植田。对于生长势弱的植株，特别是遭受茶黄螨为害过的植株，及时去除弱枝、早衰枝，留 1 健壮侧枝进行培养。

五、病虫害防治

（一）鲜食玉米病虫害防治

鲜食玉米病害主要有根腐病、茎基腐病、纹枯病及穗腐病等。在鲜食玉米 3 叶期，采用 50% 多菌灵可湿性粉剂 500 ～ 600 倍液根茎部喷施，每 3d 喷 1 次，连喷 3 次，可防治根腐病及茎基腐病。鲜食玉米进入大喇叭口期，每亩可用 41% 甲硫 · 戊唑醇悬浮剂 50 ～ 100mL 叶面喷施，每 7d 喷 1 次，连续喷施 2 ～ 3 次，可预防纹枯病及穗腐病等真菌性病害。

鲜食玉米主要害虫有棉铃虫、玉米螟及蚜虫等。棉铃虫、玉米螟除了为害鲜食玉米的叶片外，也为害果穗，空气湿度大时易造成果穗腐烂，使鲜食玉米的食用品质下降，可采用 5% 甲维盐乳油 2 500 ～ 3 000 倍液喷雾防治棉铃虫及玉米螟。

蚜虫主要为害鲜食玉米的雄穗，导致花粉品质下降、授粉不良，果穗出现缺粒现象，可采用 70% 吡虫啉水分散粒剂 2 000 ～ 2 500 倍液 +2.5% 高效氯氰菊酯乳油 3 000 倍液混合喷雾防治蚜虫。

（二）辣椒病虫害防治

软腐病、绵疫病、病毒病是辣椒常见病害，软腐病主要为害果实，造成果实腐烂，并伴有难闻的恶臭味。绵疫病除了为害辣椒的叶片、茎外，还为害辣椒的果实，果实从一侧腐烂，病斑上密生白色霉层即病原孢子，连续降雨，空气湿度大，软腐病及绵疫病发生为害重。

病毒病对辣椒为害最为严重，主要是花叶病毒病，发病植株中上部叶片呈现黄绿相间的斑驳，果实畸形、膨大慢，商品性差，一般减产 60% 以上。病毒病以预防为主，每亩采用 70% 吡虫啉水分散粒剂 1.5 ～ 2g+2.5% 高效氯氰菊酯乳油 30 ～ 40mL 混合液全株喷雾，防治白粉虱、灰飞虱和蚜虫等刺吸式口器害虫，切断辣椒病毒病传播途径。门椒坐住后，采用生物发酵菌液 200 ～ 400g 与 10% 中生 · 寡糖素可湿性粉剂 25 ～ 30g 混合液全叶喷雾或者灌根，每 7 ～ 10d 施用 1 次，除可预防病毒病外，对绵疫病、软腐病也有一定防效。

辣椒的主要害虫为茶黄螨、棉铃虫。茶黄螨为刺吸式口器害虫，为害辣椒的叶片，严重时造成叶片脱落，果实膨大慢，失去光泽，商品质量和食用品质下降，可选用 1.8% 阿维菌素乳油 2 000 ～ 2 500 倍液防治茶黄螨。棉铃虫除了为害辣椒的叶片外，还为害辣椒的果实，如果实上出现虫口，则会造成辣椒果实进水后腐烂，可采用 5% 甲维盐乳油 2 500 ～ 3 000 倍液防治棉铃虫。

六、适时收获

鲜食玉米收获适期为蜡熟中期，此时花丝完全变干，苞叶颜色由绿变浅绿，籽粒含水量为 60% ～ 65%。鲜食玉米收获时间为 8 月下旬至 9 月上旬，收获后的鲜食玉米直接上市或通过冷库储藏，延迟至春节期间上市，收获时间过早或过晚，食用品质差。

辣椒果实变成深绿色、表面有光泽，辣味适中时，选择晴天的早晨采收，应做到轻摘轻放，不得损伤辣椒的茎叶。收获原则：门椒宜早，秋后采收宜迟，通过简易储藏，延长辣椒供应期。

第六节　白芍间作小麦、玉米绿色高效生产技术

白芍为毛茛科芍药属多年生草本植物，以根茎入药，具有温阳祛湿、补

体虚、健脾胃等功效，是我国传统的大宗类中药材品种之一，也是山东的骨干药材品种。白芍具有喜光、喜温、耐寒、耐旱、怕涝等习性，多生于山地疏林或山坡灌木丛中，主要分布在四川、贵州、安徽、山东、浙江、河南、陕西等省，山东省鲁中、鲁西南地区是白芍主要的产区。

白芍的幼年期较长，一般 3 ～ 5 年才可采收。白芍栽种后的前 2 年，植株矮小不能覆盖地表，可利用行间进行小麦、玉米间作种植。不仅可以提高土地利用率和种植效益，还可有效控制杂草滋生，改善白芍生长微环境，发挥作物间的互利效应，提高作物对光能、空气、水肥的利用，达到粮药双收的目的。

一、栽培技术

（一）选地整地

选择土层深厚、疏松肥沃、排水良好、阳光充足的地块，盐碱及涝洼地块不宜栽种。秋季前茬作物收获后及时耕翻，耕前每亩施腐熟农家肥 2 000kg、复合肥 50kg 作为基肥，机械深翻 30cm 以上，耕平耙细，开排水沟。

（二）品种选择

白芍品种选择山东省中西部、西南部普遍种植的鄄城白芍，该品种具有产量高、品质好、抗病性强等特性；小麦品种选择同大田，玉米选用株型紧凑、抗倒抗病、中矮秆、适宜密植的高产品种。

（三）白芍繁殖方法

白芍主要采用种子繁殖和分根繁殖，生产中多采用种子育苗繁殖。

1. 种子繁殖

当年采收的种子于 9 月中下旬进行播种，在整好的苗床上按行距 40cm 开沟条播，沟深 3 ～ 4cm，将种子均匀撒入沟内，覆土 6 ～ 10cm，稍镇压，翌年 4 月中旬后即可出齐苗，9 月后可进行移栽。其间及时进行浇水、除草及病虫害防治等田间管理。

2. 分根繁殖

10 月中下旬白芍收获时，从根部芽苞下 3 ～ 4cm 处切下，切成小块，每块保留 2～4 个健壮芽头，随切随栽，如不能及时栽种，应暂时储藏于湿沙中。

（四）移栽和播种

1. 种苗和种子播前处理

选择健壮、无机械损伤、无病虫害的白芍种子繁育苗或分根块茎用 50% 多菌灵可湿性粉剂、70% 甲基托布津可湿性粉剂按 1∶1 000 的比例兑水浸泡消毒，捞出摊放在阴凉处晾干待用。小麦、玉米直接选用优质商品包衣种子。

2. 种植

10 月中下旬，在整好的地块中起垄，垄宽 1m，垄高 30cm，垄间距 1.5m，垄上种植 3 行白芍，按照株距 15 ～ 30cm、行距 30cm 开穴，穴深 8 ～ 12cm，每穴植入种苗或芽头块茎 1 ～ 2 个，芽头朝上，覆土 5cm 左右，稍镇压后浇水。白芍移栽后垄间平畦播种冬小麦，亩播量控制在 10kg 左右；翌年 6 月初小麦收获后，在麦茬中连作夏玉米，密度控制在 4 500 ～ 5 000 株 / 亩，根据不同玉米品种可适当调整密度。

（五）田间管理

1. 查苗补苗

白芍秋季移栽后翌年 3 月底开始调查幼苗成活情况，小麦、玉米在播种后 5 ～ 7d 进行查苗，发现缺苗、少苗、弱苗应及时补种，确保苗全、苗匀、苗壮。

2. 中耕除草

白芍不可使用化学除草，结合实际及时进行人工除草，夏天雨季注意防止草荒。白芍出苗后每年中耕 2 ～ 3 次，中耕不宜过深，以 5cm 左右为宜，以免伤根损苗，影响生长。10 月底，将离地面 5cm 以上的地上部白芍茎秆剪除，清理垄面枯草和落叶，对根部进行覆土，以利于白芍越冬。受白芍影响，小麦和玉米均不可使用化学除草，根据实际情况结合中耕进行人工除草。

3. 水肥管理

根据墒情酌情浇水，雨季应及时排水。4 月中下旬结合浇水进行追肥，白芍每亩施复合肥 30 ～ 40kg，小麦每亩施尿素 10 ～ 15kg。在玉米播种前每亩施复合肥、尿素各 40 ～ 50kg 作为基肥，每亩追施 10 ～ 20kg 磷酸二氢钾作为穗肥。每年秋季白芍追施冬肥，或翌年施早春肥，每亩施有机肥 500 ～ 1 000kg。

（六）病虫害防治

白芍常见病虫害有叶斑病、锈病、根腐病、地老虎等。小麦常见病虫害有条锈病、赤霉病、麦蜘蛛、小麦吸浆虫等。玉米常见病虫害有圆斑病、青枯病、玉米螟、玉米灰飞虱等。防治原则贯彻“预防为主，综合防治”的植保方针，及时清除和销毁杂草及染病、枯死植株，做好田间卫生，减少初期侵染源，采用粘虫板、杀虫灯、性诱剂等捕杀工具减轻病虫害的发生，利用瓢虫、捕食螨、寄生蜂等害虫天敌以及有益微生物等实施生物防治，必要时有选择性使用生物源药剂、植物源药剂和动物源农药，谨慎使用化学药剂进行防治。

二、采收加工

（一）采收

白芍栽种后 3 ～ 5 年采收，9 月下旬至 10 月上旬选择晴朗的天气，割去地上茎叶，采用人工或机械采挖，主根全部挖出后，抖掉泥土，割下芍根。小麦、玉米均采用大田常规机械收获。

（二）产地初加工

将收获后的芍根切去头尾，两端削平，洗净后刮去外皮，放入微沸的水中煮制 5 ～ 15min，粗细不同煮制的时间不同，煮到针刺可透即可取出。将煮制好的芍根立即送到晒场摊晒，不可堆闷时间过长，如当天不能及时摊晒，应摊于通风处，切忌堆置。摊晒时先薄薄地摊开，暴晒 1 ～ 2h 后渐渐堆厚，暴晒 3 ～ 5d 后转入室内堆放返潮，2d 后继续放置室外暴晒 3 ～ 5d，再于室内堆放 3 ～ 5d，当含水量＜ 14.0% 时即可包装。将干燥后的白芍分别用包装袋真空包装，放置在通风、干燥的库房里储存待售。

第十二章　连（轮）作模式

第一节　冬小麦夏玉米周年均衡高质高效种植技术规程

本技术规程适用于山东省济宁市及黄淮区相同条件下中高产地块推广应用，要求土壤基础为：土壤有机质含量 12g/kg 以上，碱解氮 70mg/kg 以上，速效磷 25mg/kg 以上，速效钾 90mg/kg 以上。

一、茬口安排

冬小麦适宜播期为 10 月 5—15 日，最佳播期为 10 月 7—12 日；小麦收获期为 6 月上旬。夏玉米直播适宜播期是 6 月 9—15 日，生产上小麦收获后抢时播种。

二、冬小麦高质高效种植技术

（一）品种与产量结构

1. 选用良种

选用经过国家或山东省农作物品种审定委员会审定的适应当地生产的主推品种，如济麦 22、济南 17、烟农 1212、鲁原 502、山农 20 等。要求种子纯度≥ 99.0%、发芽率≥ 85%、水分≤ 13%。

2. 群体动态指标与产量结构指标

济宁小麦亩产达到 500 ～ 600kg 的产量指标，在适宜播期内适宜的群体动态和产量结构见表 12–1。

表 12-1 不同小麦品种适宜群体动态和产量结构

品种	基本苗（万 / 亩）	冬前苗量（万 / 亩）	春季最大苗量（万 / 亩）	亩穗数（万 / 亩）	穗粒数（粒）	千粒重（g）
济麦 22	13 ~ 15	60 ~ 80	80 ~ 100	42 ~ 47	33 ~ 35	43
济南 17	11 ~ 13	60 ~ 70	90 ~ 110	45 ~ 50	30 ~ 32	40
烟农 1212	11 ~ 13	60 ~ 70	90 ~ 110	45 ~ 50	30 ~ 35	42
鲁原 502	13 ~ 15	60 ~ 80	80 ~ 100	40 ~ 45	33 ~ 37	43
山农 20	13 ~ 15	60 ~ 80	80 ~ 100	40 ~ 45	33 ~ 37	43

（二）播前准备

1. 种子处理

播种前用高效低毒的专用种衣剂包衣。建议选用良种补贴统一供应的包衣良种。

2. 平衡施肥

在秸秆还田、增施有机肥基础上，每亩施化肥氮（纯 N）15 ～ 16kg、磷（P_2O_5）6 ～ 8kg、钾（K_2O）6 ～ 8kg、硫酸锌 1kg。上述总施肥量中，50% 的氮肥和全部磷肥、钾肥、锌肥作底肥，在耕地前均匀撒施地表，耕翻入土，剩余 50% 的氮肥翌年春季小麦拔节期追施。

3. 精细整地

前茬玉米收获后秸秆还田，深耕 25cm 以上或深松 30cm 以上，打破犁底层，深耕后及时耙地，注意耙透、耙细，破碎明暗坷垃，消除架空暗垄，达到“深、透、细、平、实”的标准。土壤深耕或深松可间隔 2～3 年进行一次，两次深松之间的年份可以旋代耕，要旋耕 2 遍，旋耕深度 15 ～ 20cm，旋耕后及时镇压再播种，确保整地质量。

4. 土壤修复改良

针对以金乡、嘉祥、梁山为代表的鲁西南黄泛冲积平原次生盐渍化土壤，建议玉米作物秸秆深埋阻滞春季返盐，有条件的地块可结合秸秆覆盖、覆膜等保墒配套措施，抑制盐分表聚，降低耕作层土壤盐分含量。针对以邹城、泗水为代表的低山丘陵区酸化土壤，易导致土壤物理性状恶劣、质地黏重、钾钙镁等盐基养分缺乏等现象，建议在适当增施钾肥、钙镁磷肥及其他碱性肥料的基础上，注意增施有机肥、秸秆还田，并配施功能性土壤改良剂及土壤修复菌剂，从物理、化学、生物 3 个角度，实现增碳阻酸。

（三）播种

1. 种植方式

采用小麦宽幅播种技术，畦宽 2.7m，畦背 0.4 m，畦面 2.3 m，等行距种植 9 行小麦，苗带宽度 8 ～ 10cm。

2. 适期适量播种

小麦适宜播期是 10 月 5—15 日，最佳播期是 10 月 7—12 日。适宜播期内，济麦 22 等中晚熟品种每亩基本苗 13 万～ 15 万株，济南 17 等中早熟品种每亩基本苗 11 万～ 13 万株。

根据种子的千粒重、净度、发芽率以及田间出苗率计算每亩播种量。砂姜黑土地块、晚播麦田要适当增加播量，适播期后，每晚播 1d，亩增加播量 0.5kg。播量计算公式：

$$每亩播种量（kg）=\frac{每亩计划基本苗数\times 千粒重（g）}{种子净度（\%）\times 发芽率（\%）\times 田间出苗率（\%）\times 10^6}$$

式中，田间出苗率应根据土壤墒情和整地质量灵活掌握，一般潮褐土按 90% 左右，砂姜黑土按 75% 左右。

3. 提高播种质量

采用小麦宽幅精播机播种，播种机行走速度为 5km/h。播种深度 3 ～ 5cm，注意在播种机上悬挂镇压器具，使播种、镇压同时进行，要求播量精确，行距一致，下种均匀，深浅一致，不漏播，不重播，地头地边播种整齐。

4. 浅播压水

小麦出苗适宜的土壤湿度为 0 ～ 20cm，耕层土壤相对含水量为 70% ～ 80%。砂姜黑土地块应采用浅播压水技术，要求播深 2 ～ 3cm，播种后及时浇水；潮褐土地块耕层土壤相对含水量低于 70% 时，应播后浇水，出苗后待表墒适宜时人工划锄、破除板结，确保出苗齐全。

（四）冬前管理

冬前麦田管理的目标是苗全、苗齐、苗匀、苗壮。主要管理措施有以下几种。

1. 查苗补种

麦苗出土以后，及时查苗补苗，对缺苗断垄的地方及时补种。

2. 冬前化学除草

10 月下旬至 11 月上旬小麦 3 ～ 4 叶期，日平均气温在 10℃以上时，是化学除草的最佳时期。以播娘蒿、荠菜、猪殃殃等阔叶杂草为主的麦田，可选用 10%

苯磺隆可湿性粉剂10克/亩或75%苯磺隆水分散粒剂1g/亩等兑水均匀喷雾防除；以野燕麦等禾本科杂草为主的地块，可选用10%精噁唑禾草灵乳油（骠马）50～60g/亩等兑水均匀喷雾防除；双子叶和单子叶杂草混合发生的麦田可用以上药剂混合使用。注意严格按照用药说明喷洒除草剂，防止重喷或漏喷。

3. 浇好越冬水

日平均气温下降到7～8℃时开始浇水，掌握平均气温2～3℃夜冻昼消时结束浇水，一般在11月下旬至12月初（小雪至大雪期间）浇水。在11月下旬0～40cm土壤相对含水量大于75%时，可以不浇越冬水。

（五）春季管理

春季管理的目标是建立合理群体结构，促进穗大粒多，减轻病虫为害。主要管理措施如下。

1. 早春精细划锄

潮褐土地块应在小麦返青后进行划锄，划锄时做到划细、划匀、划平、划透，不留坷垃，不压麦苗，不漏杂草，以提高划锄效果。对于适时浇越冬水、冬季冻融交替效果好、在地表已形成疏松保墒层的地块可以不划锄，以免破坏地表疏松的保墒层，增加土壤蒸发量。

2. 返青期化学除草

冬前没有进行化学除草的地块，在2月下旬至3月上中旬进行化学除草，小麦进入拔节期停止喷洒除草剂，以免造成药害。

3. 起身期化控防倒伏

3月中旬小麦起身期喷施壮丰安等控制小麦旺长，预防后期倒伏。禁止在小麦拔节后喷施化控剂，以免造成药害。

4. 肥水管理

春季第一次肥水管理的时间要根据地力、墒情和苗情掌握。对地力水平较高、群体适宜的麦田，应在4月上旬小麦拔节后追肥浇水；对地力水平高、有旺长趋势的麦田，肥水管理时间应推迟到4月中旬小麦拔节后期（倒二叶露尖至旗叶露尖）。春季适宜追肥量为每亩15～20kg尿素。

5. 预防早春冻害

济宁市“倒春寒”发生概率较高，春霜冻害严重。应在小麦返青后喷施天达2116、吨田宝等植物生长抗逆剂，提高麦苗抗冻性，同时密切注视天气变化，在强寒流来临前浇水，预防冻害发生。

对于发生严重春霜冻害的地块，要采取补救措施，及早追施速效氮肥，一般亩追施尿素7～10kg，并浇水，促进中小分蘖成穗。

（六）后期管理

挑旗期是小麦需水临界期，应视土壤墒情在挑旗至开花期浇透水；5月中旬小麦开花后15～20d再浇一次灌浆水，使田间持水量稳定在75%～80%。浇灌浆水时严禁在大风天气浇水或雨前浇水，以防倒伏。收获前7～10d内禁止浇麦黄水。

（七）综合防治病虫害

1. 返青期防病为主，兼治虫害

小麦返青后是纹枯病、全蚀病、根腐病等根病侵染扩展高峰期，也是麦蜘蛛、地下害虫的为害盛期，是小麦综合防治关键环节之一。防治根部病害可选用三唑酮、立克锈、烯唑醇、井冈霉素等兑水75～100kg喷麦茎基部防治，间隔10～15d再喷一次。防治麦蜘蛛可用1.8%阿维菌素3 000倍液喷雾防治。以上病虫混合发生的，可采用以上药剂混合喷雾防治。

2. 抽穗期防治赤霉病

小麦抽穗至扬花前，是防治小麦赤霉病的最佳时间。每亩用80%多菌灵50g～80g或50%多菌灵80g～120g或70%甲托100g兑水防治。重点对准小麦穗部均匀喷雾，隔5～7d再防治一次。喷药后24h之内遇雨要补喷。防治赤霉病的同时，可加上10%吡虫啉可湿性粉剂20g/亩或4.5%高效氯氰菊酯乳油80mL/亩混合施药，综合防治蚜虫、麦叶蜂等虫害。

3. 后期“一喷三防”

小麦灌浆期选择适宜的杀菌剂、杀虫剂和叶面肥混合喷施，达到防病、治虫、防早衰“一喷三防”的效果。每亩用10%吡虫啉20g+4.5%高效氯氰菊酯乳油20mL+三唑酮+磷酸二氢钾或叶面肥，兑水30～40kg混合喷雾。喷洒时间在晴天无风9：00—11：00和16：00后两个时段喷洒，间隔7～10d再喷一遍。喷药后24h之内遇雨要补喷。

（八）适时收获

小麦蜡熟末期采用联合收割机抢时收获。

三、夏玉米高质高效种植技术

（一）科学选用品种

夏直播玉米亩产600～700kg的地块，适宜推广应用郑单958、浚单20、立原 296 等耐密、抗倒、高产、稳产、抗逆性强的品种。籽粒机收玉米可重点选择迪卡 517、登海 518 等生育期适中、籽粒脱水快、穗位适中、抗倒性强的品种。青贮玉米可重点选择登海 605、鲁单 9088 等生物产量高、适口性好的品种。选用适于单粒精播的包衣种子，质量标准达到：发芽率≥ 95%、纯度≥ 98%、净度≥ 99%、水分≤ 14.0%。

（二）提高小麦秸秆还田质量

为减轻玉米播种时秸秆缠绕、拥堵现象，前茬小麦机械化收获时必须安装秸秆粉碎机，尽量降低留茬高度，提高秸秆还田质量，要求小麦秸秆切碎长度≤ 10cm，切断长度合格率≥ 95%，抛撒不均匀率≤ 20%，漏切率≤ 1.5%。

（三）播种

1. 抢时直播

玉米夏直播适宜的播期是 6 月 9—15 日，生产上小麦收获后抢时播种。

2. 种植方式

采用单粒精播机播种，2.7m 一畦等行距播种 4 行，平均行距 67.5cm。

3. 提高播种质量

夏玉米亩产 600 ～ 700kg 适宜的亩穗数为 4 500 ～ 4 800 穗。播种前调好机械，按照种植密度 4 700 ～ 5 000 株 / 亩，确定适宜的株距为 21 ～ 20cm，播种速度为 5 ～ 8km/h，播深 3 ～ 5cm，播种过程中及时检查机械，防止秸秆堵塞，造成缺苗。

4. 平衡施肥

夏玉米达到亩产 600 ～ 700kg 的目标产量，每亩总施肥量为纯氮（N）15 ～ 18kg、磷（P_2O_5）6 ～ 7kg、钾（K_2O）10 ～ 12kg。播种同时，亩施缓控肥 50kg，实行种肥同播。此后，在大喇叭口期每亩补施尿素 15kg 左右。

5. 播后及时浇水

播种后及时浇水，确保出苗齐全。

（四）苗期管理

1. 化学除草

玉米播种后出苗前土壤墒情好时，及时采用 40% 乙莠悬浮剂 150 ～ 200mL 兑水 45 ～ 50kg 均匀喷洒地面封闭除草，注意喷药后尽量减少田间作业，以防破坏药膜影响除草效果。如果未进行苗前除草的地块，可在玉米出苗后 3 ～ 5 叶期，用 20% 烟嘧 · 莠去津悬浮剂 100g/ 亩兑水 30 ～ 50kg 均匀喷洒行间地表，防治田间杂草，尽量不要喷到玉米心叶上，以防发生药害。

2. 综合防治病虫害

玉米苗期病虫害主要是玉米粗缩病、苗枯病、灰飞虱、二点委夜蛾、蓟马和黏虫，每亩用玉米害虫一遍净或玉虫快杀或阿维高氯（绝招）或高效氯氟氰菊酯等，再加上吡虫啉或扑虱灵或吡蚜酮等，兑水 30kg 均匀喷玉米苗，每隔 7 ～ 10d 防治 1 次，连喷 2 ～ 3 次。

3. 防芽涝

玉米苗期怕涝，苗期遇涝应及时排水，淹水时间不应超过半天。

（五）穗期管理

1. 化控防倒伏

夏直播玉米可喷施化控剂防倒伏，适宜的化控时间掌握在 8 片展开叶期间（出苗后 40d 左右），偏早喷施起不到降低株高、增强抗倒性的作用，10 片展开叶之后喷施化控剂，会造成穗粒数减少而减产。喷施时应严格按照使用说明掌握喷药时间和浓度，切忌重喷、漏喷。

2. 拔除小弱株

在玉米抽雄前后拔除小弱株，以减少养分消耗，提高群体整齐度。

3. 防治玉米螟

玉米大喇叭口期，每亩用 1.5%辛硫磷颗粒剂 1kg 加细沙 5kg 制成毒沙施于心叶内，防治玉米螟。

4. 追施大口肥

玉米大喇叭口期（叶龄指数 60%，第 12 片叶展开）追施尿素 15kg/ 亩，以促穗大粒多。穗期追肥一般距玉米行 15 ～ 20cm，条施或穴施，深施 10cm 左右，减少养分损失，提高利用率。施肥后应随时浇水，提高肥效。

5. “一防双减”综合防治后期病虫害

玉米大喇叭口期实行“一防双减”，可有效防治后期叶斑病、锈病、玉米螟、黏虫、蚜虫等病虫害。每亩用 20% 氯虫苯甲酰胺悬浮剂（康宽)5 ～ 10mL 或 22% 噻虫 · 高氯氟微囊悬浮剂（阿立卡）（15 ～ 20）mL+25% 吡唑醚菌酯乳油（凯润）30mL 混合喷雾。

（六）后期管理

8 月中旬至 9 月中旬，玉米灌浆期必须保持充足的水分供应，延长绿叶功能期，以增加粒重、提高产量。此期若无有效降雨，应及时浇水。

（七）收获

玉米完熟期收获产量最高。济宁市夏玉米适宜收获的时间一般是 9 月 25—30 日，采用联合收割机收获，秸秆还田。籽粒机收的玉米尽量在植株上干燥后进行收获，降低籽粒破损率。玉米收获后应及时进行晾晒或烘干，防止霉变。

第二节 冬小麦—毛豆—西兰花连作高效栽培技术

近几年，水肥一体化技术的应用对农业生产种植结构调整起到了积极推动作用，山东省嘉祥县在稳粮生产下因地制宜引导种植结构多样化，以增加农民种植效益。冬小麦—毛豆—西兰花连作种植模式提高了土地复种指数，提升了农民种植经济收入，亩效益 6 550 ～ 10 200 元，该种植模式在嘉祥县已成功推广 10 000 余亩，推广应用前景好，适宜在鲁西南平原区推广。

一、茬口安排

冬小麦于 12 月 5 日前西兰花采收完后种植，翌年 6 月上旬收获；毛豆于冬小麦收获后种植，9 月上旬收获；西兰花于 8 月 10 日育苗，苗龄 30d 左右在 9 月上旬毛豆收获后移栽。

二、品种选择

冬小麦品种选择济麦 22、太麦 198、良星 99、山农 28 等主推品种。毛豆也称菜用大豆，是新鲜连荚的黄豆，适合选择豆冠、满天星、神龙翡翠、大粒香、瑞鲜 181 等中熟生长期短的品种。西兰花选择秀绿西兰花、新绿雪西兰花、日本秀等秋季耐寒品种。

三、种植模式

冬小麦采用宽幅播种 2.5m 一个播带，播后及时镇压，土壤墒情基础差喷蒙头水，由于播种晚分蘖少，亩用种量为 17.5 ～ 20kg。毛豆采取穴播法，亩用种量为 5 ～ 6kg，每穴播 3 ～ 4 粒，株行距 20 ～ 35cm，浅穴薄盖，深浅保持一致，出苗后及时进行补苗和间苗，亩留 15 000 株。西兰花亩移栽 3 300 ～ 3 500 颗，采用起垄种植较好。

四、栽培管理

冬小麦—毛豆—西兰花连作栽培各作物收获后应及时整地，施足基肥，发挥水肥一体化的省工省时优势，具体包括以下主要内容。

（一）整地施肥与水分管理

1. 冬小麦的水肥管理

冬小麦整地前每亩底施腐熟好的农家肥 1 500kg，氮磷钾含量为 18∶18∶9 的配方肥 50kg，冬小麦播种后及时喷蒙头水 15 ～ $20m^3$/ 亩，保障小麦出苗齐全，春季小麦返青后，亩追施氮磷钾含量为 30∶5∶5 配方肥 20kg，小麦抽穗扬花后期喷灌浆水 30 ～ $40m^3$/ 亩。

2. 毛豆的水肥管理

小麦收获后及时旋耕，并配施生物有机肥 40kg/ 亩，氮磷钾含量 18∶12∶10 的复合肥 40kg，整个生育期不再施肥。毛豆种植后土壤墒情差要喷一遍水，水量控制在 $20m^3$/ 亩，保障毛豆出苗对水分的需求，开花期遇天气干旱喷大水一次，亩水量应达到 $40m^3$ 以上。

3. 西兰花的水肥管理

毛豆采收处于高温季节，要求采收时间比较集中，这对西兰花种植较有利，西兰花种植前对土壤精耕细耙，并施足基肥，一般亩施入氮磷钾含量为 15∶15∶15 的硫酸钾复合肥 50kg，配施有机肥 50 ～ 100kg 作底肥，西兰花需水比较多，在西兰花全部移栽完后，喷透水一次，西兰花缓苗后土壤墒情差，配合液体肥喷施一遍水，利于缓苗后的西兰花生长，在西兰花花蕾和做球后各喷水一遍，西兰花采收前喷小水一次能提高西兰花的商品性。

（二）病虫害防治

1. 冬小麦病虫草害防治

重点加强冬小麦的病虫草害预测预报，把握病虫草害防治的关键时期，春节过后温度适宜期选择残效期短的小麦除草剂及时化学防除田间杂草。4 月中旬施用 2.5% 高效氯氟氰菊酯 +30% 戊唑醇 +2.0% 尿素一遍，防治冬小麦穗蚜。5 月上中旬用 98% 磷酸二氢钾喷施一次防治小麦干热风。

2. 毛豆病虫草害防治

播种前用氨基寡糖素和联苯菊酯拌种防止毛豆苗期病毒和豆蛆虫的发生，毛豆田间除草可选用10%精喹禾灵。毛豆的开花期是防虫关键期，在毛豆开花前选用2.5%高效氯氰菊酯+50%噻虫嗪喷施一遍防治豆荚螟、点缘盲蝽的侵害，结荚后可选用戊唑醇或丙环唑药剂喷施一遍防治豆荚锈斑的发生。

3. 西兰花病虫草害防治

西兰花的田间杂草可选用拉索＋利谷隆在西兰花移栽完后喷施于土壤表面进行防除。西兰花常见的病虫害有霜霉病、菌核病、菜青虫等，病虫害严重时极大影响西兰花的种植经济效益，需及时防治。防治霜霉病，可选用25%嘧菌酯悬浮剂5mL+25%双炔酰菌胺悬浮剂10mL兑水15kg；菌核病喷施45%噻菌灵悬浮剂800～1 000倍液＋50%多菌灵可湿性粉剂600倍液；菜青虫选择20%的苏云金杆菌800倍液在傍晚时喷施。

五、收获期管理

冬小麦在蜡熟末期、完熟初期麦粒变硬时进行机械收割，保障颗粒归仓。毛豆在豆粒已饱满，豆荚尚青绿时开始收获，收获期处于高温期（8月下旬），应在3～5d内采摘完，以保障毛豆的新鲜度，提高商品价值。10月下旬西兰花花球逐渐长成，待花球长至12～15cm，各小花蕾尚未松开，花球紧实呈鲜绿色时为采收适宜期，采收时间选择在傍晚或清晨太阳未升起时较好。

六、经济效益分析

冬小麦—毛豆—西兰花连作种植模式，冬小麦亩产量可达到500kg，价格2.5～2.6元/kg，冬小麦亩收入1 250～1 300元；毛豆亩产量1 000～1 200kg，价格3.2～3.6元/kg，毛豆亩收入3 200～4 300元；西兰花亩产量1 600～1 800kg，价格3.2～4.5元/kg，西兰花亩收入5 100～8 100元。三茬作物每亩总收入9 550～13 700元，亩投入总费用3 000～3 500元，亩纯收入可达6 550～10 200元。冬小麦—玉米连作下小麦亩产量550kg+玉米亩产量550kg，玉米价格2.5～2.7元/kg，扣除亩投入600元，总收入在2 150～2 315元；大蒜—玉米连作，大蒜亩产量1 300kg+玉米亩产量550kg，大蒜价格5～6元/kg，扣除亩投入2 000元，亩总收入在5 875～6 285元；小麦—棉花连作小麦亩产量550kg＋棉花皮棉产量100kg，皮棉价格20～24元/kg，扣除亩投入800元，亩总收入2 575～3 030元。冬小麦—毛豆—西兰花连作种植模式远远超过小麦—玉米、大蒜—玉米、小麦—棉花连作种植模式，经济收益较高。

第三节　菜用毛豆—小松菜—越冬菠菜三茬连作绿色高效栽培技术

近 3 年的示范、推广实践表明，菜用毛豆—小松菜—越冬菠菜一年三茬连作绿色高效栽培技术亩纯收入可达 6 900 ～ 9 800 元，经济效益远远高于种植粮棉油等大田作物单作。该种植模式适宜在无霜期 200d 以上、年有效积温 5 000℃的水源条件好的黄泛冲积平原区推广。

一、茬口安排

菜用毛豆在 4 月上中旬、地温稳定在 10 ～ 15℃时机械播种，为了保证出苗均匀，建议播前对种子进行包衣处理播后覆膜，生长周期一般为 90 ～ 100d，在 7 月中下旬收获。小松菜 8 月中旬播种，10 月 1 日开始收获，生长周期为 40 ～ 50d。越冬菠菜 10 月中旬种植，翌年 3 月下旬开始收获，4 月上旬及时收获完为种植菜用毛豆腾茬。

二、品种特性与选择

菜用毛豆品种：绿光系列。品种特性：豆荚饱满，标准半月形，外表鲜绿，豆仁比重高，豆壳皮薄，口感适中，可以稳定在 1 200 ～ 1 800kg，符合大众口感硬度。春季毛豆抗根腐病强，鲁西南地区六月初结荚率比长江以南地区高 40%，生长周期延长，基本每亩产量 1 000 ～ 1 350kg。小松菜品种：日本吉美，茎叶比例 4∶6，商品性好。耐抽薹，抗霜霉病，颜色浓绿，加工后冷冻储藏期相比常规品种延长 6 个月。越冬菠菜品种：北海道菠菜，属于越冬尖叶菠菜，颜色深绿，叶片厚，茎叶比 4∶6 ，耐霜霉病、灰霉病，耐寒，耐旱，适合鲁西南种植。

三、种植模式

菜用毛豆亩用种量4kg，株距25cm，行距40cm，亩基本株数6 500株，小松菜亩用种200g，一代原种品质好，抗病虫强，出芽率98%，使用播种机可以一次性调整好株距、行距，株距3～5cm，行距16cm，亩基本株数10 000～14 000棵，能省去两次间苗人工成本，秋季品种耐抽薹。越冬菠菜亩用种0.8kg，种植以条播为主，不用间苗，条播利于收获。

四、栽培管理

菜用毛豆—小松菜—越冬菠菜一年三茬连作，种植时间紧凑，收获期时间短，对整地质量、施肥与水分运筹管理要求高，要适期防治病虫害的发生。具体包括以下主要内容。

（一）整地施肥与水分运筹

1. 菜用毛豆肥水运筹

整地前每亩底肥用腐熟好的有机肥2m^3，氮磷钾含量为15∶15∶15的硫酸钾复合肥50kg，种植前如土壤墒情差要造墒播种，保障毛豆出苗对水分的要求，花期前后追氮磷钾含量为28∶6∶6复合肥10～20kg，大水浇1次，鼓粒期遇干旱浇水1次，整个生育期不再施肥。

2. 小松菜肥水运筹

菜用毛豆收获后及时耕翻整地并施入氮磷钾含量为15∶15∶15的硫酸钾复合肥40kg作底肥。小松菜种植处于高温季节，出苗快，一周齐苗，小松菜齐苗后处于快速生长期应10d左右灌水1次，前期浇水量不要太大，亩浇水量在20～30m^3，中后期浇水量30～40m^3。生长中期结合喷药喷1次磷酸二氢钾叶面肥，结合浇水每亩撒施高氮复合肥10kg。

3. 菠菜肥水运筹

小松菜收获后及时腾茬，对土壤精耕细耙，并在菠菜种植前整地时施入氮磷钾含量为15∶15∶15的硫酸钾复合肥40kg作底肥，菠菜播种后喷蒙头水一遍，能使菠菜出苗齐。春节前地温正常低于5℃后浇封冻水，亩浇水量40m^3，春节雨水节气后浇返青水1次并随水带10kg高氮复合肥，墒情差灌水40m^3，墒情好灌水20～30m^3。

（二）病虫害防治

1. 菜用毛豆病虫害防治

菜用毛豆在播种前用氨基寡糖素和联苯菊酯拌种防止种子腐烂和前期低温豆蛆虫的发生，毛豆的开花期是防虫关键期，要在毛豆开花前选用 2.5% 高效氯氰菊酯 +50% 噻虫嗪等分别喷一遍，防治豆荚螟、点缘盲蝽为害，结荚后选用戊唑醇喷一遍防治豆荚锈斑的发生，毛豆收获前 15d 停止用药。

2. 小松菜病虫害防治

小松菜选用甲维盐 + 高效氯氰菊酯 + 氯虫苯甲酰胺防治白粉虱、甜菜夜蛾、菜青虫等害虫。选用精甲霜灵 + 乙基多杀菌素 + 嘧菌酯防治霜霉病。小松菜生长季节较短，重点以防为主，生长期喷 2 次杀虫剂和 1 次杀菌剂。

3. 菠菜病虫害防治

越冬菠菜尽管生长周期较长但主要生长在低温季节病虫害发生较轻，一般在菠菜浇返青水后用精甲霜灵或烯酰吗啉喷 1 遍，用于防治菠菜霜霉病的发生。

五、采收期管理

随着春季温度的逐渐升高，菠菜生长速度变快，在菠菜生长高度达到 20cm 时开始收获，清明节前收获完，以防止菠菜抽薹带来的商品性降低，并为种植毛豆及时腾茬。菜用毛豆 7 月下旬开始收获，天气逐渐进入高温期，应在一周内采摘完，保障菜用毛豆的高商品率。进入 10 月日积温减少，小松菜逐渐停止生长，及时收获腾茬，并避免早霜冻影响小松菜的商品价值。

六、经济效益分析

菜用毛豆—小松菜—越冬菠菜一年三茬连作种植模式，每亩菠菜产量达到 4 000kg，价格 0.9 ～ 1.0 元 /kg，菠菜每亩收入 3 600 ～ 4 000 元；菜用毛豆每亩产量 1 100 ～ 1 200kg，价格 3.0 ～ 3.4 元 /kg，菜用毛豆每亩收入 3 300 ～ 4 000 元；小松菜每亩产量 4 000 ～ 6 000kg，价格 0.7 ～ 0.8 元 /kg，小松菜每亩收入 2 800 ～ 4 800 元。一年三茬每亩总收入在 9 700 ～ 12 800 元，一般每亩总费用投入在 2 800 ～ 3 000 元（包括土地租赁费 800 元），每亩纯收入可达 6 900 ～ 9 800 元，远远超过粮棉油等大田作物种植模式，如果采用机械化采摘、安装水肥一体化设施还能降低人工成本 400 ～ 500 元 / 亩。

第四节　马铃薯—热白菜间作糯玉米—菠菜一年四茬高效栽培技术

随着高标准农田的建设，农村水利设施逐步配套完善，种植产业结构调整有了明显优势。近几年，山东省嘉祥县推广了马铃薯—热白菜间作糯玉米—菠菜一年四茬种植模式。该模式充分利用了耕地空间和自然资源气候条件，既保障了粮食生产的安全稳定性，又丰富了人民生活所需的“菜篮子”。

该种植模式马铃薯茬亩纯收益 2 500 元，热白菜茬亩纯收益 2 200 元；糯玉米茬亩纯收益 2 800 元；冬菠菜茬亩纯收益 2 500 元，合计全年亩纯收入超过 1 万元，远远高于冬小麦—夏玉米或冬小麦—夏大豆连作种植模式。该种植模式适宜在鲁西黄泛冲积平原区排灌基础设施条件较好的壤质土壤上推广。

该种植模式重点要掌握好种植作物的茬口布局、抢时造墒种植、及时收获腾茬以及各作物生长期内合理运筹肥水、适时防治病虫害。

一、茬口安排

马铃薯于 3 月 10—15 日播种，5 月 20—25 日收获；热白菜于 6 月 5—10 日播种，8 月上旬收获；糯玉米于 7 月 20—25 日在白菜垄间播种，10 月上旬收获；越冬菠菜 10 月中下旬撒播，翌年 2 月下旬—3 月上旬收获。

二、马铃薯种植与田间管理

（一）种薯处理

选用东农 303、早大白、罗兰德、费乌瑞它等早熟品种。选择无机械损伤、无病害、芽眼丰富的马铃薯种薯进行切块，单个切块要求重量 30 ～ 40g、带 2 个以上健全的芽眼，芽眼多可保障出苗率；剔除饱满度低、芽眼瘦小的切块。切块后可用生石灰或草木灰 + 甲霜灵进行拌种消毒。拌种后不要堆积，应置于室内地面自然风干，2 ～ 3d 后即可播种。

（二）整地与施肥

春季马铃薯要覆膜种植，生长期间追肥比较困难，应在菠菜收获后一次性施足基肥，亩施腐熟发酵有机肥 3 000kg 以上或生物有机肥 500kg、三元硫酸钾复合肥 75 ～ 100kg。马铃薯播种前，土壤应深翻耙松整平起垄，垄高为 25 ～ 30cm，垄间距为 60 ～ 70cm。

（三）播种与覆膜

垄中间开沟，沟深为 10cm，沟间结合施饼肥亩施 3% 辛硫磷颗粒剂 2.5 ～ 3.0kg，防治地下害虫。播深 5cm 左右，株距 20 ～ 25cm，种植密度 4 500 ～ 5 000 株 / 亩，亩用种量 150 ～ 175kg。播种沟封土后亩喷施 50% 乙草胺 150mL 后覆盖地膜，地膜下部用土压紧压实，种植后第 1 次垄间灌水应达到垄高的 2/3 处为宜。

（四）田间管理

马铃薯出芽后及时破膜放苗，放苗口处用细土压紧，避免幼芽受到灼伤，同时减少地膜的通透性，降低低温寒流天气的影响，保证地膜的保温效果。

生长期间灌水根据土壤墒情及时进行，幼苗期和生长后期坚持轻灌垄间，灌水以低于垄高的 1/2 为宜；薯块膨大期灌大水，垄间灌水以达到垄高的 2/3 处为宜，灌水后做到夜间垄沟内不留积水。

马铃薯病害主要是易发生、为害性较大的晚疫病、早疫病和病毒病，幼苗期喷施 0.1% 芸苔素内酯 +25% 吡唑醚菌酯 +2.5% 吡虫啉乳油制剂，兼顾垄外沟渠杂草；在生长中、后期喷 2 遍 98% 磷酸二氢钾 +30% 戊唑醇，起到补充叶面营养和杀菌防病的功效。

（五）及时收获

4 月下旬至 5 月上旬马铃薯市场行情好、商品价值高，败花早、块茎膨大快的马铃薯可提早采收上市。5 月底全部采收完毕，保障下一季作物及时种植。

（六）净田处理

马铃薯块茎收获结束后，把残留在田间的马铃薯植株和未收净的小薯、烂薯清理出种植基地。

三、热白菜种植与田间管理

（一）品种选择和种子处理

选择抗热、抗病、生长期短的优良品种，如胶蔬热抗 50d、胶蔬热先锋、巨龙热抗王、烈火金刚等。热白菜播种前，可用 40% 琥胶肥酸铜三乙磷酸铝甲霜灵复合制剂类可湿性粉剂拌种。

（二）整地播种

马铃薯收获后及时深翻整平土地，亩施腐熟有机肥 2 000kg，三元硫酸钾复合肥 50kg，辛硫磷毒饵制剂 2kg，防治地下害虫。起小高垄，垄高为 8 ～ 10cm，垄间距为 50cm，垄宽 25cm。采用浅穴直播种植，3 ～ 4 粒 / 穴，株距为 30 ～ 35cm，行距为 60cm，亩种植密度为 3 300 ～ 3 600 株，播种后亩用 33% 施田补乳油制剂 100mL 兑水 30kg，全田喷雾防除杂草。穴直播后避免大雨拍籽，雨后宜采取划锄措施保证出苗齐全。

（三）田间管理

热白菜苗期处于温度快速上升期，要在傍晚勤浇小水，一般 2 ～ 3 水后，白菜 3 ～ 4 片叶及时间苗，去除病残苗、弱小苗，间苗要进行 2 ～ 3 次，断垄处应及时移栽幼苗，5 ～ 6 叶时定苗。

定苗后追施促苗肥，亩施 40% 高氮复合肥 20kg；7 月中旬白菜莲座期追施膨棵肥，亩施高氮复合肥 20kg。白菜生长中后期要勤灌水，收获前 7d 停止浇水，大雨后及时排出田间积水防止发生涝害。

（四）病虫害防治

苗期防治白菜霜霉病，亩用 68% 精甲霜・锰锌水分散粒剂 100 ～ 120g 或 72% 霜脲・锰锌可湿性粉剂 133 ～ 167g 喷雾。莲座期防治白菜软腐病（又称细菌性软腐病），亩用 3% 中生菌素可溶性粉剂 95 ～ 110g 重点喷洒白菜根茎部，对白菜软腐病防治效果较好。

白菜虫害以蚜虫、菜蛾、菜青虫为主。蚜虫主要为害菜叶和幼茎，可亩用 10% 吡虫啉 15 ～ 20g 防治；菜蛾、菜青虫为害整株白菜，可用细菌性 Bt 乳油或青虫菌液生物制剂 + 磷酸二氢钾防治，既降低了农药残留，又补充了白菜营养。

（五）及时采收

白菜成熟期处于 8 月上旬青菜市场断档的黄金时期，要及时收获进入市场，以获得较高的经济效益。收获时要将白菜整株带出田间，并注意保护好沟内种植的糯玉米。

四、糯玉米种植与田间管理

（一）品种选择

在嘉祥县种植的品种可选择莱农糯 6 号、万糯 2018、白甜加糯 108 等。种植前对种子进行包衣处理，种衣剂可用先正达的精甲霜灵咯菌腈，对在夏季玉米易发生的茎基腐病有特效，并兼防玉米其他病害。

（二）播种

7 月下旬在白菜垄沟内直播，点播种植 2 粒 / 穴，穴距为 25cm 左右；小耧播种用种量不低于 1.6kg/ 亩。由于播种期处于高温天气，垄间土壤湿度适宜糯玉米出苗，待幼苗 4 ～ 5 叶及时间苗，每穴留 1 株健壮苗，亩留苗 3 500 株左右。糯玉米 5 ～ 10 叶期，由于白菜还未收获，选择硝磺草酮、异丙草胺 + 吡虫啉行间定向喷雾除草。

（三）追肥

糯玉米是高需肥作物，充足的肥水是糯玉米高产的关键。由于种植时不方便施底肥，因此需及时追肥。8 月上旬白菜收获后糯玉米进入拔节期，亩施高氮复合肥（28∶5∶7）50kg；一般在糯玉米播后 40d 进入大喇叭口期施攻粒肥，亩施尿素 15kg。

（四）病虫害防治

糯玉米病虫害防治以虫害为主，主要在苗期和拔节期防治蚜虫和草地贪夜蛾。蚜虫在苗期为害后，玉米易产生粗缩病。糯玉米对草地贪夜蛾诱惑性极强，且草地贪夜蛾食量极大，在高龄期具有极强的暴发性，能将糯玉米整株叶片吃光。一般选用 20% 氯虫苯甲酰胺 10mL+3% 啶虫脒 10mL 乳油制剂或 12% 甲维虫螨腈悬乳剂全田喷雾防治，氯虫苯甲酰胺啶虫脒农药残留较低，能保证糯玉米鲜食安全。

（五）适时收获

待糯玉米苞叶未出现干枯、有轻微湿水表现，花丝干枯变褐色时，玉米籽粒用手掐破后汁液成糨糊溢出，此时鲜食口感好，是集中采收的最佳时期。

五、菠菜种植与田间管理

（一）整地与施肥

糯玉米果穗采收后及时将玉米秸秆还田，亩施入氮磷钾三元硫酸钾复合肥 40 ～ 50kg，生物有机肥 200kg，深翻整平土壤。

（二）选种与播种

选择尖叶菠杂 10 号或刺籽新世纪等越冬性强的品种，尖叶菠菜亩用种量为 0.8kg，刺籽菠菜亩用种量为 1.0kg，菠菜撒播后镇实土壤，小水喷 1 遍，保证菠菜出苗率。

（三）肥水管理

1 月初若雨雪天气少，大水浇灌做到菠菜田内夜间不积水，2 月中旬随水亩撒施 10kg 高氮复合肥（N∶P∶K=30∶5∶5）。

（四）病虫害防治

菠菜生长期主要在冬天低温季节，病虫害发生较轻，重点在返青期防治菠菜霜霉病，用 58% 甲霜灵锰锌可湿性粉剂 500 倍液或 64% 杀毒矾可湿性粉剂 500 倍液全田喷施 1 次。

（五）收获

菠菜生长到 20cm 后可以在田间挑选大棵陆续采收，坚持早收获早上市以达到菠菜商品性高、效益好的目的，到 3 月上旬清田。

六、经济效益分析

该种植模式一茬马铃薯亩产量 1 500kg，亩纯收益 2 500 元；一茬热白菜亩产量 4 000kg，亩纯收益 2 200 元；一茬糯玉米亩收果穗 3 500 个，亩纯收益 2 800

元；一茬冬菠菜亩产量 3 500kg，亩纯收益 2 500 元，合计一年亩纯收入在 10 000 元以上，远远高于冬小麦—夏玉米或冬小麦—夏大豆连作种植模式的亩纯收入。

第五节　马铃薯—鲜食玉米—马铃薯一年三种三收绿色高效栽培技术

马铃薯是山东省邹城市的主要经济作物之一，近年来为发展绿色高质高效农业，解决粮菜争地矛盾，助力当地马铃薯产业提质增效，邹城市积极开展种植结构优化调整，探索集成春马铃薯—鲜食玉米— 秋马铃薯种植模式，一年三种三收，每亩纯收益可达 1.5 万元左右。该模式春马铃薯实行地膜小拱棚双膜栽培，亩产量较单膜覆盖增加 30% 以上，可提早上市 20 ～ 30d；鲜食玉米商品性好，较常规夏玉米提早上市 20 ～ 25d；秋马铃薯利用玉米秸秆遮阴，出苗率高、生长迅速、结薯早、品质优、可增产 30% 以上。该模式在时间和空间上最大限度地利用光、温、水、土资源，有效提高了单位面积复种指数，缓和了粮菜争地矛盾，又填补了鲜食玉米的市场空白，达到菜粮双高产、实现了周年绿色高质高效生产。

一、茬口安排

为充分利用光热资源，春季马铃薯为地膜覆盖 + 小拱棚栽培，1 月底至 2 月上旬播种，起垄单行种植，垄距 60 ～ 65cm，株距 22 ～ 25cm，密度 4 300 ～ 4 600 株 / 亩，5 月上中旬收获；马铃薯收获后旋耕整地起小垄，垄距 60 ～ 65cm，垄高 10 ～ 12cm，垄沟内直播鲜食玉米，株距 25cm，密度 4 000 株 / 亩，9 月上旬收获鲜果穗，保留秸秆；秋马铃薯于 8 月中旬玉米行间垄顶开沟种植，9 月中旬去除玉米秸秆，满足马铃薯生长要求，10 月下旬霜冻前收获结束。

二、春马铃薯栽培技术

（一）选择早熟优质脱毒种薯

选择丰产优质、抗病和适应性强的荷兰 15、荷兰 7 号、早大白、希森 3 号、诺兰德等生育期 60 ～ 70d 的中早熟品种，以减少田间生长时间，提早玉米播种。种薯应选脱毒 2、3 代良种，无病无伤、皮色光滑、芽眼饱满，亩备用种薯 150 ～ 180kg。

（二）种薯切块与处理

12 月下旬至 1 月上旬，剔除种薯中的病薯、烂薯，晒种 2 ～ 3d 后切块处理，薯块重 30 ～ 40g，有 2 ～ 3 个芽眼。晾干刀口，用 60% 吡虫啉悬浮种衣剂 40mL+62.5g/L 精甲・咯菌腈悬浮种衣剂 30mL，兑水 1.5 ～ 2kg 可喷洒 80 ～ 100kg 种薯块。薯块晾干后在 18 ～ 20℃的室内采用层积法催芽。芽长 1 ～ 2cm 时，放在散射光下晾晒，芽绿化变粗后播种。

（三）精细整地与科学施肥

实行冬前深耕整地，耕地时亩施有机肥（3 000 ～ 5 000）kg 或商品有机肥 150kg+ 腐殖酸复合肥（N∶P_2O_5∶K_2O=16∶9∶20）（75 ～ 100）kg，深耕 25 ～ 30cm，促进土壤冻垡、风化，将表土病菌翻入地下，降低害虫越冬基数。播种前及时耙耢整地，达到耕层细碎无坷垃，田面平整无根茬，上松下实，然后开沟条施腐殖酸复合肥（75 ～ 100）kg+ 硅钙肥（15 ～ 25）kg+ 硫酸锌 1.5kg+ 硼砂 1kg。条件具备的可推广水肥一体化施肥模式，有机肥基施，化肥全部水肥一体化追施。

（四）小拱棚双膜覆盖播种

1 月下旬至 2 月上旬，机械开沟，沟深 8 ～ 10cm、宽 15 ～ 20cm，留足底墒水后，芽眼向上摆种，用少量细土盖住芽，覆土起垄，覆土深度 10 ～ 12cm。垄面耧平后，亩喷施 33% 二甲戊灵乳油 100 ～ 120mL，机械覆盖地膜，膜上覆土 3cm 左右以省去破膜放苗工序，立即建好拱棚并盖好棚膜。播种时应根据芽的大小分 2 ～ 3 级播种，避免出苗不一致，大苗欺小苗。

（五）轻简化田间管理

1. 温度控制

及时监控膜内温度，出苗前白天温度 15 ～ 20℃，夜温≥ 7℃；遇高强度倒春寒拱棚内 –1℃以下时，棚上加盖草苫保温；棚内温度超过 25℃适当通风降温；外界气温 25℃以上时揭掉小拱棚棚膜。25d 左右检查幼苗出土情况，不能破膜出土的，在晴天下午及时人工放苗，保证田间苗全、苗齐。

2. 合理灌溉

播种时足墒的地块，播种后 1 周左右需再灌水 1 次，水以不漫垄顶为宜，齐苗后和团棵期分别灌溉 1 次后适当控水以促进地下块茎发育；落蕾后，小水勤浇，田间见干见湿，促进薯块快速膨大。收获前 10d 左右停止浇水，提高表皮光洁度。

3. 按需追肥

落蕾后结合浇水亩追施腐殖酸复合肥（N∶P_2O_5∶K_2O=16∶9∶20）30 ～ 40kg。实行水肥一体化的地块，每次亩冲施复合肥（N∶P_2O_5∶K_2O=16∶6∶36）5 ～ 8kg，同时结合病虫防治适当喷施磷酸二氢钾、氨基酸等叶面肥。

4. 病虫害防治

马铃薯生长期易感早疫病、晚疫病、疮痂病、病毒病和蚜虫等，坚持“预防为主，综合防治”原则，选用唑醚·氟环唑、氟吡菌胺·霜霉威、春雷霉素与吡虫啉、啶虫脒防治，特别注意杀菌剂交替轮换使用，可减轻抗药性发生程度。茎叶徒长时可亩喷施 5% 烯效唑可湿性粉剂（20 ～ 30）g+98% 磷酸二氢钾（40 ～ 50）g，间隔 7 ～ 10d 喷 1 次，连喷 2 ～ 3 次。

5. 适期收获，分级销售

5 月上中旬依据市场行情和薯块产量，选择晴好天气及时机械收获，及早上市，可提高经济效益。收获时要做好薯块分级处理，薯秧清除田外，田间农膜清理后集中处理。

三、鲜食玉米栽培技术

（一）品种选择

一般选择耐密植、生长期较短、综合抗性强的甜玉米或糯玉米，如科糯 2 号、香糯 5 号等鲜食玉米品种。

（二）种植

6 月上旬播种在马铃薯行间，株距 25cm，播种密度为 4 000 株 / 亩。

（三）田间管理

鲜食玉米播后苗前，地面和地头地边杂草处喷施 25% 吡虫啉可湿性粉剂 1 000 倍液杀灭灰飞虱等害虫，然后亩喷施 24% 烟嘧·硝磺·莠油悬浮剂 150 ～ 200g 除草。灌浆初期使用植保无人机亩喷施 20% 氯虫苯甲酰胺悬浮剂（8 ～ 10）mL+430g/L 戊唑醇微乳剂（30 ～ 40）mL 开展“一防双减”，防治中后期病虫害。

鲜食玉米从播种到收获一般不需追肥。如大喇叭口期降水较少，及时浇水补墒；大雨过后，及时排水，切忌田间长时间积水。

鲜食玉米常见的病害是纹枯病，多雨年份发病重，病斑如同云纹状、淡褐色，严重时，玉米茎易折断，夏季雨水较多的年份，该病为害严重。鲜食玉米进入抽雄期，采用80%多菌灵可湿性粉剂800～1 000倍液对茎秆喷雾可防治纹枯病。

鲜食玉米的虫害主要是玉米螟。鲜食玉米抽穗后，玉米螟幼虫蛀入雄穗或者茎秆内为害，导致雄花基部或部分茎秆折断；雌穗抽出后，玉米螟为害花丝及幼嫩的玉米粒。可采用5%甲维盐乳油3 000～4 000倍液喷雾防治。

（四）收获

鲜食玉米在开花23d左右人工收获，摘除果穗，保留植株，为秋季马铃薯遮阴降温，玉米绿叶较多时适当清除中下部叶片，增加田间通风透光。9月下旬将玉米秸秆清除到田外，保证秋马铃薯正常生长。

四、秋马铃薯栽培技术

（一）选择适宜品种

选用结薯早、薯块膨大快、抗退化、休眠期短、品质佳的荷兰15、津引8号、中薯3号等小薯品种。播种前剔除病薯、烂薯和破伤薯，选择40～50g的整薯做种薯，以提高出芽率。

（二）浸种催芽

7月下旬精选种薯，先用95%赤霉素原粉5mg/kg溶液浸种5～8min，捞出晾干表层，再用25%噻虫·咯·霜灵悬浮种衣剂或38%苯醚·咯·噻虫悬浮种衣剂拌种，药种比为1∶（150～200），捞出后晾干表层，然后进行催芽。催芽时用湿散沙土（相对湿度60%～65%）在阴凉通风处催芽，一般3层薯4层沙，每层沙以不露薯即可，最上层沙以3～4cm厚为宜。催芽15d左右，芽长0.5～1cm时即可播种 。

（三）适期播种，增加密度

8月中旬，天气状况适宜时，及时播种，保证幼苗出土至初霜前有60d以上生长期，解决秋季马铃薯生长时间短、产量低的主要矛盾。播种时垄顶开沟，芽眼向上均匀布种，覆土10～12cm。田间因下雨积水时及时排出并中耕散湿，促进出苗避免烂种。秋季马铃薯生长中后期温度逐渐下降，植株生长量小，可适当增加密度，可亩播 4 500 ～ 5 000 株。

（四）加强田间管理

1. 科学施肥

播种时顺垄亩施商品有机肥 150 ～ 200kg，等清除玉米秸秆后，幼苗 15 ～ 20cm 时亩追施复合肥（$N:P_2O_5:K_2O$=16∶9∶20）80 ～ 100kg，或结合水肥一体化亩冲施水溶肥（$N:P_2O_5:K_2O$=16∶6∶36）30 ～ 50kg，分 3 ～ 4 次冲施。生长期结合病虫害防治，喷施磷酸二氢钾、氨基酸等叶面肥 2 ～ 3 次。

2. 合理浇水

秋马铃薯前期高温多雨，一般年份不需浇水。9 月中旬进入块茎形成期，遇旱则浇水，浇水时水不能漫过垄顶，避免感染早疫病、晚疫病等。遇雨田间积水时及时排涝降渍。

3. 中耕培土

出苗后第 1 次在玉米行间中耕培土 3cm 左右，减轻田间因雨板结和除草；9 月中旬清除玉米秸秆，第 2 次培土 3 ～ 5cm；9 月底块茎进入快速生长期，第 3 次培土 5 ～ 8cm，为薯块膨大提供良好土壤环境，避免后期薯块遇霜受冻。

4. 病虫防控

秋播马铃薯易感染早疫病、晚疫病等，要以预防为主 。出苗后及时选用 10% 氟噻唑吡乙酮可分散油悬浮剂 10 ～ 20g、17% 唑醚 · 氟环唑悬乳剂 40 ～ 50g、687.5g/L 氟菌 · 霜霉威悬乳剂 75 ～ 100mL 或 30% 苯甲 · 丙环唑乳油 30 ～ 40g 田间 喷雾，注意药剂轮换使用。

5. 适期晚收

秋马铃薯生育期较短，要适期晚收。马铃薯地上茎叶不干枯，地下薯块就可以继续膨大，生长后期要密切关注天气变化，尽量延长生长期，增加产量。在霜冻到来之前及时机械收获，缩短收获进程。

第六节　温室草莓—糯玉米一年两作绿色高效栽培技术

草莓在山东省邹城市规模化种植已超过 30 年历史，主要集中在城郊附近的中心店等镇，目前年栽植面积1.2万亩左右，是当地主要特色经济作物。种植模式多为温室大棚一年一茬连作栽培，连年种植导致土壤盐渍化严重、草莓根腐病等病害趋重，草莓产量和品质下降。每年5—7月棚内土地闲置，造成夏季大量光热资源浪费，种植效益低水平徘徊，普通种植技术已不能满足当前农业绿色高质高效发展需求。近年来，邹城市农技专家通过开展草莓和多种作物轮作试验、示范，最终集成了温室草莓与糯玉米周年轮作绿色高效种植模式，亩纯收入4.5万元左右，比传统种植模式亩增加收入0.5万元左右，增幅15%～30%。该模式促进了当地草莓产业振兴、农业绿色增产以及农民增收致富，一经推广深受当地种植户欢迎。

一、轮作优势

该模式可充分利用夏季丰富的光热资源，收获的糯玉米上市早，可增加亩收益；可利用玉米强大的根系吸收前茬草莓耕作层的剩余营养，对修复土壤理化性状、减轻连作地块土壤盐渍化具有积极作用。轮作后不同种类作物间根际微生物拮抗作用，可降低草莓病虫害。

二、产量效益分析

因品种产量水平差异，一茬草莓折合亩产1 200～1 800kg，价格为15～70元/kg，平均30元/kg左右，亩产值4.8万～5.5万元，亩纯收入2.3万～4.1万元；一茬糯玉米亩收获鲜穗2 800～3 700个，亩产值0.36万～0.52万元，亩纯收入0.32万～0.47万元，温室草莓—糯玉米周年轮作种植模式年亩纯收入4.57万～4.62万元。该模式一年两种两收，比传统种植一季草莓亩增收5 000余元。

三、茬口安排

7月中下旬至8月上中旬进行高温闷棚20～30d，然后施肥、整地、铺管、起垄，8月中下旬至9月上旬移栽定植草莓苗，11月下旬至12月上旬草莓开始采收上市。翌年4月中下旬草莓采收完毕后，及时拔除秧蔓，清理枯枝落叶、根系及地膜，然后使用100～150倍食用小苏打或500～800倍高锰酸钾溶液喷施地面，进行消毒处理后，垄上栽培糯玉米，大棚保留棚膜，7月中下旬收获鲜穗，完成一年双种双收高效生产。

四、草莓移栽前准备

7月中下旬至8月上中旬利用夏季炎热条件密闭棚室，配以药剂处理，修复土壤结构，延缓土壤酸化，灭杀长期连续种植病虫草害积累，降低病虫基数，为全年草莓、糯玉米生产奠定良好的土壤基础。

（一）高温闷棚

土壤耕翻前，亩施入有机肥如腐熟的牛粪、羊粪等食草动物粪便2～3m^3，深耕25～30cm，作成高低畦，覆盖地膜，膜下保持土壤相对含水量60%～65%，保证晴天20～30cm土壤的温度在45～60℃，地表温度超过70℃，持续20～30d，达到高温消毒、生物杀菌、药剂杀菌的目的。土壤耕翻前，田间亩匀施石灰氮（氰氨化钙）30～40kg，覆盖地膜进行土壤消毒杀菌，化解根际毒素分泌物。

（二）施肥整地

高温闷棚对有益微生物和有害微生物均具有杀灭作用，为保证土壤有益微生物数量，高温闷棚后，草莓移栽前7～10d，务必亩追施微生物菌肥50～80kg，亩施磷酸氢二铵30～40kg、硫酸钾30～40kg、肥料撒施要均匀，然后旋耕整地、耙耢，翻耕整地不宜过深，10cm左右即可，避免20cm以下深层带菌土壤，翻入表层再次污染环境。

五、草莓栽培技术要点

（一）品种选择

主要选择耐寒性好、色泽鲜艳、果型整齐、市场认可度高、风味佳、甜度高的软质草莓品种，如甜宝、白雪公主、奶油草莓等。也可选择红颜、红实美、香蕉草莓等果实硬度较大、耐储运的品种，适合外地销售长途运输。

（二）规范起垄铺管

种植地块东西方向建棚，南北方向起垄。垄宽85～90cm，垄高30～35cm，垄顶宽45～50cm，垄沟宽35～40cm。起垄后在垄顶中央铺设1条直径8mm水肥一体滴灌管，用滴灌开关连接到主管带，再连接到水源水管、过滤器和施肥装置上。

（三）移栽定植

选用脱毒组培原种苗繁育的无病、健壮良种草莓幼苗，植株4～5片叶、茎粗0.6～1.2cm，于8月中下旬至9月上旬进行移栽定植。每垄栽植2行，行距25cm左右，株距依据品种长势而定，一般为16～20cm，亩栽8 000～10 000株。移栽时选择阴天或晴天傍晚进行，要“深不埋心、浅不露根”，苗心与地面齐平。

（四）覆膜浇水

草莓幼苗定植后立即覆盖厚0.01mm、宽90cm的黑色地膜。覆膜应顺垄铺展拉紧，边覆膜、边开孔掏苗，然后用土封严，开孔要小以提高生长期间保湿能力。垄沟内撒铺稻糠等覆盖地表，缓冲棚内温湿度，既防止杂草发生，也便于农事操作。

（五）生长期管理

1. 温度管理

温度要随生长期及时调控。缓苗期温度25～30℃，缓苗至开花期前后白天温度不超过25℃，夜温12～15℃；如遇晚秋早冬高温年份，要适时做好放风降温避免秧苗徒长，促进花芽分化。开花后白天温度控制在20～25℃，夜温8～10℃；果实膨大初期白天温度不要超过28℃，夜温8～10℃。收获期棚内温度白天22～25℃，夜晚温度不能低于5℃；若棚内温度过高，果实生长膨大受限，不能充分实现品种增产潜力，口感风味下降。

2. 水肥管理

草莓根浅、叶多、叶大，全生育期需肥需水量大。移栽定植后应迅速滴水，滴水应滴透，7～10d内土壤含水量要保持在80%～85%，促进返苗生根，培育良好营养体；花芽分化期至开花期适当控制水量，土壤相对含水量为50%～55%，防止徒长，促进结果；果实膨大期需水量逐渐增加，要保持土壤湿润，小水勤灌但不能积水；果实成熟期适当控制浇水，避免感病烂果。春季回暖，棚内温湿度容易升高，可调节通风口大小来调整温湿度。

根据生育时期和田间长势确定施肥时期和施肥量。挂果前需肥量较低，可不进行追肥。果实膨大后开始追肥，结合浇水每次亩追施尿素或磷酸二氢钾5～7kg，也可以使用相应营养成分的液体肥料随水冲施。为提高草莓品质，追肥时适量加入钙、铁、锌等微量元素肥，每次追肥间隔20～30d。

3. 病虫害防治

温室草莓病害主要有白粉病、灰霉病、炭疽病和根腐病等，应以预防为主，严格控制用药浓度和安全间隔期，确保草莓质量安全。病害可用 1 000 亿 CFU/g 枯草芽孢杆菌可湿性粉剂、3 亿 CFU/g 哈茨木霉菌可湿性粉剂等生物药剂或 43% 氟菌・肟菌酯悬浮剂、17% 唑醚・氟酰胺悬乳剂等低毒高效药剂防治。根腐病防治可结合水肥一体化带药冲施，药剂使用啶酰菌胺、噁霉灵、精甲霜灵等成分的单剂或复配剂，效果较好。

温室草莓虫害主要是蚜虫和白粉虱，为保护田间授粉蜜蜂，要在扣棚前充分杀灭棚内残虫，扣棚后在放风口设置不低于 60 目防虫网隔离，同时大棚进口设立缓冲带和隔帘防虫。棚内若发现少量成虫。可使用黄板诱杀，尽量不使用农药杀虫。

六、糯玉米栽培技术要点

（一）品种选择

依据当地消费习惯，选择青农 206、西星五彩鲜糯、京科糯 768、济糯 33、农科糯 336 等生育期适宜、丰产性好、果穗中大、甜糯可口的糯玉米品种。播前用 27% 噻虫嗪・苯醚甲环唑・咯菌腈悬浮种衣剂 3 ～ 4g 包衣玉米种子 1kg，种子包衣后播种。

（二）规范播种

大棚保留棚膜，整理田间滴灌管继续使用，草莓拉秧后立即播种糯玉米。在垄顶播种 1 行玉米，株距 18 ～ 20cm，每亩 3 700 ～ 4 100 株。因草莓田施肥量大，肥料有盈余，糯玉米播种期不施底肥和种肥。

（三）田间管理

视棚内土壤水分状况浇水，土壤相对含水量低于 50% 时，糯玉米播种后需滴灌蒙头水；相对含水量为 60% ～ 70% 则不需要滴灌。播后 2d 内封闭除草，即亩用 40% 乙・莠悬浮剂 150 ～ 200mL 兑水 45 ～ 60kg 喷施地表。

进入小喇叭口期后，可采用水肥一体化及时追施肥水，亩施复合型滴灌肥料（$N:P_2O_5:K_2O=15:30:10$）20 ～ 30kg，分两次冲施，可满足糯玉米生长发育需求，促大穗大粒。

糯玉米开花授粉期间，要加大田间放风程度，促进花粉流动，提高授粉质量，必要时可用风机吹风或用竹竿轻击植株辅助授粉，减少秃尖和“花脸”。

授粉后 7 ～ 10d，籽粒形成期至灌浆期滴灌浇水，保持土壤相对含水量 75% ～ 80%，提高灌浆速度和强度，促早熟高产、提高商品率，增加收益。

（四）适时收获

糯玉米吐丝后 22 ～ 27d 即可采收上市，此期花丝呈现黑褐色，剥开果穗苞叶，用手指掐果穗中部籽粒有少量浆液，为最佳采收期。为满足下茬草莓种植时间要求，糯玉米应在 7 月中下旬采收完毕，秸秆可离田作青贮饲料。8 月上中旬完成闷棚和整地，为下茬草莓移栽定植创造条件。

第七节 丘陵山区绿豆—甘薯一年两作绿色高效栽培技术

甘薯是鲁西南丘陵山区主要粮食作物，山区河谷冲积洼地等少数地势平坦地块，多实行小麦—甘薯一年两熟种植模式，其他丘陵地块大部分土壤贫瘠、水源缺乏、水浇条件差，多以甘薯—花生两年轮作或甘薯—甘薯—花生三年轮作模式为主。丘陵山区一年一作甘薯种植模式，一方面造成春秋大量光热资源浪费，另一方面常年春薯种植，甘薯全生长期 170 ～ 180d，导致单个薯块偏大，加上蛴螬、茎线虫为害严重，薯块商品率下降。尤其是近年甘薯鲜食量需求增加，商品性对薯块大小、外观质量等要求较高，甘薯虽然高产，但难以实现高质高效。为有效提高甘薯商品性和种植效益，近年来邹城市农技专家试验示范早春绿豆与半夏甘薯套种模式，提高了农田复种指数，实现了甘薯产量较春薯基本不减产，显著提高了甘薯商品率，该种模式亩增收绿豆 50 ～ 70kg，亩经济效益增加 800 ～ 1 200 元，同时绿豆根系固氮作用有利改良土壤，实现粮食节肥提质增效。

一、茬口安排

绿豆于 4 月中旬日平均气温稳定通过 12℃时播种，6 月中旬前后收获；甘薯于 5 月下旬至 6 月上旬栽插，生育期达到 130 ～ 140d 开始收获，秋季地温 12℃、气温 10℃时收获完毕。

二、品种选择

绿豆选择生育期中短、株型紧凑、结荚集中、成熟不易炸荚、耐旱抗病、适应性强的品种，如中绿 1 号、潍绿 1 号、豫绿 6 号等。

甘薯品种选择耐旱耐瘠、土壤适应性好、市场认可度高的鲜食型品种，如济薯 26、齐宁 18 等，基于山区土质、耕层、水浇条件限制，要避免选用普薯 32、烟薯 25、哈密等对土壤和水分要求较高的品种，保证产量和商品品质。要切实注意选择对根腐病抗病性较好的品种，丘陵山区缺水、干旱更容易造成根腐病发生加重为害，影响甘薯产量和品质。

三、整地施肥

实行秋冬深耕整地，以便更好地接纳秋冬降水，涵养土壤墒情，避免当地春季少雨多风，气候干燥期间耕翻起垄散墒快，有效地保证春季土壤良好墒情。结合丘陵山区土壤特点和养分状况，秋冬整地耕深一般 20 ～ 25cm；具备条件的地区，可结合高标准农田建设，开展深耕深松，耕深 50 ～ 60cm，加深活土层，提高水肥容纳承载力和增产潜力。整地亩施有机肥 3 000 ～ 4 000kg 或生物有机肥 50 ～ 80kg。春季土壤解冻后起垄，垄距 85 ～ 90cm，垄高 25 ～ 30cm，垄距均匀，垄面平整。起垄时顺垄包心亩施腐殖酸控钾肥（$N:P_2O_5:K_2O=10:8:24$）（40 ～ 50）kg+52% 硫酸钾（10 ～ 15）kg，氮肥适量，要发挥绿豆根瘤固氮作用，满足绿豆、甘薯需肥要求。

四、绿豆栽培管理技术要点

（一）种子处理

播种前剔除病虫粒、杂粒、秕籽，晒种 2 ～ 3d，提高种子活性，要求种子发芽率≥ 95%、纯度≥ 98%。用 27% 苯醚 · 咯 · 噻虫悬浮种衣剂按照种子量的 0.3% ～ 0.5% 包衣，可预防绿豆根腐病、立枯病，防止地下害虫金针虫、地老虎等为害，减少生长期用药，推广轻简化管理，增加种植效益。处理后的种子，要晾干种皮后再播种，最好在 24h 内播种完毕。

（二）精细播种

播种质量良好是保证绿豆苗全、苗齐、苗匀、苗壮的重要环节。在4月中旬日平均气温稳定通过12℃时播种，既能满足种子发芽需要，又能保证绿豆提早成熟、为下茬甘薯生长发育提供空间和保证生长期光温需求。

绿豆播种在甘薯垄沟两侧中部，既不影响甘薯栽种，也可为绿豆生长提供较好的土壤、水肥条件。播种采用穴播或条播方式，穴播时穴距30～35cm，每穴6～8粒种子，出苗后每穴留苗3～4株；条播时亩播种量0.8～1.2kg，出苗后留苗株距8～10cm，亩留苗密度1.0万～1.1万株。建议尽量采取穴播，可减少对甘薯栽插垄的破坏程度。绿豆种植密度依据土壤肥力适当调整，山地地力较差的地块加大密度10%。播种深度为3～4cm，不要超过5cm，否则出苗延迟，遇到春季温度回升较慢年份，可能造成烂种；若播深低于2cm则易因墒情不宜，造成种子落干，出苗率降低或遭遇倒春寒，造成绿豆冻芽或冻苗。绿豆生育期较短，由于丘陵地势和生长期间水源条件不足，浇水不便，播种时要保证土壤相对持水量75%～80%，墒情较差时浇足播种出苗水，播后踏实土壤保墒，促进种子萌发出苗，满足生长发育需要。

（三）化学除草及间苗定苗

绿豆应实行苗前除草，一次施药全年有效。绿豆播种后，亩用96%精异丙甲草胺乳油90～100mL或33%二甲戊灵乳油100～120g，兑水20～30kg，地表均匀喷施，可有效防治绿豆生长期间乃至全年田间马唐、狗尾草等一年生禾本科杂草和丘陵山区较易发生的萹蓄、猪毛菜、反枝苋、马齿苋、藜等阔叶杂草。

绿豆2叶1心期，条播地块间苗，剔除播种疙瘩苗；4叶1心期进行定苗，去除弱苗和病虫为害幼苗，亩留苗1.0万～1.1万株，穴播地块每穴留苗不超过4株。

（四）肥水管理

绿豆生育期较短，并且绿豆具有根瘤固氮作用，生长期一般不需要追肥。水分方面，在浇足播种出苗水的前提下，不遇特殊干旱年份，一般不用浇水。但在绿豆盛花需水高峰期，若干旱严重，可以用水车拉水进行喷灌，促进开花和结实鼓粒，因为少量用水能明显提高绿豆产量。

（五）一次收获

为满足下茬甘薯高产优质积温需要，在6月中旬前后，绿豆全田黑荚达到70%以上时，连秧一次性集中收获，晾晒脱粒。收获应选择晴天上午10：00以前、田间豆荚潮湿时进行，减少“炸荚”掉粒造成的产量损失。若因天气原因造成6月下旬前不能收获影响下茬甘薯栽插的，绿豆收获标准可以提前到黑荚占比50%时进行，整株收获后放置在阴凉干燥处，促进后熟，再进行晾晒脱粒。

五、甘薯栽培管理技术要点

（一）适期栽插，合理密植

甘薯在5月下旬至6月上旬栽插，介于当地春薯和夏薯之间，既能保证甘薯高产光温需求，生长期达到140d以上，又能避免生育期过长，造成薯块过大，根腐病、黑斑病病菌侵染为害，降低商品薯比率。栽插秧苗可选温室脱毒扩繁苗或早种春薯蔓头苗，也可选用脱毒育苗苗床高剪苗，杜绝使用一般种薯繁育的种苗，避免普通薯苗带毒，降低产量和薯块品质。种苗要求具有本品种特性，百株重750g以上，节数为5～7节，节间长3～5cm，茎粗0.5cm以上，苗床苗苗龄30～35d，顶3叶齐平、叶色浓绿、无气生根、全株无病斑。薯苗栽插前，亩用62.5%精甲·咯菌腈悬浮种衣剂15～20mL稀释后浸苗10～15min，然后用30%三唑磷乳油0.5kg与过筛的细土掺和均匀后，稀释成泥浆蘸根处理。适应丘陵地缺水缺乏灌溉的条件，薯苗栽插避免使用直插或水平栽插，根据薯苗长度采取船形栽插或斜插方式，可提高抗旱能力，增加结薯节数和块数，降低单个薯块重量，提高薯块商品率。半夏栽插甘薯植株较春薯生长量小，可以适当增加栽植密度，行距85～90cm，株距18～20cm，亩栽植密度3 800～4 300株。

（二）合理施肥

甘薯需钾量大，其次是氮和磷。每1 000kg鲜薯约需氮（纯N）、磷（P_2O_5）、钾（K_2O）分别为3.5kg、1.8kg、5.5kg，结合丘陵山区土壤营养状况，施肥应遵循“控氮、稳磷、增钾”原则，建议有机肥与化肥配合使用。耕翻时将有机肥或生物有机肥底施，化肥采用水肥一体化耦合使用，平衡全生育期需水需肥，提高甘薯商品性。不实施水肥一体化地块，丘陵中上瘠薄地块肥力较低，可亩施腐殖酸控钾肥（40～50）kg+52% 硫酸钾（10～13）kg；山下洼地或平原肥地肥力较高，适当控制氮肥用量，亩施腐殖酸控钾肥 30kg+52% 硫酸钾（12～15）kg，结合整地，一次性施入。

（三）轻简化管理

甘薯栽插后 30～40d，进入分枝结薯期，水肥一体化地块进行第 1 次追肥，可亩追施高氮腐殖酸水溶肥 5～7.5kg，亩灌水 5～8m^3，促进甘薯结薯和秧蔓生长。7 月下旬后薯块进入膨大期，是需肥、需水高峰和临界期，实施水肥一体化 2 次，间隔 10d 左右，共亩追施低氮腐殖酸水溶肥 20～30kg。用水量视田间水分状况而定，干旱严重时亩灌水 8～10m^3，正常年份亩灌水 5～8m^3。栽植后 35～40d 若出现旺长趋势，可亩用 5% 烯效唑可湿性粉剂（50～80）g+50% 多菌灵可湿性粉剂（80～100）g+ 98% 磷酸二氢钾（40～50）g，兑水 20～30kg，喷洒茎叶控制旺长，避免早衰。旺长严重地块，间隔 5～7d 再喷 1 次，连喷 2～3 次。喷药时用水量不要过大，尽量避免药液喷到地面在土壤中积累残留，影响后茬作物正常生长。

（四）适期收获，安全储藏

生育期达到 130～140d 开始收获，窖藏甘薯秋季地温 12℃、气温 10℃时收获完毕，保证产量，提高育苗出苗活力及种植效益。储藏鲜薯收获时剔除破伤、病虫为害薯块，用周转箱入库盛放，避免表皮破损，影响商品性和耐储力。

鲜薯储藏可根据当地生产条件，采取大型恒温库或井窖储藏，单库储藏量不要超过库容的 2/3 。入库前储藏窖用 50% 咪鲜胺锰盐可湿性粉剂或 50% 多菌灵悬浮剂 500～600 倍液消毒。入库选择无病虫、无损伤、无冻害薯块，用 50% 咪鲜胺锰盐可湿性粉剂或 50% 多菌灵悬浮剂 500～600 倍液杀菌。不同品种甘薯由于储藏温度、湿度存在差异，要分开储藏，提高储藏安全性。根据品种合理调整窖温和湿度，水分含量低的品种如济薯 26、齐宁 18 等，窖温保持在 10～12℃，湿度 80%～90%，低于 9℃易产生冷害；薯块水分含量高的品种如烟薯 25、普薯 32 等，储藏要适当降低储藏温度和湿度，窖温宜保持在 9～10℃、湿度 65%～75%，不要超过 80%，否则容易感病烂窖。

第八节 大棚芹菜辣椒周年轮作栽培技术

芹菜属半耐寒性蔬菜，性喜冷凉，不耐高温；辣椒是喜温作物，幼苗不耐低温，苗期要求温度较高。山东省金乡县经过 10 余年的生产实践，探索总结出较为成熟的大棚芹菜辣椒周年轮作栽培技术模式。应用该模式，芹菜平均亩产 7 500kg 左右、亩收入 1.5 万元左右，辣椒平均亩产 3 500kg 左右、亩收入 2.5 万元左右，合计周年亩收入 4 万元左右，经济效益较好。该模式具有较高的推广价值。

一、茬口安排

芹菜 6 月中下旬播种育苗，8 月下旬至 9 月上中旬移栽定植，12 月至翌年 1 月采收。辣椒 10 月上中旬播种育苗，11 月中下旬进行二次分苗（假植），翌年 2 月上中旬带花移栽定植，3 月中下旬开始采摘，6—7 月适时清除辣椒植株及杂草。

二、芹菜栽培技术要点

（一）品种选择及种子处理

1. 品种选择

选择植株较大、抗逆性好、纤维少、品质佳的西芹，如拿破仑、文图拉等。

2. 种子处理

播种前先将种子放在清水中浸种 24h，然后将种子捞出用清水冲洗，再用干净湿布包好放在温度为 20℃左右的条件下进行催芽。催芽期间须每天用清水冲洗 1 次，经过 8 ～ 10d，50% 种子露白时即可播种。

（二）苗床选择及准备

1. 苗床选择

选择地势较高、土壤肥沃、能灌易排，生茬或前茬未种过芹菜的地块育苗。按种植面积确定苗床大小，种植 1 亩芹菜需苗床 130m^2。

2. 苗床准备

播种前苗床要深耕细作，做到整细整平，上松下实。结合整地亩施充分腐熟的农家肥 1 500kg 或优质生物商品有机肥 100 ～ 200kg，整平作畦，畦宽 1.2 ～ 1.5m。

（三）播种

播种前先将苗床浇透水，待水下渗后均匀撒播种子，然后在畦面撒一薄层过筛的细土（厚度以看不见种子为宜）。每 130m^2 苗床用种量 100g。

（四）苗期管理

1. 遮阴降温

芹菜出苗后适宜在较弱的光照下生长，夏季温度高、光照强，会影响芹菜生长，遮阴降温至关重要。 播种后及时用遮光率为 65% 的遮阳网进行遮阴。遮阳网不宜过密或过稀，过密则透光性差，易造成芹菜苗徒长、黄化；过稀则达不到遮光的效果，温度降不下来，不利于芹菜生长。生产实践表明，用遮光率为 65% 的遮阳网进行遮阴，既可将棚内温度降低 3 ～ 5℃，又可降低光照强度、保持湿度、减少浇水次数，有利于培育壮苗。

2. 化学除草

播后苗前，亩用 33% 二甲戊灵乳油 200mL 兑水 40 ～ 50kg 喷施苗床进行化学除草。

3. 间苗

芹菜幼苗长出 2 片真叶后进行间苗，株与株之间的距离以 1 ～ 2cm 为宜。

4. 水分管理

芹菜苗床要小水勤浇，见湿不见干，始终保持湿润状态。浇水宜用温度较低的井水，以利于降低苗床温度。如遇大雨，在排完水之后要再浇 1 次井水降温。

5. 病虫害防治

芹菜苗期常见病害虫有菌核病、霜霉病、灰霉病，菜青虫、甜菜夜蛾、蚜虫、蜗牛等。菌核病，可用啶酰菌胺进行防治；霜霉病，可用霜霉威进行防治；灰霉病，可用腐霉利进行防治。菜青虫、甜菜夜蛾，可用虫螨腈、茚虫威进行防治；蚜虫，可用噻虫胺进行防治；蜗牛，可用四聚乙醛进行防治。

（五）定植前准备

1. 整地施基肥

翻耕深 20cm，耕匀耙平，做到上松下实。结合翻耕亩施生物有机肥

200 ～ 300kg、45% 复合肥（N : P_2O_5 : K_2O=15 : 15 : 15）45 ～ 48kg（不超过 50kg），并适量施入中微量元素肥料。生产实践表明，适量补施中微量元素、多施钙肥，可防止芹菜出现心腐病、黄金边（叶缘发黄干边）等生理性病害。之后作畦，一般畦长不超过 50m、畦宽在 2m 左右（不超过 3m）。

2. 化学除草

定植前亩用 33% 二甲戊灵乳油 200mL 兑水 40 ～ 50kg 喷施畦面进行化学除草。

（六）移栽定植

8 月下旬至 9 月上中旬，当芹菜苗高 15 ～ 20cm、有 6 ～ 7 片真叶时进行移栽定植。视天气情况，一般在定植前 20 ～ 45d 覆盖遮阳网。定植前先浇透水，然后在畦面划沟或打眼定植，定植株行距为 15cm 左右，亩定植 30 000 株左右。如需早上市种植密度可稍大一些，晚上市的种植密度可稍小一些。

（七）定植后管理

1. 水肥管理

定植后 5 ～ 7d 浇水 1 次，随水适量冲施氨基酸、腐殖酸等生根壮苗的肥料，促进植株生根。返苗后，每 15 ～ 20d 浇水 1 次，每次随水亩冲施高氮高钾水溶肥 15 ～ 20kg。

2. 撤遮阳网

定植后当外界最高气温低于 25℃时，撤掉遮阳网。

3. 温度管理

一般在 11 月上中旬当外界最低气温低于 5℃时及时覆盖棚膜，防止寒冷天气对芹菜生长造成不良影响。之后视天气情况进行通风，将棚内温度保持在白天 20℃左右（不超过 25℃），夜间 10℃左右（不低于 5℃）、防止发生冻害或出现空心现象。

4. 病虫害防治

定植后前期注意防治叶斑病、疫霉根腐病；叶斑病、疫霉根腐病，发生初期可随水冲施适量的精甲霜灵或甲霜 · 锰锌进行防治。10—11 月中温中湿，注意用甲霜 · 锰锌或烯酰 · 锰锌防治叶斑病。12 月至翌年 1 月低温高湿，注意用啶酰菌胺或菌核净防治菌核病。

（八）适时收获

12 月至翌年 1 月当芹菜株高达到 70cm 左右、单株重 200 ～ 250g 时，根据市场行情适时进行采收。芹菜收获完毕后，耕翻晾茬，等待辣椒移栽。

三、辣椒栽培技术要点

（一）品种选择

选择早熟、抗病、丰产的品种，如辣妹子、小邹皮等。

（二）苗床选择及准备

1. 苗床选择

选择向阳、地势较高、土壤肥沃、能灌易排，生茬或前茬未种过辣椒等茄科蔬菜的地块进行育苗。按种植面积确定苗床大小，种植 1 亩辣椒需苗床 20 ～ 30m^2。

2. 苗床准备

播种前苗床要深耕细作，做到整平耙匀，上松下实。结合整地亩施充分腐熟的农家肥 1 500kg 或优质生物商品有机肥 100 ～ 200kg，按南北走向搭建拱棚，拱棚高 1.5m 以上、宽 5 ～ 7m。之后在棚内作畦，畦宽一般为 1.5 ～ 1.8m，以方便后期管理。

（三）播种

播种前先将苗床浇透水，待水下渗后均匀撒播种子，然后覆盖厚 1cm 左右的过筛细土，起到下湿上干、通气好、保墒的作用，以利于辣椒出苗。每 20 ～ 30m^2 苗床用种量 75 ～ 100g。

（四）苗期管理

1. 化学除草

播种后亩用 33% 二甲戊灵乳油 100 ～ 150g 兑水 50kg 喷施畦面进行化学除草。

2. 覆膜及撤膜

喷施化学除草剂后覆盖地膜，然后覆盖棚膜。发现有顶土现象时及时撤下地膜，以免伤苗。

3. 水分管理

播种后辣椒苗床保持见干见湿，视墒情、苗情进行浇水。

4. 温度管理

播种后棚内温度白天保持在 20 ～ 32℃，6 ～ 7d 出苗。出苗后棚内温度白天保持在 25 ～ 28℃。二次分苗后先封棚 7d、棚内温度白天保持在 30 ～ 35℃，然后放风炼苗 10d、棚内温度白天保持在 28 ～ 30℃。炼苗结束后，棚内温度白天保持在 25 ～ 28℃。为保证辣椒苗健壮生长，播种后至炼苗结束，棚内夜间温度均不能低于 10℃、地温不低于 15℃。

5. 二次分苗

11 月中下旬当辣椒 6 ～ 7 片叶时进行二次分苗。先将辣椒苗移栽到装有营养土的钵盘内，然后按株行距均为 8 ～ 10cm 将钵盘摆放在苗床上。移栽 1 亩地需准备辣椒苗 5 500 ～ 6 000 株。分苗的目的是培育壮苗，促进根系发达，花芽分化，为高产打基础。

（五）定植前准备

1. 整地施基肥

翌年 1 月中旬整地施基肥，亩施生物有机肥（200 ～ 300）kg+45% 复合肥 100kg，并适量施入中微量元素肥料。然后旋耕耙平，达到上松下实。之后起垄，垄宽 60cm、垄高 50cm、沟宽 30cm。

2. 高温闷棚

因定植时外界气温较低，所以在定植前一定要先进行高温闷棚提高地温。一般在 1 月下旬覆盖棚膜高温闷棚 7d。其间白天卷起草苫子，晚上盖上草苫子不通风，以便提高地温，利于辣椒移栽后生根尽快返苗。

（六）移栽定植

翌年 2 月上中旬当辣椒分枝达到 4 ～ 6 个、株高 15 ～ 20cm，棚内 10cm 土层地温达到 15℃以上时，在垄两侧半腰带花移栽定植。大小行栽培，大行距 55cm、小行距 35cm，株距 30cm，每亩定植 5 000 株左右。定植后浇透水，以不串垄为宜。

（七）定植后管理

1. 水肥管理

定植后 1 个月左右、辣椒坐果 3 ～ 4 个时浇膨果水，以小水为宜，随水亩冲施高磷水溶肥或平衡型水溶肥（$N:P_2O_5:K_2O=15:15:15$，下同）5 ～ 10kg，优选高磷水溶肥，以利于开花坐果。3 月中下旬（即浇膨果水后 10 ～ 15d）采收第 1 茬辣椒后，亩随水冲施高氮高钾水溶肥或平衡型水溶肥 5 ～ 10kg。以后每隔 10d 视墒情和植株生长情况进行浇水，并随水亩冲施高氮高钾水溶肥 5 ～ 10kg。

2. 温度管理

定植后 7 ～ 10d，棚内温度白天保持在 30 ～ 35℃、夜间不低于 15℃，不通风，促进缓苗。10d 以后进行通风，棚内温度白天保持在 28 ～ 30℃、夜间不低于 15℃。辣椒开花授粉期，棚内温度白天保持在 25 ～ 28℃、夜间不低于 15℃，棚内夜间温度低于 15℃，则辣椒不能正常开花授粉，容易造成无籽果实。第 1 次和第 2 次摘果后，将棚内温度白天保持在 30 ～ 32℃，这样膨果速度快、产量高、不易早衰；如果温度持续低，虽然坐果率很高，但是辣椒生长较慢，最终会影响产量。

3. 病虫害防治

大棚辣椒主要病虫害是根腐病、疫病、灰霉病，蚜虫、飞虱等。根腐病，可用吡唑醚菌酯进行防治；疫病，可用代森锰锌进行防治；灰霉病，可用嘧菌酯进行防治。蚜虫、飞虱，可用噻虫嗪、吡虫啉进行防治。

（八）适时收获

3 月中下旬在辣椒果实充分膨大、表面光亮、达到青熟后即可采收。6—7 月适时清除辣椒植株及杂草。

主要参考文献

陈小莉，朱斌，孙勤辛，等，2015. 小麦繁种防杂保纯措施［J］. 中国种业（11）：72-73.

程相峰，刘士忠，刘永，2019. 滨湖地区棉花间作辣椒优质高效栽培技术［J］. 吉林蔬菜（2）：8-9.

崔维娜，王宏梅，郭月玲，等，2022. 邹城市丘陵山区绿豆—甘薯一年两作绿色高效栽培技术［J］. 中国农技推广（10）：43-45.

党伟，王振学，张林，等，2020. 甘薯健康种苗快繁及早熟栽培技术［J］. 中国农技推广（9）：43-44.

丁洋，王宏梅，王锋，等，2022 . 邹城市温室草莓—糯玉米高效栽培技术［J］. 中国农技推广（12）：38-39，47.

付文苑，马超，杨丽娟，等，2020. 贵州油用牡丹“凤丹”的高效栽培技术要点［J］. 农技服务，37（10）：52-54.

高丽红，别之龙，2017. 无土栽培学［M］. 北京：中国农业大学出版社 .

高秋美，董秋颖，任丽华，等，2020. 猪牙皂林下套种多花黄精栽培技术［J］. 农业科技通讯（8）：300-301.

高秋美，孟庆峰，任丽华，等，2021. 有机菌渣肥对芍药间作小麦产量及土壤改良的影响［J］. 山东农业科学，53（9）：95-99.

高秋美，任丽华，孟庆峰，等，2019. 邹城地区猪牙皂的发展历史与现状分析［J］. 农业科技通讯（1）：124-126.

高秋美，任丽华，米真如，等，2021. 不同光照强度对多花黄精生长及光合特性的影响［J］. 山东农业科学，53（6）：44-47.

高秋美，任丽华，米真如，等，2022. 间作模式下密度对多花黄精产量及质量的影响［J］. 浙江农业科学，63（1）：56-59.

龚军，2008. 黄精与玉米间作的规范化栽培技术研究［D］. 贵阳：贵州大学 .

郭世荣，孙锦，2018. 无土栽培学（第三版）［M］. 北京：中国农业出版社 .

郭月玲，孙明海，来敬伟，等，2023. 邹城平原地区济粱 4 号高粱适应性表现及栽培技术［J］. 基层农技推广（5）：25-27.

国家药典委员会，2020. 中华人民共和国药典（2020 年版一部）［M］. 北京：中国医药科技出版社 .

韩红英，汤素青，孙艳艳，等，2019. 凤丹牡丹丰产高效栽培技术研究［J］. 现代农业科技（12）：104–105.

何志，董义斌，覃挺，等，2014. 广西大棚蔬菜高效栽培新模式探索［J］. 南方农业学报，45（2）：274–277.

何中虎，庄巧生，程顺和，等，2018. 中国小麦产业发展与科技进步［J］. 农学学报，8（1）：99–106.

侯恒军，崔海英，周学标，等，2023. 粳稻新品种圣稻 258 的选育与栽培技术［J］. 北方水稻，53（2）：45–47.

胡建军，程助霞，赵德平，等，2022. 马铃薯—热白菜间作糯玉米—菠菜四茬种植管理技术［J］. 基层农技推广（12）：86–88.

纪复勤，2020. 小麦种子田杂草防除技术浅析［J］. 种子科技，38（21）：95–96.

姜磊，田成玉，李军，2018. 丹参栽培技术研究［J］. 山东林业科技，48（6）：95–98.

焦书升，王慧云，王潇楠，等，2020. 礼品西瓜设施吊蔓栽培关键技术［J］. 农业与技术，40（10）：119–121.

焦玉霞，刘生，孙玉涛，等，2020. 邹城市花生病虫草害绿色防控技术［J］. 基层农技推广（12）：73–75.

鞠正春，吕鹏，2021. 小麦绿色高质高效生产技术（上）［J］. 农业知识（19）：10–12.

鞠正春，吕鹏，2021. 小麦绿色高质高效生产技术（中）［J］. 农业知识（20）：4–7.

鞠正春，吕鹏，2021. 小麦绿色高质高效生产技术（下）［J］. 农业知识（21）：19–22.

鞠正春，吕鹏，修翠波，2022. 山东省小麦品种布局建议及秋种关键生产技术［J］. 农业知识（10）：11–13.

康耀祖，2021. 芍药的繁殖和栽培技术［J］. 农村新技术（4）：11–12.

李凤超，1995. 种植制度的理论与实践［M］. 北京：中国农业出版社 .

李广亮，孙明海，王宏梅，等，2021. 鲁西南马铃薯—玉米—马铃薯绿色高质高效栽培技术［J］. 中国农技推广（2）：47–49.

李瑞锋，李红丽，周东升，等，2022. 鲁西南滨湖区稻茬麦无人机撒播栽培技术［J］. 中国种业（7）：131–132.

李瑞锋，李红丽，赵永春，等，2020，优质水稻品种天隆优 619 配套高产栽培技术［J］. 中国种业（4）：71–72.

李瑞锋，宋福芹，高发瑞，等，2018. 鲁西南滨湖稻区水稻全程机械化生产操作技术规程［J］. 农业科技通讯（6）：276–278.

李润芳，张晓冬，王栋，等，2019. 山东省近 60 年来主推小麦品种主要农艺性状演变规律［J］. 中国农学通报，35（7）：20–27.
李秀伟，亓永凤，王振学，等，2023. 山东泗水大拱棚夏季黄瓜种植技术［J］. 长江蔬菜（3）：66–68.
李雪，马倩，2022. 冬暖大棚茄子栽培技术［J］. 现代园艺（17）：70–72，75.
李印峰，于卿，王福学，等，2022. 鲁西南不同玉米籽粒机收品种适应性分析［J］. 农业科技通讯（8）：22–25.
梁引库，2008. 药用植物黄精研究现状［J］. 陕西农业科学（1）：81–82.
刘安敏，2021. 济宁地区稻茬麦不同栽培技术模式生产技术探讨［J］. 中国农技推广（7）：34–36.
刘春香，杨维田，赵志伟，等，2014. 寿光日光温室番茄高效栽培技术［J］. 中国蔬菜（8）：68–72.
刘汉珍，张树杰，时侠清，2003. 施肥对白芍产量及品质的影响［J］. 中国野生植物资源（4）：70–71.
刘建峰，程洪新，田成方，等，2022. 菏泽市花生高产田关键栽培技术［J］. 中国农技推广（7）：52–53.
刘小平，杨以兵，周爱国，2023. 金乡县大棚芹菜辣椒周年轮作栽培技术模式［J］. 中国农技推广（4）：64–66.
刘新，李月梅，王乃建，等，2017. 金乡县蒜椒套种高效栽培技术［J］. 农业科技通讯（12）：327–329.
刘秀菊，蔡文秀，李思梦，等，2023. 济宁市大豆玉米带状复合种植高产高效栽培技术要点［J］. 农业科技通讯（3）：158–160.
刘跃钧，蒋燕峰，葛永金，等，2015. 林下套种多花黄精标准化高效栽培技术［J］. 林业科技通讯，41（4）：43–45.
刘振富，张姝燕，寻丽丽，等，2021. 金乡县棉椒二六式创新栽培技术［J］. 基层农技推广（1）：83–84.
芦金生，张保东，刘国栋，等，2014. 北京大兴大棚西瓜实用栽培技术［J］. 中国蔬菜（9）：65–69.
吕爱英，李庆坤，王秀珍，等，2020. 菜用毛豆—小松菜—越冬菠菜三茬连作栽培技术［J］. 基层农技推广（8）：91–92.
马铭泽，高雪飞，刘灵娣，等，2016. 种植密度对菊花产量和有效成分含量的影响［J］. 安徽农业科学，44（14）：175–176.
彭美祥，周伟，殷洪涛，等，2020. 适合临沂市种植的高油酸花生新品种筛选鉴定［J］. 山东农业科学，52（5）：26-30.
亓永凤 王振学 李秀伟，等，2022. 济宁市鲜食玉米间作辣椒高产高效种植技术［J］. 长江蔬菜（21）：64-66.
全国农业技术推广服务中心，国家大宗蔬菜产业技术体系，2017. 番茄高效栽培与病虫害防治彩色图谱［M］. 北京：中国农业出版社 .
单成刚，倪大鹏，张锋，等，2017. 几种垄作栽培对丹参根系生长的影响［J］. 现代中药研究与实践，31（3）：1-4.
史俊清，张丽萍，薛健，等，2010. 安徽铜陵牡丹皮适宜采收期的研究［J］. 中国现代中药，12（2）：33-34.
苏福振，李月梅，杨本山，等，2021. 绿色高产优质甘蓝种子设施繁育关键技术［J］. 基层农技推广年（8）：122-124.
孙明海，崔维娜 ，来敬伟，等，2019. 一年两作玉米倒伏成因分析及预防补救技术［J］. 基层农技推广（8）：80-82.
孙明海，崔维娜，来敬伟，2019. 鲁西南地区夏玉米铁茬直播全程机械化绿色高质高效栽培技术［J］. 基层农技推广（1）：115-117.
孙明海，崔维娜，来敬伟，等，2019. 鲁西南春播花生单粒精播绿色高质种植技术［J］. 中国农技推广（6）：25，35-36.
孙明海，王德民，来敬伟，等，2019.2018 年邹城小麦晚霜冻害发生及防御补救措施［J］. 中国农技推广（1）：53-55.
孙玉良，靳小旺，刘拾生，等，2021. 草莓无土（椰糠条）高效栽培技术［J］. 农业科技通讯（4）：300-312.
田宪玺，王雪艳,2022 . 山东省花生产业发展现状、问题及措施建议［J］. 中国油脂,47（8）：7-12.
田永强，高丽红，2021. 设施番茄高品质栽培理论与技术［J］. 中国蔬菜（2）：30-40.
王德高，王双济，姜雪，等，2021. 诸城市高油酸花生绿色高质高效栽培技术［J］. 中国农技推广（2）：59-61.
王德群，张玲，2018. 我国药用菊花栽培品种和产地调查［J］. 皖西学院学报，34（5）：77-79.
王宏梅，孔德生，焦玉霞，等，2019. 邹城市花生病虫草害全程绿色防控技术集成与应用［J］. 中国植保导刊（12）：92-94.
王宏梅，孙明海，王绍冉，等，2023. 邹城市小麦持续增产的技术限制因素与新技术集成［J］. 基层农技推广，11（7）：83-86.
王怀珍，2022. 山东丹参栽培技术［J］. 农业开发与装备（3）：199-201.

王金伟，2022. 小麦良种繁育关键技术［J］. 当代农机（8）：88-89.
王志芬，刘喜民，宋玉丽，2022. 山东中药农业生物资源［M］. 济南：山东科学技术出版社.
武立，孙明海，李广亮，等 2020. 鲁西南丘陵区鲜食甘薯水肥一体化种植技术［J］. 中国农技推广（2）：30-32.
夏伟，谭政委，余永亮，等，2018. 药用菊花种质资源研究进展［J］. 安徽农业科学，46（21）：37-38，49.
徐爱武，李毅然，尚斌，2022. 我国植棉区棉花种植现状及其发展建议［J］. 中国棉花加工（5）：28-30.
徐勤青、魏学文、孙玮琪，等，2022. 山东棉花生产现状及高质量发展路径探讨［J］. 中国棉花，49（8）：5-8.
徐庆民，孙明海，崔维娜，等，2023. 邹城市花育 917 节本增效种植技术［J］. 基层农技推广，11（1）：29-31.
徐杨，刘引，郭兰萍，等，2020. 种植密度对菊花产量和品质的影响［J］. 中国中药杂志，45（1）：59-64.
许兰杰，梁慧珍，余永亮，等，2018. 探讨影响菊花产量和品质的因素［J］. 现代园艺（8）：91-93.
薛玉民，王 壮，曹向华，等，2021. 冬小麦—毛豆—西兰花连作高效栽培技术［J］. 基层农技推广年（4）：121-122.
杨旭，张秀荣，付贵阳，等，2020. 黄淮海地区大豆高效生产技术［J］. 大豆科技（4）：37-39.
叶露莹，刘燕，2012. 不同处理对芍药生长发育的影响［J］. 福建林学院学报，32（4）：316-320.
尹秀波，张海燕，2022. 山东省甘薯产业发展形势［J］. 农业知识（8）：8-9，11.
尹秀波，赵庆鑫，2019. 山东省甘薯绿色优质高效生产技术［J］. 中国农技推广（9）：53-55.
于小玉，2019. 金银花管理及主要病虫害防治［J］. 河南农业（35）：22-23.
岳静慧，2022. 金银花主要病虫害防治措施［J］. 河南农业（34）：31.
曾海明，刘爱云，2021. 夏播棉与大豆 4 ∶ 6 式间作高产栽培技术［J］. 基层农技推广（11）：69-71.
曾海明，张庆贵，2021. 山东嘉祥县玉米籽粒直收全程不落地配套技术［J］. 农业工程技术·综合版（11）：32-33.
张爱莲，王福学，樊宏，等，2023. 鲜食型甜花生济花 501 的选育［J］. 安徽农学通报，29（1）：64-66.

张贵合，陶文广，杨正杰，等，2014. 基于 Horti Max CX 500 温室环境控制系统的樱桃番茄无土栽培技术［J］. 耕作与栽培，40（4）：34–37.

张娟，滕岩，蒋明洋，等，2022，兖州玉米生产主要气象灾害及防御措施［J］. 农业知识（7）：17–19.

张永清，2000. 山东金银花生产情况调查［J］. 山东中医杂志（10）：621–624.

赵珂，2019. 丹参高产栽培技术要点［J］. 南方农业，13（11）：33–37.

赵士三，王振学，2021. 鲁西南地区马铃薯—鲜食玉米—马铃薯一年三种三收栽培技术［J］. 长江蔬菜（9）：42–44.

赵中亭，樊海潮，张志恒，等，2021. 菏泽市棉花绿色高效间套模式及蒜套棉轻简化栽培技术［J］. 棉花科学，43（5）：46–50.

朱文彬，2019. 菊花高效栽培技术［J］. 农业与技术，39（21）：137–138.

祝之友，2017. 猪牙皂的前世今生［J］. 中国中医药现代远程教育，15（13）：151.